# Description Géologique Succincte

du

# Département des Bouches-du-Rhône

## Par J. REPELIN

Professeur de Géologie et Minéralogie à la Faculté des Sciences
de l'Université Aix-Marseille
Collaborateur principal au Service de la Carte Géologique de France

*Extrait du Tome 1ᵉʳ des BOUCHES-DU-RHONE, Encyclopédie Départementale*

MARSEILLE
SOCIÉTÉ ANONYME DU SÉMAPHORE DE MARSEILLE
(ANCIENNE MAISON BARLATIER)
17-19, rue Venture, 17-19

1930

# Description Géologique Succincte

du

## Département des Bouches-du-Rhône

Par J. REPELIN

Professeur de Géologie et Minéralogie à la Faculté des Sciences
de l'Université Aix-Marseille
Collaborateur principal au Service de la Carte Géologique de France

*Extrait du Tome I<sup>er</sup> des BOUCHES-DU-RHONE, Encyclopédie Départementale*

MARSEILLE
SOCIÉTÉ ANONYME DU SÉMAPHORE DE MARSEILLE
(ANCIENNE MAISON BARLATIER)
17-19, rue Venture, 17-19

1930

# Description Géologique Succincte

du

# Département des Bouches-du-Rhône

---

## INTRODUCTION

Il y a plus de 80 ans (1839) que le premier « Essai sur la constitution
géognostique des Bouches-du-Rhône » fut publié par Matheron, alors
agent voyer en chef du département dans le répertoire de la Société de
Statistique de Marseille. Depuis cette époque, aucun travail d'ensemble
n'a paru et on est réduit, pour les renseignements même les plus som-
maires, soit à consulter les spécialistes, soit à se livrer à une compilation
hors de proportion avec le but à atteindre. Une description géologique
comblera donc une véritable lacune. Mais cette description qui trouve,
naturellement, sa place dans l'Encyclopédie du département, ne peut être
trop détaillée sans déborder le cadre de cette publication. Les études de
détail comprennent de nombreuses brochures souvent remplies de discussions théoriques, voire de considérations très générales dont l'intérêt pour
les lecteurs de l'Encyclopédie ne serait pas considérable. Je me bornerai
donc à signaler tous ces travaux dans une bibliographie générale. Il est,
en outre, indispensable de tenir compte du développement des sciences
géologiques et de consacrer des descriptions spéciales aur diverses branches de la géologie *sensu lato* : Stratigraphie, Tectonique, Minéralogie,
Paléontologie.

Je ne mentionne pas comme une véritable description géologique la
partie consacrée à la géologie dans la Statistique des Bouches-du-Rhône (1). Les idées qui y sont émises et les classifications adoptées sont si
différentes des idées et de la classification actuelle qu'il faudrait un vo-

(1) Vol. I, pp. 2 et suivantes.

1

lume pour expliquer toute l'évolution intellectuelle et philosophique à laquelle elles correspondent (1).

Je me propose donc d'examiner d'abord avec assez de détail la stratigraphie, c'est-à-dire à décrire étage par étage, au point de vue lithologique et paléontologique, les terrains qui constituent le sol des Bouches-du-Rhône (2), en indiquant leur distribution géographique. Je suppose connue la Géographie physique des Bouches-du-Rhône. Cette partie a été traitée dans le volume « Le Sol » (3).

Je crois utile de consacrer une partie de ce travail aux particularités les plus saillantes de la Paléontologie locale.

Je décrirai ensuite aussi brièvement que possible les phénomènes de plissements, les dislocations dont on trouve les traces sur le territoire des Bouches-du-Rhône et qui représentent, pour la plupart, les répercussions des grands mouvements tectoniques de la région provençale.

Enfin, un chapitre sera consacré, en outre, à la Minéralogie ou plutôt aux richesses minérales des Bouches-du-Rhône.

(1) Voir *Les Bouches-du-Rhône*, t. vi. La Vie scientifique au xix° siècle.
(2) Pour les définitions, voir les Traités de Géologie, en particulier ceux de Lapparent, Haug, et la Géologie stratigraphique de M. Gignoux.
(3) *Les Bouches-du-Rhône*, t. xii.

# CHAPITRE PREMIER

## STRATIGRAPHIE :
## I. *Terrains Secondaires*

Les terrains de notre département se rattachent aux ères secondaires, tertiaires et quaternaires. Les terrains primaires (carboniférien et permien), qui forment la grande dépression séparant les Maures du reste de la Provence et qui s'étend depuis les abords de Toulon jusqu'à la plaine de Saint-Raphaël et au delà, ne se retrouvent nulle part à l'Ouest du méridien de Saint-Cyr (1).

Les étages des divers systèmes représentés dans les Bouches-du-Rhône et supérieurs par suite au Primaire sont :

1° Les trois divisions du Trias, Grès bigarré, Muschelkalk (2) et Marnes irisées, contrairement à ce que pensait Matheron qui, dans son *Essai sur la constitution géognostique du département des Bouches-du-Rhône* (p. 6), affirme, avec l'assentiment de tous les géologues, qu'il n'y

---

(1) La nomenclature générale actuelle des terrains sédimentaires est celle dont le détail figure dans le tableau suivant, par ordre d'ancienneté décroissante, de bas en haut.

Ere *Quaternaire* ou Pléistocène.

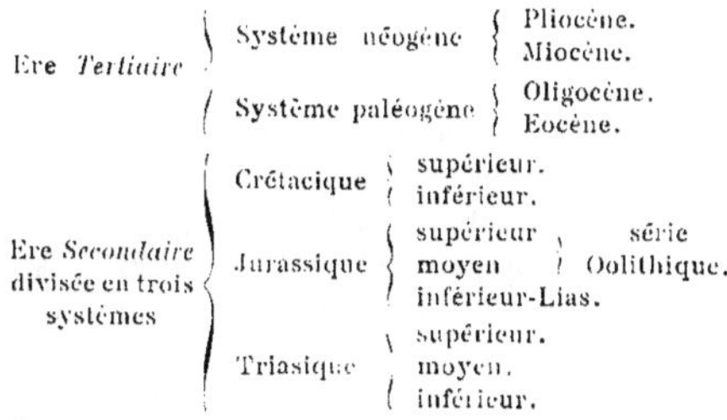


Ere *Primaire*.

**Archéen** ou Cristallophyllien et Algonkien.

(2) On adopte souvent les termes plus généraux de Eotriasique, Mésotriasique et Néotriasique.

a rien dans le département qui ait quelque ressemblance avec les terrains *de transition*, rien qui ressemble au terrain houiller au *Zechstein*, au *Grès bigarré*, au *Muschelkalk* et aux *Marnes irisées* ;

2° Le Lias avec la plupart de ses subdivisions reconnaissables ;

3° Le Jurassique moyen, Ooolithique inférieur ;

4° Le Jurassique supérieur, Oolithique moyen et supérieur ;

5° Le Crétacé inférieur ;

6° Le Crétacé supérieur :

pour l'ère secondaire

7° L'Eocène ;

8° L'Oligocène ;

9° Le Miocène ;

10° Le Pliocène ;

pour l'ère tertiaire

11° Enfin le Pléistocène ou Quaternaire.


**SYSTEME TRIASIQUE.** — Ce n'est pas dans les assises attribuées à cette époque par la Statistique des Bouches-du-Rhône qu'il faut chercher les représentants du Trias. Les unes, comme l'avait fait remarquer, dès 1839, Matheron, sont, comme celles du grès de Cassis avec céphalopodes déroulés, du Crétacé inférieur ; d'autres, telles les formations gréseuses des deux côtés de la Trévaresse, sont de l'Oligocène, etc., etc. Mais il existe, en bien des points, des affleurements triasiques se rapportant aux deux divisions supérieures classiques du Trias de l'Europe occidentale, le Muschelkalk et les Marnes irisées.


*Muschelkalk.* — Le Trias moyen, dans l'Europe occidentale, est représenté par un ensemble de calcaires, plus ou moins associés à des grès et à des lits d'anhydrite. La partie inférieure, ou Wellenkalk, calcaire et très fossilifère, renferme, en Souabe et en Franconie, des céphalopodes spéciaux ; elle est séparée du Muschelkalk proprement dit par des couches à anhydrite, et supporte des couches charbonneuses à végétaux analogues à ceux du Grès bigarré supérieur de la même région. Nous ne connaissons, en Provence, que la faune du Muschelkalk proprement dit, mais comme il n'y a pas trace de lacune apparente entre le Grès bigarré (visible dans le Var aux environs de Toulon) et les calcaires marins qui les surmontent, pas plus qu'il n'y en a entre ces calcaires et les formations détritiques de l'étage des Marnes irisées, nous admettons que les calcaires dont nous parlons, et qui sont qualifiés de Muschelkalk, représentent la totalité du Médiotriasique. Ce sont des calcaires bleuâtres ou noirâtres, à cassure nette, en assez gros bancs, généralement parsemés de vermiculations noires très caractéristiques. Vers la partie supérieure se montrent des bancs plus petits, plus marneux, grisâtres, renfermant de nombreux fossiles. La base est quelquefois dolomitique.

Les principaux fossiles sont *Cœnothyris* (Terebratula) *vulgaris* Schloth sp., formant de véritables lumachelles, *Gervilleia socialis* Wism., *Encrinus liliiformis* Mill., *Ceratites nodosus* Haan., aussi abondant par places que *Cœnothyris vulgaris*. Il n'y a pas, dans les Bouches-du-Rhône, de riches gisements de fossiles triasiques, mais le Muschelkalk est très fossilifère (1) aux environs de Toulon.

Les principaux affleurements sont ceux de Saint-Julien, des Estagnols, au sud du Pic de Bartagne, de Roquevaire et Pont-de-l'Etoile, d'Auriol, de Saint-Zacharie, d'Allauch, de Pichauris, de Saint-Germain. Presque tous ces affleurements sont restreints ; ils se trouvent dans les axes de plissements ou plutôt à la base des séries charriées, car il faut de suite, obligatoirement, tenir compte, si l'on veut une certaine précision dans les descriptions stratigraphiques, des phénomènes de charriage qui ont eu le rôle le plus important dans la formation des reliefs provençaux et sur lesquels nous reviendrons à propos de la tectonique du département (2).

Saint-Julien. — Dans ce petit massif, le Trias moyen forme une grande bande très disloquée orientée E.-O. et s'étendant en nappe sur un substratum crétacé inférieur visible aux Romans (3). Ce sont des calcaires en gros bancs fissurés où se trouvent des cavernes très profondes,

---

(1) Les principales espèces connues dans les gisements du Faron, de Lagoubran, etc., sont, en plus de celles citées plus haut : *Avicula lœvigata* d'Orb., *Lima regularis* d'Orb., *Pecten lelonensis* Math., *Gervilleia socialis*, Veissmann, *Pleuromya musculoïdes*, *Mytilus eduliformis* d'Orb., *Ostrea subspondyloïdes* d'Orb., *Gervilleia crispata* Math., sans compter de nombreuses espèces non décrites de terebratules ou de Cœnothyris, d'avicules, de myophories, de cératites, etc.

(2) Les phénomènes de charriage sont aujourd'hui connus dans le monde entier. On sait que des portions importantes de l'Ecorce terrestre, sous l'influence de forces dont l'origine est encore obscure, se sont détachées comme d'énormes écailles suivant des surfaces presque horizontales et ont ainsi cheminé sur des distances considérables, recouvrant d'autres portions de l'écorce restées immobiles et qui sont constituées par des terrains variés souvent plus récents que les terrains charriés. Ces portions charriées sont appelées nappes. Elles peuvent provenir d'un pli anticlinal couché, dont la partie renversée a disparu par étirement ou usure sur la surface de glissement. Elles peuvent aussi être le résultat d'une cassure sans plissement suivant une surface voisine d'un plan et à peine inclinée.

(3) Bresson. *Bull. Soc. Géol.* 3ᵉ série, t. xxvi, 1898.

telles que les grottes Monard, où passe une branche du canal de Marseille. Le Muschelkalk y est, par place, fossilifère (*Cœnoth. vulg.*).

ALLAUCH et PICHAURIS. — Dans le Massif d'Allauch, le Muschelkalk n'est guère représenté que par des affleurements à peu près insignifiants, associés aux argiles de l'étage supérieur.. Mais, à Pichauris, il forme vers le Sud, aux pieds de la falaise du Crétacé inférieur de la région d'Allauch, un affleurement assez étendu orienté E.-O., présentant des traces de fossiles.

LES ESTAGNOLS. — Sur le versant Sud de la Sainte-Baume, un affleurement assez étendu se montre dans la racine de la nappe ; nous y reviendrons à propos de la tectonique de cette région. Il occupe la plus grande partie de la colline cotée 640 au Nord de la ferme des Estagnols.

ROQUEVAIRE et PONT-DE-L'ÉTOILE. — Une grande bande triasique s'allonge sur la rive gauche de l'Huveaune, entre Pont-de-l'Etoile et Saint-Zacharie. A Pont-de-l'Etoile et à l'Est de Roquevaire, elle présente, sous une masse considérable de Gypse et de Marnes irisées, des affleurements calcaires à faciès de Muschelkalk associés à des dolomies noires, qui se rattachent peut-être au Trias moyen. Haug y a trouvé, à Pont-de-l'Etoile, *Cœnothyris vulgaris*.

AURIOL et SAINT-ZACHARIE. — Vers Auriol, cette bande est divisée en deux par l'Huveaune, et, sur la rive gauche, c'est surtout le faciès calcaréo-dolomitique qui domine jusqu'à Saint-Zacharie.

SAINT-GERMAIN. — A Saint-Germain, au Sud de Simiane, les deux étages du Trias sont associés et forment, entre ce hameau et Simiane, des auréoles alternantes, signalées par Vasseur, attestant l'existence d'intenses phénomènes de charriage dans cette région. Tout l'affleurement est d'ailleurs en recouvrement sur le Jurassique et le Crétacé, comme l'ont démontré les travaux du tunnel des Charbonnages des Bouches-du-Rhône (1).

*Étage des Marnes irisées.* — Il comprend des Marnes rouges ou verdâtres bariolées associées à des Gypses, à des dolomies, parfois dures, compactes, noires ou rougeâtres, et à des cargneules de même couleur. Ces affleurements du Trias supérieur sont répartis comme ceux du Muschelkalk. Ils sont très étendus dans les environs de Saint-Julien, vers les Olives, ainsi qu'au Sud du village d'Allauch. Ils y sont partout exploités pour l'extraction du plâtre. Mais les principales exploitations sont

---

(1) Voir M. Bertrand, *Bull. Serv. géol.*, t. X, 1893-99 ; Fournier, *B. S. G. F.*, fasc. 2-3, t. VI, 4ᵉ série, 1906, etc. ; A. Boistel, *Bull. Soc. Géol.* 4ᵉ série, t. V, 1905, p. 724.

dans la bande qui entoure le massif d'Allauch, Allauch même, Marteleine, Font-de-Mai, etc., et dans la grande bande de Roquevaire et d'Auriol. De nombreuses carrières existent tout près de Roquevaire et au Sud d'Auriol. Des exploitations de moindre importance, en partie abandonnées, se trouvent à Pichauris et dans le vallon de Saint-Germain.

SYSTÈME JURASSIQUE. — En adoptant pour le Jurassique les subdivisions de la Carte géologique de France, nous aurons à étudier successivement le Lias, le Jurassique moyen et le Jurassique supérieur. Ces dernières divisions sont souvent désignées sous le nom d'Oolithique et comprennent trois autres subdivisions : Oolithique inférieur, moyen et supérieur.

LIAS (Jurassique inférieur). — Les subdivisions aujourd'hui admises dans ce système sont les suivantes (1) :

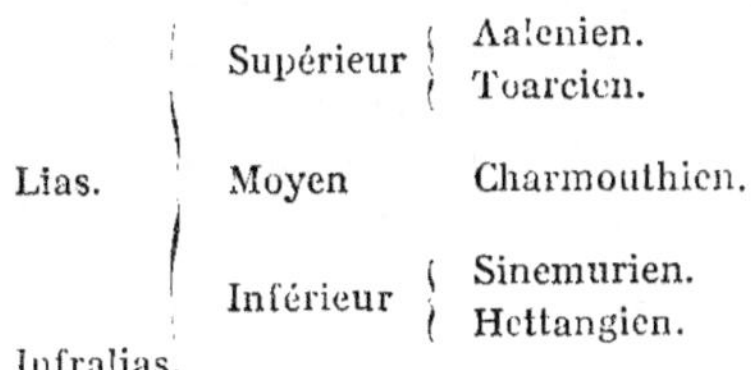

Ces divers étages sont vraisemblablement représentés dans les formations provençales comprises entre le Trias supérieur et le premier étage du Jurassique moyen ou Bajocien. Ce sont, à la base, des calcaires gris en gros bancs alternant avec des calcaires en plaquettes couvertes de petits fossiles, parmi lesquels pullule une petite avicule, *Avicula contorta Portlock*, et où l'on trouve aussi en abondance *Plicatula intusstriata* (50 m. et plus).

Avec ces fossiles, on trouve aussi de petites myophories, des avicules de petite taille, de petits lamellibranches variés (*Mitylus minutus* Gold.), donnant un aspect très particulier aux lumachelles infraliasiques.

Au-dessus de ces calcaires fossilifères, on observe des calcaires dolomitiques blanchâtres, en bancs d'épaisseur variable séparés par des marnes vertes atteignant une épaisseur de plus de 50 à 60 mètres. Nous n'y avons trouvé que quelques rares traces de fossiles. Ces assises ont été attribuées tantôt au Sinémurien, tantôt à l'Hettangien. Si l'on tient compte de leur analogie avec celles qui, dans les Pyrénées et les Corbières

(1) Ces subdivisions sont celles adoptées dans la carte géologique de France à 1/1.000.000°. Dans le *Traité de Géologie* de Haug, la classification est un peu plus complexe en ce qui concerne le Lias inf[r] (Hettangien, Sinémurien, Lotharingien) et le Lias moyen (Pliensbachien et Domérien).

ainsi que dans le Languedoc, séparent les calcaires à *Avicula contorta*
du Charmouthien de cette région et de leur concordance soit avec l'Infralias, soit avec le Charmouthien de Provence, on serait plutôt tenté d'y
voir l'ensemble du Sinémurien et de l'Hettangien.

Le reste du Lias est représenté par des calcaires compacts à rognons
de silex bleuâtres ou rougeâtres en gros bancs très durs, très résistants,
qui forment des saillies rocheuses au milieu des terrains plus délitables.
Les collines liasiques ont une teinte rougeâtre un peu violacée, qui les
fait reconnaître de loin. L'épaisseur totale peut varier entre 80 et
100 mètres.

Il est extrêmement difficile de délimiter, dans cette formation de
faciès uniforme, ce qui doit être attribué au Charmouthien, au Toarcien
et à l'Aalenien. Toutefois, une coupe que j'ai relevée sur le chemin de
Saint-Zacharie à la Sainte-Baume, au Sud du débouché du vallon de
Peyruis. montre avec certitude que les trois étages y sont représentés.
On trouve, en effet, à la base, des fossiles nettement charmouthiens comme
*Gryphœa* (cymbium) *regularis* Lam., plus haut des calcaires toarciens
et au-dessus *Ter, perovalis* et des Ammonites du groupe *Harpoceras
Murchisonœ* indiquant l'Aalenien (1).

Les principaux fossiles du Charmouthien sont les suivants : Rhabdocidaris (radioles) de grande taille :

*Ter. Jauberti* Desl., *Zeilleria numismalis* Lmk sp., et autres terebr.
des *Spiriferines* Desl. ; *Gryphœa regularis* Lamk, Gryphœa sp., des
limes, des pectens, des pleurotomaires, etc. ; des Céphalopodes, Nautiles, *Nautilus cf. toarcensis* d'Orb., Ammonites rares ; Belemnites *B. clavatus*, etc.

Les principaux points où l'on peut étudier l'Infralias (Rhétien et
dolomies) sont les suivants, que nous examinerons successivement :

1° La région entre Saint-Pons et Riboux avec prolongement dans
le Var ; 2° le ravin de Saint-Pons ; 3° dépression de l'Huveaune ; 4° le
petit massif de Saint-Julien et le pourtour du massif d'Allauch ;
5° Pichauris et l'Etoile ; 6° versant Nord de la chaîne de l'Olympe et de
l'Aurélien ; 7° la région entre Aix et Vauvenargues.

1° Région entre Saint-Pons et Riboux et prolongement dans le
Var. -- L'Infralias occupe, dans le ravin de Saint-Pons (2), des surfaces

---

(1) Voir pour plus de détails *Monographie Géologique du Massif de la Sainte-
Baume*, Annales Faculté des Sciences de Marseille, t. XXV, Fasc. I.
(2) Je distingue le ravin de Saint-Pons, de la Source au col de Bartagne. et le
Vallon, de Gémenos à la Source.

considérables. L'affleurement, qui supporte une série jurassique complète se rattachant à la grande nappe de la Basse Provence (1), est orienté N.N.E.-S.S.O. Dans le fond du vallon, les calcaires en plaquette du
Rhétien reposent sur un affleurement de marnes rouges du Keuper et
de Gypse autrefois exploité. Au-dessus de ces calcaires se trouvent des
dolomies blanchâtres en petits bancs séparés souvent par des marnes
verdâtres. L'ensemble est épais et entièrement concordant.

La bande rhétienne, comme le Trias, s'amincit progressivement vers
le col de l'Espigoulier. Dans le fond du vallon, occupé en grande partie
par les tufs quaternaires, les affleurements sont masqués par ces dépôts
récents, mais on les retrouve dès qu'on prend le chemin qui va de
Saint-Pons à Cuges. Au delà des Escoussaoux, et vers l'Est, la bande, présentant toujours les mêmes caractères, s'élargit notablement et se poursuit jusqu'à Riboux et au delà, dans le département du Var. On la trouve,
dans ce département, avec des extensions variables, jusqu'aux environs
de Mazaugues et de La Roquebrussanne (2).

2° Dépression de l'Huveaune. — Des affleurements allongés et peu
épais s'observent sur le pourtour du chaînon de Bassan, à l'Est de Roquevaire, à la base de la partie jurassique charriée sur le Crétacé supérieur.
De même sur le pourtour du lambeau des Lagets et au Sud de Saint-
Zacharie où sa partie calcaire a été souvent confondue avec le Lias
moyen, dont il se distingue par la présence de nombreux petits fossiles
apparaissant en section dans les cassures et où se trouve souvent *Avicula
contorta* Portl.

3° Petit Massif de Saint-Julien et pourtour du Massif d'Allauch.
— L'affleurement dans la colline même des Romans est assez important
et surtout dolomitique, mais, soit au Sud d'Allauch, près des Plâtrières,
soit près du château de Carlavan, soit encore à Marteleine et sur tout
le versant Sud du Massif d'Allauch, il se réduit à une petite bande dolomitique ou calcaire comprise entre une série en ordre normal et une
série renversée.

4° Pichauris et l'Etoile. — Dans les environs de Pichauris, les
affleurements sont importants tout autour du Collet-Redon. Ils sont
toutefois moins étendus que ce que l'indique la Carte géologique à
1/80.000° (feuille d'Aix), où l'on a méconnu l'existence du Lias, qui
occupe une notable partie de l'espace attribué à l'Infralias. La bande de
Pichauris se poursuit sur le versant Nord de l'Etoile en un affleurement

(1) Voir Marcel Bertrand, *Bull. Serv. Cart.*, n° 68, t. x, 1898-99 ; — Repelin,
*Annales de la Faculté des Sciences*, t. xxv, fasc. 1, etc.
(2) Voir *Carte Géologique du Massif de la Sainte-Baume*, à 1/50.0000°, *loc. cit.*

2

continu, non indiqué sur les cartes, jusqu'à l'extrémité de la dépression
de Saint-Germain vers Jean-le-Maître. On en trouve des traces à la base
de la nappe de charriage de la Nerthe, sur le chemin de Cossimond à
Vence.

5° Versant Nord de la chaine de l'Olympe et de l'Aurélien. —
Dans cette partie, l'étage qui nous occupe forme également un affleurement continu depuis le versant Est du sommet du Regagnas jusqu'au
Sud-Ouest de Saint-Maximin, présentant, à flanc de coteau, une bande
parallèle à la crête jurassique accompagnant le Lias, qui le surmonte
sur tout le pourtour de ces deux reliefs si intimement associés, l'Olympe
et l'Aurélien. Le faciès est ici surtout calcaire, principalement au Sud
de l'Oratoire de Saint-Jean, et présente l'aspect classique des « gros
bancs de l'Infralias ».

6° Région entre Aix et Vauvenargues. — D'après Collot (1), aux
abords de la ville d'Aix l'Infralias n'existe pour ainsi dire pas. Quelques
traces à la base du Lias se montrent vers le Sud. Près de Rians, quelques
bancs de Calcaires gris clair peuvent appartenir à ce niveau. A Montmajor, à l'Ouest du sommet, à Artigues, crête et revers Sud de la montagne où ce pays et Espanon sont adossés, aux Vacons, dans la vallée
de Vauvenargues, l'Infralias n'est pas douteux. Il renferme des dolomies
et des cargneules, mais il se compose surtout de calcaires gris. Voici
l'énumération des principales roches, d'après Collot :

Calcaires gris ;
Calcaire siliceux à cassure terreuse, de couleur blonde à efferves-
cence lente dans HCl et résidu de silice en grains ;
Calcaires de couleurs vives jaune et rouge en lits de 2 cent. en
moyenne ;
Calcaires cendrés, finement rubannés parallèlement à la stratifica-
tion, se cassant en parallélipipèdes ; même action avec HCl ;
Calcaire chamois finement oolithique ;
Marnes vertes non plastiques à l'Ouest du bois de Montmajor ;
Cargneule plus ou moins rougeâtre ;
Dolomie grise.

Les fossiles se rencontrent dans les calcaires durs, à pâte fine de la
base, qui passent parfois à la lumachelle : Crête occidentale de Montmajor, au contact du lacustre ; crête passant au Sud du Bas et du Haut
Vacon ; montée de la ferme de Guérin ; vallon allant du Délubre à Cabas-
sol ; Sud des Alibert ; ravin à l'Est de Saint-Marc.

(1) Description géologique des environs d'Aix-en-Provence. (*Thèse*, 1880).

*Affleurements liasiques* : La Nerthe et l'Etoile ; environs de Pichauris et pourtour du massif d'Allauch ; région entre Cuges et Riboux ; ravin de Saint-Pons ; dépression entre le Plan d'Aups et La Lare : quartier de Bassan, Les Lagets, Saint-Zacharie ; l'Olympe ; l'Etoile, Aix (montagne des Pauvres) et vallon de Vauvenargues.

1° LA NERTHE ET L'ETOILE. — Le Lias, absent dans la partie occidentale de la Nerthe, se montre très développé et très fossilifère entre Cossimond et Vence. Au delà, ce sont des calcaires en gros bancs grisâtres ou rougeâtres, durs, avec des rognons siliceux et des fossiles silicifiés apparaissant souvent en blanc sur la roche de couleur sombre. Le Lias moyen et le Lias supérieur sont représentés dans cette partie. Cet affleurement se termine rapidement vers l'Est. Sa situation, à la base de la partie charriée, sera précisée dans l'étude de la tectonique. La bande reprend au Nord des Cadenaux, pour se poursuivre de là en petites lentilles amygdaloïdes dans les petits reliefs qui bordent au Nord le vallon de Fabregoule et de là jusqu'aux Bastidonnes. A Jean-le-Maître, on en trouve des traces à la partie méridionale de la série jurassique renversée entre le Bajocien étiré et les dolomies infraliasiques.

Il faut arriver ensuite jusqu'aux abords de Cadolive, du Terme et de Pichauris pour retrouver des affleurements liasiques. Dans cette partie de la chaîne, le Lias moyen se montre avec une assez belle épaisseur sur le versant des escarpements qui dominent Cadolive entre l'Aptien renversé à la base et les calcaires du Jurassique inférieur, Bajocien et Bathonien.

2° ENVIRONS DE PICHAURIS ET POURTOUR DU MASSIF D'ALLAUCH. — Dans cette région, qui se rattache naturellement au Massif d'Allauch, la chaîne de l'Etoile voit ses divers affleurements jurassiques subir une déviation assez brsque vers le Sud. C'est donc une bande presque N.-S. que l'on observe dans les vallons qui bordent la grande route à l'Est, à partir de l'Auberge de Pichauris. Le Lias se compose, là aussi, de bancs calcaires brunâtres renfermant de nombreux fossiles domériens. On le retrouve, à l'Ouest de Peypin, vers le Terme et l'affleurement reprend aux environs de Font-de-Mulle dirigé N.-S. vers Font-d'Ansena. Il reprend encore plus au Sud et se poursuit d'une façon intermittente jusqu'à Font-de-Mai. En ce point, la bande prend la direction N.-S. toujours comprise entre une série en ordre normal et une autre en ordre inverse.

3° RÉGION ENTRE CUGES ET RIBOUX. — Le Lias affleure dans toutes les dépressions qui entourent la partie la plus haute de la Sainte-Baume et la chaîne de La Lare. Ses affleurements sont presque continus à la base de la série jurassique charriée dont nous avons décrit l'allure dans une publication spéciale (1).

De part et d'autre de la plaine où sourd la belle source de Saint-Pons partent deux bandes liasiques se dirigeant l'une vers le Nord, l'autre vers l'Est. Cette dernière, que l'on trouve dès qu'on commence à monter dans le sentier qui mène à Cuges, est étroite, laminée et disparaît bientôt, recouverte en transgression mécanique par le Crétacé inférieur des environs de Cuges. Mais elle réapparaît bientôt un peu au Nord de la Bastide des Cyprès, se développe dans le vallon de Sainte-Madeleine et se poursuit ensuite avec une direction parallèle à la crête de la chaîne passant au Sud de Riboux et se continuant dans la région des Maulnes, du Latail et plus loin même jusqu'aux environs de Mazaugues, dans le Var, avec les mêmes caractères.

4° RAVIN DE SAINT-PONS. — L'autre bande prend presque de suite une grande importance sur le flanc des collines qui dominent, à l'Ouest, le ravin de Saint-Pons. Elle est en concordance sur l'Infralias très épais et très complet. Les bancs étirés entre l'Infralias et la série oolithique sont d'abord réduits à quelques décimètres au premier coude de la route. On en trouve des traces le long du sentier qui, de ce coude, monte au Nord parallèlement à la grande route. L'affleurement reparaît ensuite, s'épaissit assez brusquement à l'Ouest du point où la route domine le ravin où se trouve l'affleurement gypseux et, à partir de là la bande liasique, avec sa teinte brunâtre, se dirige vers le Nord. Elle longe la grande route jusqu'au fond de la troisième boucle, 160 m. environ au Nord du débouché du chemin charretier de la Glacière. Là, elle s'élargit encore et s'élève en un immense gradin, de forme triangulaire, limité au Nord par le pied des escarpements de Roqueforcade, à l'Est, par le sentier qui joint la troisième boucle de la route à la dernière, et, à l'Ouest, par une ligne à peu près droite, allant du fond de la cinquième boucle à l'extrémité de l'avant-dernière et, de là, à la partie de la grande route voisine du col de l'Espigoulier.

5° DÉPRESSION ENTRE LE PLAN D'AUPS ET LA LARE. — Après le passage du col où le Lias est laminé et étiré entre les dolomies jurassiques et le Jurassique du plateau de Roqueforcade, l'affleurement réapparaît dans le fonds du ravin au Nord et se développe de là vers le pont où passe la route d'Auriol. A partir de là, les couches liasiques s'étalent en un large plateau entre la Carpanne et l'Adret, d'une part, et les colli-

(1) Monographie géol. du Massif de la Sainte-Baume. Voir an<sup>te</sup>.

nes du Plan d'Aups (Village). Elles paraissent à peu près régulières
tant qu'elles ne supportent pas d'assises plus récentes. Mais la présence
du Bajocien et du Bathonien dans les environs de la Bastide blanche
met en évidence des accidents longitudinaux. Le plus important est un
synclinal orienté O.S.O.-N.N.E. que l'on peut étudier en suivant la route
de Saint-Zacharie, depuis la Grande Bastide jusqu'aux abords de la ferme
de Peruy. Un autre de même orientation, avec faille sur son bord Sud-
oriental, se montre entre le précédent et le Plan d'Aups. A son extrémité S.-O., le Lias forme une ceinture complète autour des affleurements
oolithiques, de même qu'il entoure complètement la pointe S.-O. de l'autre synclinal. Ainsi les affleurements liasiques forment, à partir du plateau de l'Adret. trois digitations irrégulières dans les intervalles desquelles l'oolithe montre nettement la disposition synclinale. Il existe encore
un minuscule affleurement au Sud de la Grande-Bastide. Du plateau de
l'Adret, le Lias se poursuit vers la Coutronne au S.-O. et suit, jusqu'au
Sud de la ferme de Roussargue, le même trajet que l'Infralias sous-
jacent aux pieds du versant Nord des collines oolithiques de Roqueforcade.
De là aux environs de Daurenque, l'affleurement s'amincit jusqu'à disparaître vraisemblablement, mais près de l'Auberge de Daurenque, il
réapparaît fossilifère, formant une lame très mince jusqu'à l'Oratoire de
l'Intendant.. Il semble disparaître là jusqu'à un kilomètre environ au Sud
des Bosqs.

6° QUARTIER DE BASSAN, LES LAGETS, SAINT-ZACHARIE. — Sur le versant occidental du chaînon de Bassan, le Lias forme une bande qui,
partant des abords du col qui sépare les Bosqs de la Parette, se poursuit
jusqu'à la dépression située à l'Est de la crête urgonienne de la Piguière.
Dans cette dépression, sorte de cul-de-sac, l'affleurement affecte, comme
celui de l'Infralias et de l'Oolithe, une disposition périclinale avec retour
dans la direction du Fauge. Dans les collines des Lagets, le Jurassique
est en recouvrement sur le Crétacé supérieur ou sur le Trias. Un seul
des trois lambeaux figurés sur la carte montre les affleurements liasiques,
celui qui porte sur sa pointe sud-occidentale le hameau des Estienne.
Le Lias, avec son faciès normal de calcaire foncé à silex, affleure sur
presque tout le pourtour.

7° L'OLYMPE. — Le Lias occupe sur le versant septentrional de
l'Olympe des surfaces considérables ; son affleurement en superposition
normale sur l'Infralias suit ce terrain depuis les abords de l'Oratoire
Saint-Jean jusqu'aux alentours de Saint-Maximin. Il supporte, à peu
près partout, en concordance, une série oolithique presque complète.
Son faciès est normal et les fossiles sont partout abondants.

8° Aix (montagne des Pauvres) et VALLON DE VAUVENARGUES. — Le Lias de cette région, bien étudié par Collot (1) a été divisé par cet auteur en trois parties.

La plus inférieure se voit sur quatre points :

1° Sur le chemin de la ferme Guérin, à l'Est de Vauvenargues. Elle est constituée par des lumachelles et des calcaires à entroques avec divers fossiles ;

2° Dans le ruisseau qui coule du Nord au Sud, dans l'Est de Saint-Marc ;

3° En amont du confluent du ravin ci-dessus et du ruisseau de Cose ;

4° Sur la face Ouest de la colline des Pauvres ou Peyriguiou.

Ce sont là des calcaires gris siliceux avec petits débris de fossiles vers la base et fossiles nombreux et bien conservés au haut du talus. Au-dessus vient le calcaire de la paroi Nord de la gorge du « Marbre Noir ». Les bancs gris ou brun foncé sont séparés par des feuillets marneux. Enfin, au-dessus, vient le calcaire de la paroi Sud du vallon du Marbre Noir où ce calcaire a été exploité. Les fossiles typiques du Lias inférieur, gryphées, ariétites, etc., manquent ici. On peut donc attribuer, comme le faisait Hébert, ces couches à la partie inférieure du Lias moyen avec ce que Collot a appelé calcaires de la tranchée de Collongue.

La partie moyenne comprend une assise marneuse et une calcaire. La première se montre des deux côtés de la voûte du Lias du Peyriguiou, dans le vallon des Gardes. La route de Rians la suit, soit avant le Prignon, soit de Collongue à Saint-Marc. La seconde comprend surtout des calcaires roux. Elle est très chargée de silex en rognons, et quelquefois entièrement siliceux (S. des Bonfillons et de Vauvenargues).. Elle est riche en fossiles et s'étend depuis le vallon des Pinchinals jusqu'à la carrière de Prignon, où elle est exploitée. C'est sur cette zone qu'est construite la ferme de Collongue, et on l'observe de là jusqu'à Vauvenargues et Guérin.

La partie supérieure comprend des couches tendres plus ou moins schisteuses et délitables, marnes noirâtres avec intercalations de calcaires noirâtres aussi, passant insensiblement aux schistes marneux du Bajocien. On la trouve à l'Ouest de Claps, sur le coteau qui domine au Sud le château de Vauvenargues.

(1) *Loc. cit., ante.*

**SERIE OOLITHIQUE. — Jurassique moyen et supérieur. — Nous** adoptons pour la classification du Jurassique, comme nous l'avons dit précédemment, les divisions de la carte géologique (1), qui sont les suivantes pour la série oolithique :

<table>
<tr><td rowspan="7">Sous-Système<br>Oolithique<br>(Jurassique moyen<br>et supérieur)</td><td rowspan="5">Oolithique<br>supérieur<br>(Jurassique<br>supérieur)</td><td>Portlandien.</td><td></td></tr>
<tr><td>Kimeridgien.</td><td></td></tr>
<tr><td rowspan="2">Lusitanien</td><td>Séquanien.<br>Rauracien.<br>Argovien.</td></tr>
<tr><td></td></tr>
<tr><td>Oxfordien</td><td></td></tr>
<tr><td></td><td>Callovien.</td><td></td></tr>
<tr><td>Oolithique<br>inférieur<br>(Jur. moyen)</td><td>Bathonien.<br>Bajocien.</td><td></td></tr>
</table>

*Bajocien.* — Le Bajocien est constitué par des marnes plus ou moins schisteuses gris-noirâtre ou bleuâtres alternant avec des calcaires marneux en bancs de 25 à 30 cent. Leur épaisseur normale est difficile à évaluer à cause des compressions mécaniques qu'ils ont subies ; elle est au moins de 20 à 30 mètres. Ils supportent en concordance des couches dont le faciès est très analogue, et le passage des uns aux autres est difficile à saisir. On a signalé à la base *Lima heteromorpha,* des ammonites de la zone à *Sonninia Sowerbyi* Mill. sp., et au-dessus des empreintes de Cancellophycus (*C. scoparius,* etc.).

Les fossiles principaux sont surtout des ammonites. On les trouve principalement aux environs de Cuges et sur le pourtour du chemin de Roqueforcade, ainsi que dans la dépression entre le Plan d'Aups et La Lare. Je citerai *Cœloceras Braikenridgei* Sow., *Cœloceras Baylei* Oppel, *C., Humphriesi* d'Orb., *C. Gervillei* Sow., *Belemnites sulcatus,* puis quelques lamellibranches et gastéropodes.

(1) Ce sont aussi celles du traité de M. Gignoux, intitulé *Géologie Stratigraphique.* Masson et Cⁱᵉ, 120, boulevard Saint-Germain, Paris VIᵉ. — Haug dans son traité adopte une classification un peu plus complexe et assez différente :

<table>
<tr><td rowspan="8">Sous-Système<br>Oolithique</td><td>Supérieur : Portlandien.</td><td></td></tr>
<tr><td rowspan="2">Moyen</td><td>Kimeridgien.</td></tr>
<tr><td>Lusitanien.</td></tr>
<tr><td rowspan="4">Inférieur</td><td>Oxfordien.</td></tr>
<tr><td>Callovien.</td></tr>
<tr><td>Bathonien.</td></tr>
<tr><td>Bajocien.</td></tr>
</table>

## PLANCHE I

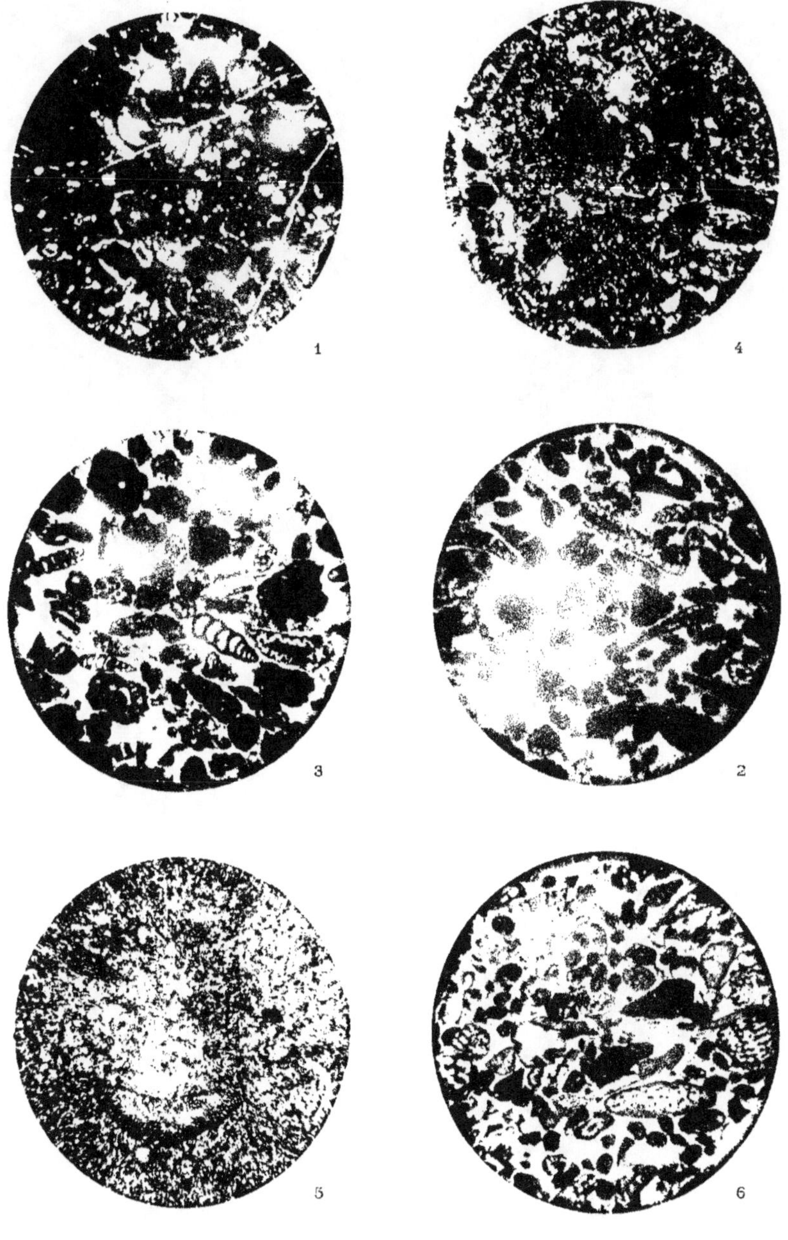

*Bathonien*. — Cet étage accompagne généralement le précédent. D'ailleurs la série jurassique ne comporte pas de lacune et, lorsqu'elle est incomplète, c'est qu'il y a eu des disparitions partielles par suite de mouvements mécaniques. Sans cela les divers étages sont en ordre normal au-dessus les uns des autres. Il n'y a eu ni discordance ni transgression observable.

Le Bathonien est constitué par des calcaires marneux moins schisteux que ceux du Bajocien, en plus gros bancs, compacts, à cassure souvent conchoïdale gris ou bleuâtres. Comme ils passent insensiblement à la base aux marnes bajociennes, ces calcaires passent de la même manière aux dépôts calcaires du Callovien (La Nerthe). La zone de passage a des caractères spéciaux. On y trouve de gros bancs de calcaire marneux, rudes au toucher, grisâtres en surface, bleuâtres ou noirâtres en profondeur. Les parties bleues dessinent souvent des sphères ou des masses plus ou moins arrondies, entourées d'une auréole de parties grisâtres. C'est à ce niveau que j'ai trouvé, dans le chaînon de Roqueforcade, des ammonites du Bathonien supérieur, et un peu plus haut, dans des bancs plus clairs, plus durs aussi, quelquefois un peu jaunâtres, des ammonites du genre périsphinctes, voisines de *P. plicatilis*.

Les principaux fossiles sont aussi surtout des ammonites. Il faut aller jusque dans les collines de Solliès-Ville ou aux environs de Bandol pour trouver un faciès plus néritique avec Gastéropodes, Lamellibranches, Brachiopodes, oursins (faune de Ranville). On peut citer comme abondantes les formes suivantes : *Lytoceras tripartitum* Rasp., *Perisphinctes arbustigerus* d'Orb., *P. Quercinus* Terq. et Jourdy., *Per. procerus* Seeb., *Oppelia subradiata* Sow., *Oppelia aspidoïdes* Oppel., *Per. Backeriæ* d'Orb., *Per. convolutus* Quenst., etc.

*Callovien*. — Comme je l'ai dit, il y a transition insensible entre le Bathonien et le Callovien. Ce dernier est toutefois plus calcaire, moins marneux, surtout dans ses parties supérieures, que l'étage précédent. Les bancs calcaires sont en général assez bien lités, l'ensemble est de couleur plus claire que le Bathonien. Les parties supérieures sont plus dures et se rapprochent des calcaires bien lités, en plus gros bancs, de l'Oxfordien. Des deux zones typiques du Callovien z. à *Macrocephalites Macrocephalus* et z. à *Reyneckeia anceps*, la première seule est très fossilifère en certains points.

Les principaux fossiles sont, dans cette zone (1), des ammonites *Macrocephalites Macrocephalus* Quenst. sp., *Perisphinctes Backeriæ*

_______

(1) Voir J. Repelin (*Bull. Soc. Géol. de Fr.*, 3e série, t. XXVI, p. 517). *Sur le Jurassique de la chaîne de la Nerthe et de l'Etoile.*

3

Sow. sp., *Perisphinctes convolutus* Quenst. sp., *Heclicoceras lunula* Reynecke sp.

Lorsque la zone à *Reyn. Anceps* est assez bien caractérisée, on trouve, comme aux environs de Septèmes, avec ce fossile, *Reyn. Sallesi* Reyn. sp.

Dans la vallée de Vauvenargues, le Callovien est constitué par des schistes marneux gris bleuâtres surmontés de calcaires. Les schistes renferment en abondance des fossiles ferrugineux, les calcaires des fossiles calcaires.

*Oxfordien.* — Cet étage est représenté par des calcaires gris en gros bancs à grain de plus en plus fin vers la partie supérieure, très bien stratifiés et à peu près complètement dépourvus de fossiles dans la partie méridionale du département : chaîne de l'Etoile et de la Nerthe, chaînon de Roussargue, Olympe, environs de Cuges.

Il est très différent dans le Nord du département (1) : vallée de Vauvenargues. On trouve là, au-dessus d'un Callovien calcaire à *Reyn. Anceps, Phill. Hommairei, Heclicoceras lunula,* des marnes à nodules calcaires où l'on trouve les fossiles de la zone *Quenstedliceras Lamberti* avec cette espèce et *Rhacophylliles lorlisulcalus,* qui supportent des marnes rougeâtres à nodules renfermant les fossiles de la zone à *Cardioceras cordatum, Aspidoceras perarmalum, Pelloceras arduennense, Perisphinctes plicatilis, Phylloceras mediterraneum.* Au-dessus de cette assise rouge, des marnes grises renferment quelques fossiles de la zone à *Pell, transversarium* de l'Oxfordien supérieur.

*Lusitanien.* — Dans le Sud du département, des calcaires bien lités, grisâtres ou jaunâtres, à aspect lithographique. reposent sur les gros bancs oxfordiens. Les fossiles sont rares ; j'ai pu cependant recueillir quelques formes caractéristiques : *Perisphinctes Lolhari* Oppel, *Per. polyplocus* Quenst., *Oppelia trachynota* Op., ou forme voisine ; des pectens, des terebratules, etc...

Dans le Nord, on trouve un calcaire gris moucheté de taches plus foncées, disposé régulièrement en petits bancs et renfermant des lits marneux dans la moitié inférieure. La base de ces calcaires, d'après Collot, se rattacherait encore à la zone à *Pelloceras transversarium* ; le reste appartient à la zone à *Pelloceras bimammatum* et à la zone à *Oppelia tenuilobata.* Les assises avec lits marneux renferment, entre autres fossiles, *Neumayria callicera* Oppel., *N. Frotho* Opp., *Cardioceras alternans* v. Buch., *Pell. transversarium* Quenst., *Perisph Pralerci* E. F., *P. virgulatus* Quenst.

_________

(1) L. Collot. *Description géologique des environs d'Aix-en-Provence.* Thèse de doctorat. Montpellier, Typographie Grollier, boulevard du Peyrou.

Les autres *Neumayria compsa* Opp. sp., *Perisphinctes Lothari* Oppel, *P. polyplocus* Font., Rhacophyllites *Loryi* Mun. Chalm.

*Kimeridgien.* — Dans le Nord comme dans le Sud on trouve, au-dessus de cet ensemble de calcaires, des dolomies blanches ou grises offrant, par suite de leur inégale résistance à l'érosion, les aspects les plus pittoresques et fournissant un sol sableux assez facile à cultiver.

J'ai découvert pour la première fois, en 1898, des fossiles dans ce terrain. Ils sont malheureusement en assez mauvais état de conservation. Quelques exemplaires, cependant, ont pu être déterminés génériquement, et même spécifiquement : Terebratula, Rhynchonella, très voisine de *Rh. spoliata* Suess in Favre. *Rhynchonella Astieri ? Megerlea pectunculoïdes*, Pecten sp., *P. cf. obscurus*, des tiges de Crinoïdes et des radioles d'Oursins, ainsi qu'un polypier d'assez grande taille. L'abondance des tiges de crinoïdes, des radioles d'oursins, la présence de polypiers indiquent un faciès de mer peu profonde, subrecifal, prélude de l'état de choses qui caractérisera la partie supérieure du Jurassique de Provence.

*Portlandien.* — Au-dessus des dolomies kimeridgiennes on trouve des calcaires blancs cristallins qui avaient été attribués par Coquand au Corallien, puis à l'ensemble du Kimeridgien et du Portlandien.

Dieulafait les rattachait à l'Urgonien. On a aujourd'hui des données permettant de les classer dans le Jurassique supérieur. On a reconnu que les Diceratidés de Coquand, découverts au vallon de la Cloche, dans la Nerthe,. appartenaient au genre Heterodiceras et étaient analogues à Het. Lucii des calcaires coralligènes du Jura, des Alpes et de Saint-Hippolyte. C'est à Munier-Chalmas qu'est due la détermination générique des fossiles du vallon de la Cloche et l'assimilation de ce calcaire à celui de l'Echaillon, du Salève, etc.

Coquand avait signalé dans ces calcaires :

| | |
|---|---|
| *Nerinea brunlrulana* Thurm. | *Diceras arietinum* Lam. |
| *Nerinea suprajurensis* d'Archiac. | *D. suprajurense* Thurm. |
| *Nerinea Gosœ.* | *Trichites Saussurei* Desh. |
| *Diceras Escheri* de Loriol. | *Terebratula Moravica* Glocker. |
| *Diceras Lucii* Defrance. | (*Ter. Repellini* d'Orb.). |

Nous savons aujourd'hui que Diceras arietinum caractérise les récifs rauraciens et non portlandiens, et quand aux autres déterminations elles sont toutes à réviser.

Nous n'avons, pour notre part, recueilli que des fragments de dicérates très comparables à *Het. Lucii, de nombreux polypiers, bryozoaires* et *spongiaires,* mais il nous a été impossible de déterminer une espèce et nous n'avons pas trouvé trace de terebratules. La présence seule de *H. Lucii,* confirmée par des spécialistes de ces formes, Paquier et autres, est le seul fait paléontologique important. Il est dès lors d'autant plus important de constater que ces calcaires sont compris entre le Valanginien (Crét. inf.), et des dolomies puissantes présentant déjà, à leur base, une faune à affinités kimeridgiennes.

M. Collot a décrit des calcaires gris d'une couleur cendrée durs, se divisant souvent en plaquettes et absolument dépourvus de fossiles, qui paraissent l'équivalent du calcaire blanc. On les trouve principalement dans la région Nord, tandis qu'au Sud les calcaires blancs se montrent partout au-dessus des dolomies. M. Collot leur attribue la petite faune reconnue dans les calcaires de Rougon, dont ils sont la suite : *Heterodiceras Lucii* Defrance, *Rynchonella* Astieri, *Terebratula Repellini* d'Orb., *Cidaris glandifera,* des peignes, limes, oursins, etc. Ils renferment aussi, comme ceux du vallon de la Cloche, de petites nérinées, et portent souvent des trous de mollusques lithophages.


*Affleurements oolithiques* : Marseille-Veyre, colline de Notre-Dame-de la Garde, Massif de Carpiagne, environs de Pichauris et pourtour du Massif d'Allauch, partie occidentale de la chaîne de la Sainte-Baume (environs de Cuges, vallon de Saint-Pons, de Gémenos et de Roquevaire, chaînon de Bassan), environs d'Auriol, l'Olympe et le Regagnas, chaîne de la Nerthe et de l'Etoile, environs d'Aix et de Sainte-Victoire, vallée de Vauvenargues, environs de Lançon et de Pélissanne, chaîne des Baux (environs de Mouriès).

Il convient de suivre toutes les descriptions qui vont suivre sur la Carte géologique à 1/200.000ᵉ annexée à ce mémoire, ou encore, malgré les défectuosités de détail, sur la Carte géologique à 1/80.000ᵉ, feuilles de Marseille et d'Aix principalement.

1° MARSEILLE-VEYRE. — Les calcaires blancs existent sur le bord septentrional du chemin de Marseille-Veyre. Méconnus sur la carte géologique à 1/80.000ᵉ, ils affleurent en une bande continue à 3 ou 400 mètres au Sud du canal, et le petit mamelon du Mont-Rose en est entièrement constitué. La roche est blanche, fine, et montre des sections parfois nombreuses de nérinées. En coupe mince, vu au microscope, il apparaît tantôt avec une structure oolithique et tantôt avec de nombreuses sections de petites nérinées et de foraminifères variés. Nous en reparlerons dans le chapitre paléontologique. Les autres affleurements oolithiques de ce petit chaînon sont les dolomies qui accompagnent partout les calcaires blancs, et des calcaires comparables à ceux qui affleurent immédiatement sous les dolomies dans le vallon de Vaufrège.

2° Colline de N.-D.-de-la-Garde. — Une bande de calcaire blanc,
partant du versant Sud du vallon des Auffes, passe au Sud du sommet
où se trouve la basilique, et se poursuit de là vers l'Est d'abord, puis
vers le Sud jusqu'aux abords des bains du Roucas-Blanc. Les caractères
de la roche sont toujours sensiblement les mêmes. Les dolomies kimeridgiennes forment sous ces calcaires la plus grande partie du relief entre
le vallon des Auffes et le Roucas-Blanc. Toute la partie formant rivage,
sauf la pointe d'Endoume et celle de la batterie, est constituée par
cette formation.

3° Massif de Carpiagne. — Dans ce petit massif qui fait suite à
Marseille-Veyre, les dépôts oolithiques forment presque la totalité de
la partie médiane comprenant les reliefs indiqués sur les cartes sous
les noms de Sainte-Croix-de-Marseille (ruine), Carpiagne-Vigie (ruine),
Saint-Cyr (ruine), Carpiagne-Signal, ainsi que tout le vallon de Vaufrège
et les abords, au N.-E. et à l'E., de la dépression de Luminy. Dans le
vallon de Vaufrège, une sorte de boutonnière très irrégulière montre
sous les dolomies, dont la masse forme presque tous les reliefs précédents, une série dans laquelle on a trouvé, à la partie supérieure, des
Ammonites de la faune de Baden, plus bas des Perisphinctes oxfordiens,
puis, dans une zone plus marneuse, *Perisph. Backeriæ* et *Macrocephalites macrocephalus*, et, au-dessous, des empreintes de Cancellophycus
annonçant le Bathonien et même probablement le Bathonien inférieur
ou le Bajocien. Entre les dolomies et le Crétacé le plus inférieur se montrent des calcaires blancs, surtout dans la partie orientale du principal
sommet (646) et entre le vallon de Toulouse et le vallon de La
Panouse (1). Il y a là, dans le vallon de Toulouse, à la base du Valanginien, un horizon calcaire de quelques mètres d'épaisseur, très blanc à la
surface, à cassure conchoïdale d'un blanc grisâtre. M. Savournin attri-
buerait plutôt ce banc au Crétacé inférieur et serait tenté de considérer
la roche dolomitique avec intercalations calcaires sous-jacentes comme
l'équivalent du calcaire blanc du vallon de la Cloche.

4° Environs de Pichauris et pourtour du Massif d'Allauch. —
A l'Ouest de Pichauris, on voit affleurer successivement, le long de la
route du Terme, les divers étages de la série oolithique qui forme la
presque totalité des reliefs entre Saint-Savournin et Les Maurins. On se
trouve à la partie la plus orientale de la chaîne de l'Etoile, et ces divers
affleurements ne sont que la continuation de ceux qui constituent la plus
grande partie de cette chaîne. D'autres affleurements, partant du Terme,

(1) Voir *Savournin*. Compte rendu des Collaborateurs de la Carte de France.
n° 73, t. xi, 1899-1900.

très amincis et très disloqués, se montrent sur tout le pourtour du massif d'Allauch. Ils sont souvent directement en contact avec l'Infralias ou même avec le Trias, par suite de phénomènes mécaniques. Ils comprennent, suivant les points, des étages divers depuis le Bajocien, près de Font-de-Mulle, jusqu'aux dolomies autour de Peypin et aux environs de Lascours et de Roquevaire. Au Sud du massif, les affleurements à l'Est de Garlaban se divisent en deux branches rapprochées l'une de l'autre, dont les assises composantes sont, dans l'une, en ordre normal, dans l'autre, en ordre inverse. La complication est extrême près de Font-de-Mai, où les deux séries normale et inverse superposées, avec des épaisseurs très faibles, sont alignées de l'Est à l'Ouest.

5° Partie occidentale de la chaîne de la Sainte-Baume :

a) *Vallon de Saint-Pons.* — Tout le Jurassique en superposition normale de la région de la Sainte-Baume se rattache à la grande nappe de charriage de la Basse Provence (1). Il s'étend, au Nord et au Sud de la crête, en longues bandes allant, l'une, du vallon de Saint-Pons vers Riboux, Signes et Mazaugues, comme nous l'avons vu déjà pour le Lias ; l'autre, du vallon de Saint-Pons à Roqueforcade et Nans ; et enfin, une autre, de Roqueforcade au chemin de Bassan, puis aux Lagets, suivant à peu près le même parcours que la bande liasique qui se trouve à sa base. Au Sud du vallon de Saint-Pons, les dolomies jurassiques occupent presque tout le versant Nord du chaînon du Brigou. Elles reposent sur des calcaires lithographiques lusitaniens au-dessous desquels s'observe, en allant vers le sentier de Cuges, une série inférieure très laminée. Au Nord du vallon, entre le Crétacé des environs de Gémenos et la crête de Roqueforcade, la même série oolithique se montre très développée et complète partout. Dans le vallon même, on traverse cette série depuis le Portlandien jusqu'au Bajocien qui repose sur le Lias.

b) *Environs de Cuges.* — En allant vers Cuges, les couches laminées et disloquées passent sous une écaille formée de Dolomies jurassiques et de Crétacé et viennent ressortir dans le vallon de Sainte-Madeleine. De là la bande très puissante et paraissant complète, bien que le Callovien ne présente pas de fossiles, se poursuit parallèlement au Lias sous-jacent dans la direction de Mazaugues et de La Roquebrussanne dans le Var. Les fossiles ne sont pas rares dans le Bajocien et le Bathonien, surtout dans le Bathonien supérieur : *Lytoceras tripartitum, Perisphinctes Quercinus, Per. Backeriæ, Oppelia aspidoïdes*, etc., etc. Les étages supérieurs sont à peu près dépourvus de fossiles. Les dolomies forment des reliefs importants entre Cuges et La Lauzière.

(1) Voir M. Bertrand, Haug, Repelin, *loc cit. ante.*

c) *Environs de Roqueforcade et Nans.* — Le chaînon de Roqueforcade montre de belles superpositions des diverses parties de l'Oolithique, depuis le Bajocien jusqu'au Lusitanien, reposant en concordance sur le Lias et l'Infralias, et, par leur intermédiaire, sur le Crétacé supérieur en nappe de charriage. Le plateau terminal du chaînon est formé par les calcaires durs compacts de l'Oxfordien et du Lusitanien. Les pentes, formées de marnes et calcaires calloviens, bathoniens et bajociens ont fourni des fossiles caractéristiques à divers niveaux. Sur le versant Sud, vers l'avant-dernier coude de la route carrossable, dans les marnes schisteuses bleuâtres de la base, nous avons recueilli, comme sur le versant Nord, au même niveau, des Ammonites du groupe de *Harpoc. Murchisonœ*, associés à *Cœloc. Humphriesi* et à de nombreux périsphinctes et à d'autres cœloceras.

Les dépôts oolithiques de Roqueforcade, un instant interrompus vers l'Adret, se poursuivent vers la Grande Bastide, et de là vers les collines de Lorgues aux environs de Nans dans le Var. La bande, toujours en superposition sur le Crétacé supérieur, se termine vers Nans par un lambeau de dolomies kimeridgiennes, de même âge, vraisemblablement, que celles qui forment La Lare, grand bombement autochtone entouré à l'Ouest de Crétacé inférieur et de Sénonien en disposition périclinale et se reliant vraisemblablement vers le Nord à l'énorme masse dolomitique de l'Olympe et de l'Aurélien.

d) *Chaînon de Bassan.* — La série de Roqueforcade se poursuit dans le chaînon de Bassan reposant toujours le Sénonien. Là aussi elle est à peu près complète, mais présente une allure sinueuse due à l'érosion du chaînon jurassique entre deux dépressions crétacées. Les fossiles, dans les niveaux inférieurs, ne sont pas rares en certains points. Les lambeaux de recouvrement des Lageis présentent des restes laissés par l'érosion de cette même série. C'est dans les deux lambeaux les plus septentrionaux, quelques bancs bajociens, bathoniens, calloviens et oxfordiens et, dans le lambeau méridional. une petite série très réduite en épaisseur mais à peu près complète.

e) *Environs d'Auriol.* — Au Nord d'Auriol, les dolomies jurassiques forment un affleurement irrégulier en contact anormal avec les terrains environnants sauf avec le Crétacé inférieur des environs de La Destrousse, qui se rattache à celui de Peypin et de l'Etoile et qui, comme lui, s'étend en nappe sur le Crétacé supérieur.

6° L'Olympe, l'Aurélien et le Regagnas. — Nous avons indiqué, à propos du Lias et de l'Infralias, l'allure générale des dépôts jurassiques dans le massif important de l'Olympe et de l'Aurélien. Les formations

# PLANCHE II

FIGURE 1. — Calcaire granuleux zoogène, gros foraminifères (Lacasine ou alvéoline). Miliolides test cristallisé, débris d'Orbitolites un peu à gauche du centre. La Penne, Cénomanien. Gr. 6.

» 2. — Calcaire granuleux zoogène avec très nombreuses lacasines (?). La Penne, Cénomanien. Gr. 6.

» 3. — Calcaire zoogène, grande abondance de Miliolides, Idalines, Orbitolites. Simiane, Santonien. Gr. 6.

» 4. — Calcaire à ciment granuleux, zoogène, Miliolidés, Idalines, sections d'Orbitolites, débris de tests cristallisés. La Mède, Santonien. Gr. 6.

» 5. — Plaquette calcaire avec nombreuses lacasines et autres miliolides. Bords de l'étang de Berre, Santonien. Gr.

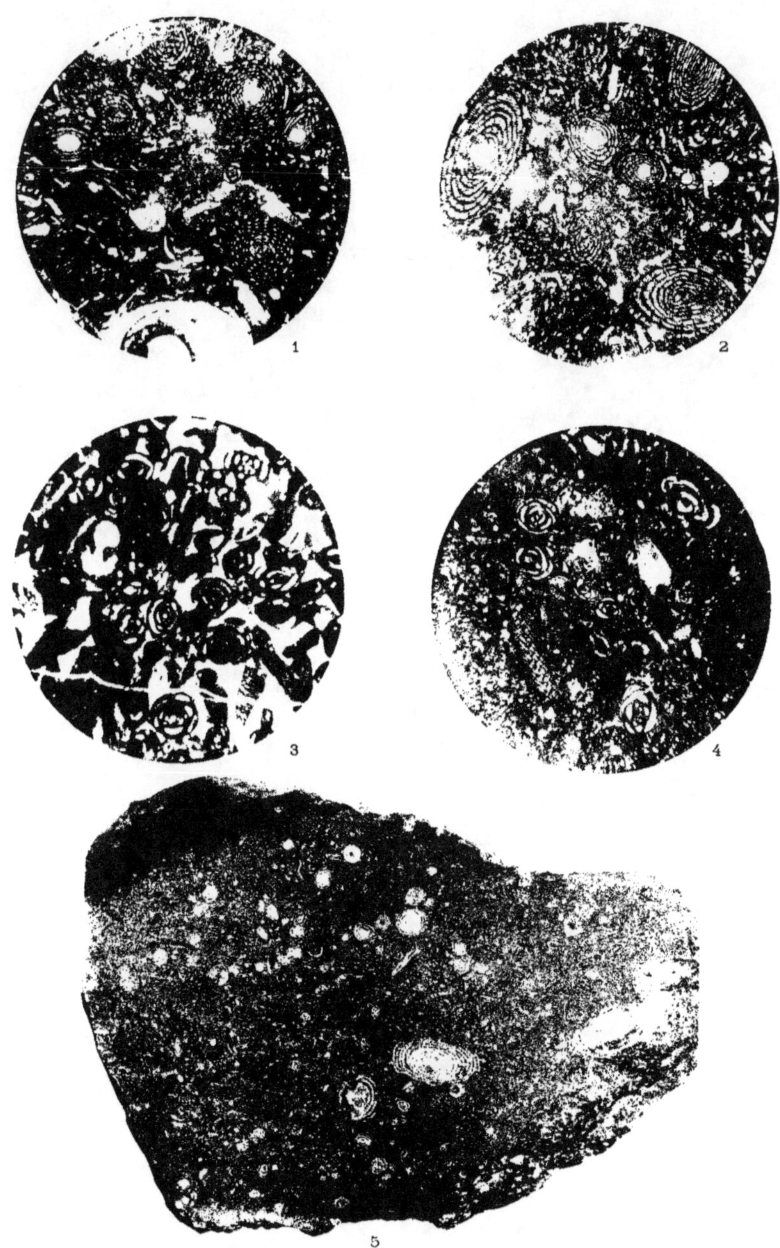

1
2
3
4
5

oolithiques en superposition concordante sur ces dépôts se répartissent parallèlement à ces affleurements liasiques. La partie inférieure de la série forme l'arête dominante de l'Olympe (705) et de l'Aurélien (881-893). Les dolomies kiméridgiennes, un peu en retrait vers le Sud, constituent le reste du massif depuis le ruisseau de la Jolie et de Clos-de-Barry jusqu'au versant Sud-Est de l'arête secondaire qui domine la route de Saint-Zacharie à Saint-Maximin. La partie inférieure de ce versant, jusqu'à la dépression où passe la route, est presque entièrement formée par les calcaires lusitaniens et peut-être oxfordiens, le Bathonien étant le seul des étages inférieurs représenté vers le Logis de Nans par des calcaires marneux peu fossilifères. La série olithique n'est complète que dans la partie Nord du massif. Elle comprend, au-dessus du Lias, un Bajocien et un Bathonien fossilifères par places, puis des calcaires compacts et lithographiques à la partie supérieure que l'on peut, comme dans les chaînes bordant le Bassin de Marseille, attribuer à la série Callovien, Oxfordien, Lusitanien.

7° Chaine de la Nerthe et de l'Etoile. — Les divers étages de la série oolithique affleurent largement dans cette chaîne, nous les examinerons successivement, bien qu'ils ne forment en réalité qu'une seule masse dont les éléments sont concordants.

Le Bajocien accompagne presque toujours le Lias. On le trouve au-dessus de cette formation en situation normale au Château de la Nerthe et au Sud de Vence. Ce sont les calcaires marneux noirâtres ou bleuâtres et des marnes schisteuses de même couleur contenant les fossiles caractéristiques *Cœloceras Humphriesi* Sow., *Oppelia subradiata*. Il disparaît par étirement non loin à l'Est du Jas de Rode pour réapparaître en bandelettes laminées et interrompues entre les Cadenaux et La Candole, où il est très visible.. De ce point à la tranchée du chemin de fer de Septèmes, il est de nouveau étiré à tel point qu'il n'existe pour ainsi dire qu'à l'état de traces dans la tranchée elle-même. J'y ai pourtant recueilli *Cœl. Humphriesi* et M. Collot y a signalé, près de la Bastidonne et de Capus, *Harpoceras Murchisonœ*. Il faut de là se diriger vers l'Est jusqu'aux escarpements qui dominent la route de Saint-Savournin pour retrouver le Bajocien plongeant normalement sous le Bathonien. Il est surtout développé sur la grande route au Nord de l'Auberge de Pichauris. En ce point, on peut recueillir au-dessus de calcaires siliceux à Belemnites unicanaliculatus et à grosses terebratules (T. Perovalis ?), vraisemblablement aaleniens, des empreintes de Cancellophycus, et, un peu plus au Nord, *Parkinsonia Niortensis* d'Orb., dans les bancs marneux.

Le Bathonien accompagne dans la Nerthe le Bajocien et le Lias et disparaît, comme eux, par étirement un peu à l'Est du Jas de Rode. A

800 m. au N.-E. du village de la Nerthe, il est assez bien caractérisé. On trouve à la base une zone de calcaire marneux noirâtre contenant des débris de troncs de gros végétaux et des traces de feuilles. Vingt mètres environ au-dessus la zone à *Lytoceras tripartitum* Rasp. est très bien caractérisée (1).

Il réapparaît aux environs des Cadenaux entourant d'une manière complète, à l'Ouest, les affleurements liasiques et bajociens et se continuant, vers le Sud, en une longue bande qui traverse la voie ferrée et peut être étudiée dans la tranchée au delà du premier pont au Nord de la gare, en suivant la voie jusqu'à la rencontre de la grande faille de charriage. En ce point, il chevauche sur les calcaires du Jurassique supérieur. On trouve, d'ailleurs, dans la mylonite de base des débris de calcaires du Bajocien, du Lias et même du Trias.

Aux environs de Septèmes, le Bathonien, bien développé, présente une épaisseur de près de 150 m. Il est assez fossilifère. Vers la base, une zone à *Perisphinctes Quercinus* Terquem et Jourdy, 50 à 60 m., et au-dessus 50 m. de couches peu fossilifères supportant une autre zone assez riche en ammonites, *Oppelia Aspidoïdes* Oppel, etc. Cette bande se poursuit dans les mêmes conditions un peu au S.-E. des Bastidonnes où elle disparaît par suite d'une dislocation encore peu connue sous les calcaires et les dolomies de la série supérieure. Au Nord de Jean-le-Maître, le Bathonien existe probablement, très étiré entre l'Infralias et le Callovien, dans la série jurassique renversée, mais je n'y ai pas recueilli de fossiles. Un nouvel affleurement réapparaît sous le Callovien au Castellas de Saint-Savournin. Il se dirige N.-S. pour venir traverser la route d'Italie, à 200 m. environ à l'Ouest de l'Auberge de Pichauris. Les fossiles, peu abondants, existent, cependant, sur tout le parcours.

Le Callovien est assez bien développé également dans la chaine de la Nerthe. Il forme une bande qui passe au hameau même de la Nerthe, mais qui se termine étirée à 1 kilomètre environ au Nord-Est. Elle réapparait au Sud des Bouroumettes, où elle est assez élargie et traverse la route de Saint-Antoine à l'Assassin. Elle est, en partie, masquée par les dépôts sannoisiens du bassin de Marseille. Elle s'élargit de nouveau à l'Est de ce point et acquiert son maximum de puissance à la traversée de la grande route et du chemin de fer de Septèmes. Dans la traversée même, le Callovien inférieur zone à *M. Macrocephalus* est assez fossilifère et la zone à *Reyn. Anceps* est assez bien caractérisée aux environs du cimetière du village.

(1) Voir Repelin, *B. S. C. F.*, 3ᵉ série, t. xxvi, p. 517.

A l'Est de ce gisement, le Callovien disparaît bientôt comme le Bathonien et par le fait du même accident tectonique.

A Jean-le-Maître, un petit affleurement se montre au Nord de la bande triasique entre les calcaires oxfordiens au Nord et les dolomies triasiques. La zone à *M. Macrocephalus* est fossilifère ici, comme partout, c'est un repère précieux.

Aux environs de Pichauris, on la trouve à flanc de coteau, au Nord de l'Auberge. Un peu plus loin, elle se montre au Col qui domine Cadolive où la zone à *Reyn Anceps* est aussi reconnaissable.

L'Oxfordien est très mal représenté dans la Nerthe. Avant le hameau, quelques mètres de calcaires, présentant l'aspect jaune claire cristallin des couches oxfordiennes, se montrent entre les dolomies et le Callovien. Est-ce le fait d'un étirement ou y a-t-il là un passage latéral très brusque d'une partie de l'Oxfordien à des dolomies ? Un peu plus à l'Ouest, il semble y avoir une épaisseur plus grande de calcaire attribuable à l'Oxfordien, mais les fossiles font défaut.

Des calcaires en bancs puissants et bien réglés forment plus au Sud une bande importante traversée par la route de l'Estaque à Pas-des-Lanciers, sur une grande épaisseur. Ils sont recouverts au Nord par les dolomies au voisinage du hameau de la Nerthe, tandis qu'ils buttent au Sud, par faille, contre les dolomies. Ils ont été attribués par Matheron à l'Oxfordien, mais ils comprennent, sans doute, le Lusitanien.

Une autre bande apparaît un peu à l'Ouest de Septèmes et s'étend assez loin vers l'Est. C'est de beaucoup la plus importante et la plus intéressante. Traversée par la grande route et la voie ferrée, elle offre un grand nombre de tranchées qui favorisent les observations et, de plus, des exploitations importantes de calcaires ont contribué à mettre à nu les strates parfaitement nettes de cette partie de jurassique. Les fossiles assez rares, sont, toutefois, bien nets et bien caractéristiques. Ils se rapportent à un niveau très élevé de l'Oxfordien *Aspidoceras perarmatum* Sow. sp., *Peltoceras arduennense* d'Orb. sp., *Haploceras Erato* d'Orb. sp., *Perisphinctes virgulatus*. L'Oxfordien, épais de 100 m. environ, se poursuit de là jusqu'aux environs de Jean-le-Maître, où il disparaît par faille. Il se montre encore en situation normale entre le Callovien et les calcaires lithographiques du Lusitanien dans l'affleurement jurassique très important qui s'étend du Nord au Sud entre le Castellas de Saint-Savournin et les ruines du Château de Nerf. Les fossiles sont très rares, quelques tiges de crinoïdes et quelques oursins dans un banc dur compact qui paraît appartenir à la partie supérieure de l'étage.

Le Lusitanien est constitué par des calcaires lithographiques d'une épaisseur de plus de 50 m. reposant régulièrement sur les calcaires précédents entre le hameau et la route du Rove dans la Nerthe. Dieulafait avait signalé dans ces couches *Perispinctes polyplocus* Quenst. sp., avec *Per. iphicerus*. Les seuls points qui jusqu'à présent nous ont fourni des fossiles séquaniens incontestables sont les escarpements situés au N.-E. de la ferme de l'Establon. Les fossiles sont là à 20 m. environ au-dessous du contact des dolomies *Perisp. polyplocus*, Quenst., *Per. Lothari* Oppel, etc. C'est une association comparable à celle de la faune de Baden Lusitanien sup. Un affleurement très restreint existe au Nord de Rio-Tinto. On retrouve ces calcaires dans la série renversée au S.-O. de Simiane, où ils présentent un beau développement et, enfin, dans la bande de Saint-Savournin en situation normale dans la série jurassique.

Il faut sans doute rattacher à ces couches l'affleurement calcaire qui forme une petite bande au N.-O. de Château-Gombert et qui présente des bancs orientés S.O-N.O. et plongeant au S.-E.

Les dolomies kimeridgiennes occupent de vastes surfaces dans cette chaîne. Nous y avons trouvé, pour la première fois, des fossiles un peu au Nord de l'Establon, route du Rove (1). Elles forment, d'abord, une grande bande qui commence au Nord du Rove et s'étend du S.-O. au N.-E. avec un pendage N.-O. en contact concordant avec les calcaires portlandiens et la série du Crétacé inférieur. Elle est en contact anormal avec les affleurements du Trias ou du Lias ou du Jurassique inférieur. Cette bande, qui passe au Nord du Jas de Rode, vient finir sous le Danien des Cadenaux et de Sénière. Un autre affleurement de grande étendue mais très irrégulier s'étend au Sud du Rove et présente une disposition vaguement périclinale entourant de toutes parts, à l'Ouest et au Sud, le bombement des calcaires lusitaniens et entouré lui-même, en partie, par les affleurements concordants du Crétacé inférieur. Cette bande vient finir au Nord de l'Estaque, sous le Tertiaire du bassin de Marseille. Quant à l'affleurement dolomitique de la Nerthe, sa situation au-dessus de l'Oxfordien n'est pas douteuse, mais ses relations avec les affleurements voisins ainsi que son âge même sont mal établis.

La grande masse de la partie centrale de la chaîne de l'Etoile est formée par les dolomies. Elles reposent normalement sur les calcaires lusitaniens jusqu'au méridien de Jean-le-Maître, et leurs relations avec la série renversée de l'Etoile, à partir de ce point, sont mal connues encore.

Cet énorme massif dolomitique se relie à l'Est avec un autre moins important qui couronne la série jurassique de Saint-Savournin. Au Sud de Simiane, les dolomies jurassiques se rencontrent encore à leur place dans la série renversée.

(1) Repelin. *Loc. cit. ante.*

Les calcaires blancs supérieurs aux dolomies jurassiques de Provence ont été attribués par Coquand, d'abord au Corallien, puis à l'ensemble du Kimeridgien et du Portlandien. Dieulafait les rattachait à l'Urgonien, et enfin on est aujourd'hui d'accord pour les classer dans le Jurassique tout à fait supérieur. On a reconnu, en effet, que les Diceras de Coquand, découverts au vallon de la Cloche et que Dieulafait considérait comme des *Caprotina ammonia*, sont des Heterodiceras analogues à *H. Lucii* des calcaires coralligènes du Jura des Alpes et de Saint-Hippolyte. Ces calcaires blancs accompagnent le plus souvent les dolomies formant d'abord une longue bande sur le versant Nord de la chaîne de la Nerthe, depuis le sommet des collines du Rove jusqu'au moulin des Cadenaux, en passant par le vallon bien connu de la Cloche. On les voit également dans la série renversée de Simiane, et enfin les principaux sommets de l'Etoile sont couronnés par des bancs énormes de ces calcaires gris ou blanchâtres.

8° Environs d'Aix, Chaine de Sainte-Victoire. Vallée de Vauvenargues (1). — Le Bajocien (Oolithe inférieure) est constitué là par une alternance régulière de petits bancs calcaires de 20 à 30 cent. d'épaisseur et de lits schisteux marneux un peu plus minces. Les Cancellophycus y sont abondants. Ces couches sont bien développées au N.-E. de la ville, dans les coteaux qui s'élèvent au-dessus du Pont-de-Béraud. On peut facilement les y évaluer à une centaine de mètres. En allant d'Aix à Saint-Marc, on les coupe, aussitôt après le Prignon, pour les retrouver quelque temps avant Saint-Marc vers la maison du cantonnier (Sylvestre de l'Etat-Major). Elles forment une grande partie des collines qui séparent la route du Vallon de la Cose, depuis Saint-Marc jusqu'à Vauvenargues. A la ferme de Guérin on en trouve encore un beau développement, mais, à l'Est de Claps, elles se perdent. Au Sud d'Artigues, vers Pilhaud, l'Oolithe inférieure repose sur les dolomies et calcaires siliceux noirâtres de l'Infralias. C'est un calcaire chamois, tendre, chargé de points blancs. Cette couche n'a que trois mètres d'épaisseur. Elle se poursuit vers Esparron-de-Palières. Quelques belemnites, ammonites, terebratules viennent seulement témoigner du niveau auquel on a affaire. Ce n'est plus du tout l'épaisseur, le facies, ni la faune de l'étage près d'Aix.

Entre Lambruisse et les Vacons, toutes les couches schisteuses grises comprises entre l'Infralias et l'Oxfordien n'appartiennent peut-être pas à la grande Oolithe, quelques-unes, à la base, pourraient représenter l'Oolithe inférieure.

(1) Collot. *Loc. cit. ante.*

Le Bathonien se compose de marnes et de calcaires. Ces marnes, plus grises, plus argileuses que celles du Bajocien, sont légèrement schisteuses et se délitent facilement. Ce facies est bien caractérisé à Vauvenargues. Claps et plus à l'Est jusqu'à Esparron-de-Palières, où l'épaisseur peut-être évaluée à 150 mètres environ. Cette formation devient plus calcaire et moins épaisse au Prignon, près d'Aix. Au Nord de la ligne précédente, à Montmajor, il manque totalement. Les fossiles sont abondants : ammonites, Cancellophycus.

Les calcaires au-dessus des marnes sont compacts et sans fossiles, sauf des débris d'encrines et des Cancellophycus. C'est dans la région Est que cette assise est bien développée.

On peut citer les points suivants : Claps, le Haut-Vacon, Les Bellons et tout l'espace au Sud d'Artigues et d'Esparron-de-Palières ; Le Pigeonnier, Beausset, au S.-S.-E. de Ginasservis, où le canal du Verdon effleure des couches grises pétries d'entroques sur lesquelles repose l'Oxfordien ; La Nove, un peu au Sud du même point ; les gorges au Sud d'Esparron-du-Verdon, notamment, le lieu dit le Sanglier, où le canal sortant de la clue à bords si escarpés du Verdon, après avoir traversé l'Oxfordien et le Callovien, coupe les couches bleuâtres dans le fond gris brun, près de la surface de ce calcaire. Par exception, en ce point, quelques lits sont un peu marneux et contiennent de rares ammonites, permettant d'établir l'âge de ces couches. A Claps, quelques bandes d'un grès fin schisteux, de couleur jaune, sont intercalés dans le calcaire environ 10 mètres avant les bancs terminaux de l'étage.

Les calcaires de la grande Oolithe sont gris dans la vallée de Vauvenargues.

9° ENVIRONS DE LANÇON ET DE PÉLISSANNE, CHAINE DES BAUX. — Faut-il ranger dans le Valanginien les calcaires que l'on observe dans la région de Lançon et de Pélissanne et qui paraissent assimilables à ceux que M. Collot classe, sur la feuille d'Aix, sous la notation C v-vi comme correspondants à la partie inférieure du Crétacé valanginien et à l'horizon de Berrias ? Cet auteur signale, au Sud d'une ligne suivant le cours inférieur de l'Arc, les vallées de Vauvenargues et des Vacons, et celle, au Nord d'Artigues, des calcaires blancs inférieurs à l'horizon d'Hauterive séparés par de petits lits d'argiles verdâtres. Il y a de rares nérinées et vers le haut *Natica Leviathan*. M. Collot signale, par contre, dans le Nord de la feuille d'Aix, aux environs de Meyrargue et de Reclavier, des calcaires marneux à surface blanchâtre renfermant *Astieria Astieri, Hoplites Roubaudi, Hopl. Malbosi*, Piet. sp., *Hopl. Occitanicum* Piet. sp. C'est sans doute à ces calcaires qu'il faut assimiler les affleurements indiqués sur la carte à 1/80.000° par une teinte spéciale entre Lançon et Pélissanne, et entre ce village et Aurons.

**SYSTEME CRETACÉ**. — Les divisions aujourd'hui adoptées comme les plus commodes, et d'ailleurs conformes à celles de la Carte géologique de France à 1/1.000.000°, sont les suivantes, auxquelles nous ajoutons les divisions équivalentes créées pour les besoins de la Géologie régionale :

|  |  | Divisions générales<br>—<br>facies marin<br>— | Divisions locales<br>—<br>facies fluvio-lacustre<br>— |
|---|---|---|---|
| Crétacé supérieur. | Danien. |  | = Rognacien. |
|  | Sénonien. | Aturien. | Maestrichtien ~ Bégudien. |
|  |  |  | Campanien. { Fuvélien. / Valdonnien. |
|  |  | Emschérien. | Santonien. / Coniacien. |
|  | Turonien. |  | Angoumien. / Ligérien. |
|  | Cénomanien. |  |  |
|  | Albien = Gault. Lacune. Formation de la bauxite. |  |  |
| Crétacé inférieur. | Aptien. | Gargasien. / Bedoulien. |  |
|  | Barrémien. = Urgonien. |  |  |
|  | Hauterivien. |  |  |
|  | Valanginien (1). |  |  |

*Valanginien*. — Cet étage, bien développé dans le département et souvent difficile à séparer du suivant, est constitué par des marnes alternant avec des calcaires bien lités, compacts, blancs ou gris, sans fossiles, et de petits lits plus argileux, verdâtres. On trouve à la base un grand strombe, plus connu sous le nom de *Natica Leviathan* = Strombus Sautiéri, et quelques rares lamellibranches de divers genres, ainsi que des nérinées. L'épaisseur est de 150ᵐ environ.

Dans quelques points au N.-E. du département, on rencontre des couches appartenant à l'horizon de Berrias. Les fossiles caractéristiques sont: *Hoplites Malbosi* Pict., *H. Boissiéri* Pict., *H. Calisto* d'Orb., etc. (2). Ces calcaires marneux sont inférieurs à la zone à Natica Leviathan.

(1) Danien, du Danemark ; Sénonien, de Sens, pays des Sénones ; Aturien, de l'Adour ; Emschérien, de l'Emscher ; Maestrichtien, de Maestricht ; Campanien, de la Champagne ; Santonien, de Saintes (Saintonge) ; Coniacien, de Cognac ; Turonien, de la Touraine ; Cénomanien, du Mans (Cenomanum) ; Albien, de l'Aube ; Aptien, d'Apt ; Barrémien, de Barréme ; Urgonien, d'Orgon ; Hauterivien, d'Hauterive, près Neuchatel ; Valanginien, de Valangin, près Neuchatel ; Rognacien, de Rognac ; Bégudien, de La Bégude ; Fuvelien, de Fuveau ; Valdonnien, de Valdonne ; Angoumien, d'Angoulème ; Ligérien, de la Loire.

(2) **Voir Collot** *Description Géologique des environs d'Aix-en-Provence.*

# PLANCHE III

F-----

Figure 1. — Ceratites nodosus Haan, Muschelkalk, environs de Toulon. Collection Dérognat. Gr. nat.

» 2 et 3. — **Cœnothyris vulgaris**, Schl. Muschelkalk, environs de Toulon. Coll. Dérognat. Gr. nat., avec bandes colorées.

» 4. - Plaquette de calcaire à Avicula contorta Portl. Infralias. Environs de Cuges. Coll. Fac. Sc. Gr. nat.

» 5. -- Gryphœa regularis. Domérien. Environs de Brignoles. 1/2 gr. nat.

» 6. - Spiriferina sp. Lias moyen. Environs de Cuges. Coll. Longchamp. Gr. nat.

» 7. -- Spirifernia rostrata Desl. Domérien. Environs de Cuges. Coll. Longchamp. Gr. nat.

» 8. — Belemnites clavatus. Domérien. La Nerthe. Coll. Fac. Sc. Gr. nat.

» 9. -- Belemnites clavatus. Domérien. La Nerthe. Coll. Fac. Sc. Gr. nat.

» 10. — Rhynchonella meridionalis Desh. Domérien. Env. de Mazaugues. (Museum). Gr. nat.

» 11. -- Autre exemplaire. Domérien. Env. de Mazaugues. Gr. nat.

» 12. — Terebratula punctata Davidson. Domérien. Aix. Coll. Fac. Sc. Face dorsale. Gr. nat.

» 13. --- Terebratula punctata Davidson. Domérien. Aix. Coll. Fac. Sc. Face ventrale. Gr. nat.

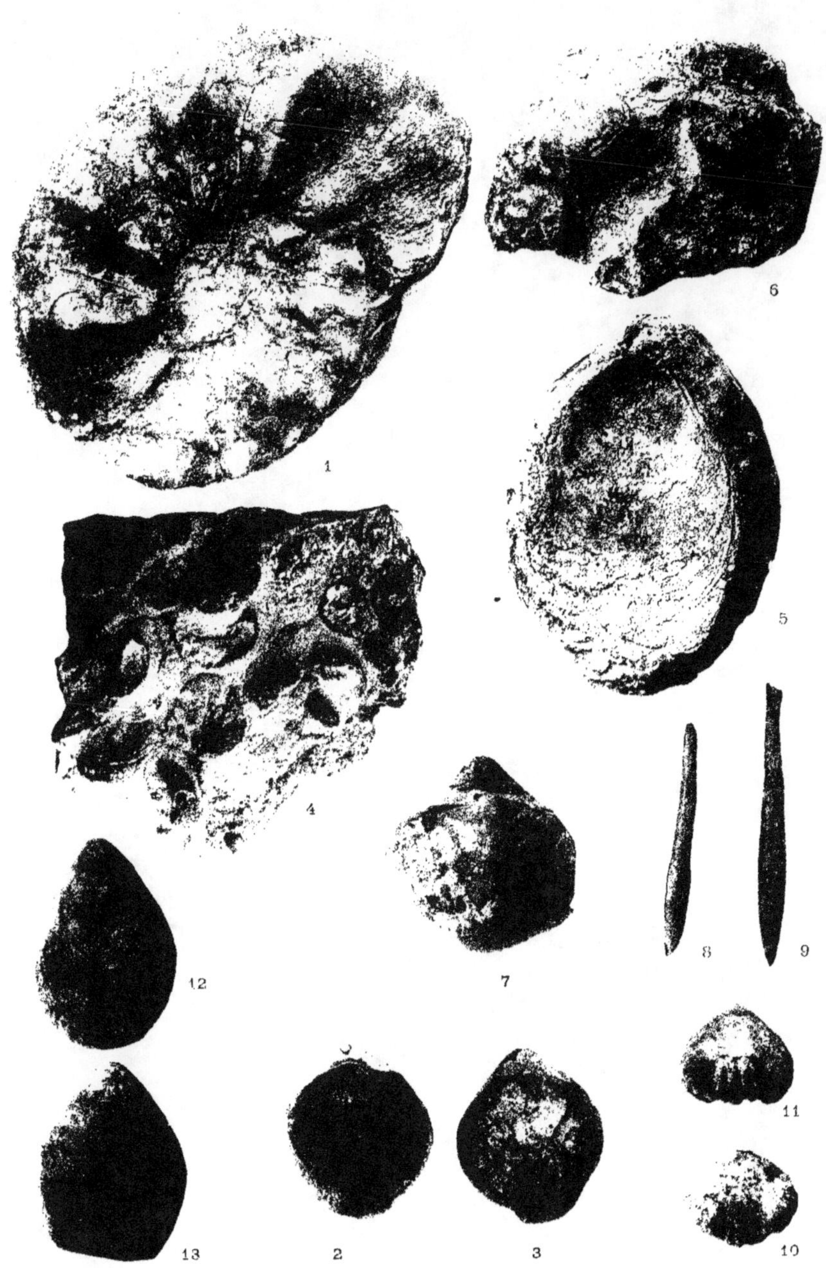

*Hauterivien* (1). — Cet étage n'a pas moins de 200ᵐ dans les parties du département où il affleure normalement, surtout dans la région méridionale. Il comprend à la base des calcaires marneux, gris ou jaunâtres, surmontés de calcaires compacts, passant au calcaire compact de l'Urgonien qui le surmonte. On y trouve dans les parties marneuses une faune très riche, analogue à la faune classique d'Hauterive. Les principales espèces caractéristiques sont *Miotoxaster retusus* Ag. (*Echinopatagus cordiformis* Bdcyn.), *Ostrea Couloni* d'Orb., *Terebratula prælonga* Sow., etc. Dans les bancs compacts on trouve des oursins de taille plus forte. Vers le Nord. les marnes à *Miotoxaster retusus* se rencontrent près du contact de l'Urgonien ,et au-dessous se montrent des calcaires blanchâtres comparables à ceux de l'Urgonien. Parfois des poudingues s'intercalent à la base de ces calcaires blanchâtres. Ces derniers renferment les mêmes fossiles que les marnes (Mouriez, presqu'île des Martigues). En certains points, vers le Sud du département, on trouve, à la partie supérieure, des lits de silex analogues à ceux que l'on trouve presque partout à la base de l'Aptien (zone à Hétéraster oblongus).

*Urgonien.* — Cet étage, longtemps méconnu par Matheron, qui le considérait comme jurassique, et même par Dieulafait, est aujourd'hui parfaitement défini et délimité. Il est constitué par des calcaires compacts, blancs, cristallins, avec nombreuses coupes de fossiles. Des dolomies de couleur foncée s'intercalent parfois irrégulièrement dans la masse (chaîne de la Nerthe) et parfois envahissent tout l'étage. En certains points privilégiés, le calcaire est crayeux et tendre et les fossiles peuvent être dégagés.

Les principaux fossiles sont : *Requienia ammonia* Goldf. sp., *Toucasia carinata* Math. sp., *Monopleura trilobata* d'Orb. sp., *Matheronia gryphoïdes* Math.

Ces fossiles, sauf dans la région d'Orgon et de Calissanne. sont inclus dans la roche dure et compacte et ne peuvent être dégagés. Leurs sections donnent à la pierre de Cassis son aspect particulier (2), marmoréen. C'est un facies essentiellement coralligène. On s'en rend compte surtout en l'examinant au microscope et en coupes minces. Mais, même à l'œil nu, certains bancs apparaissent à Ratonneau et à Pomègue, par exemple, et d'ailleurs, à peu près partout, comme entièrement constitués par des débris de fossiles ou encore entièrement oolithiques.

(1) Collot. *Terrain crétacé de la Basse-Provence. B. S. G. F.* (3), t. xviii. 1ʳᵉ partie, p. 49.

(2) Voir Pl. vi, Fig. 10.

5

*Aptien* (1). — L'Aptien est constitué par des calcaires marneux en bancs bien lités. Il est divisible en deux parties assez différentes l'une de l'autre. A la base des bancs assez durs ressemblant un peu à l'Urgonien, mais à faune très différente (Bedoulien). Ces calcaires sont de couleur claire et passent au sommet à des bancs plus marneux bleuâtres encore mieux lités et où l'on trouve vers le haut d'assez nombreux fossiles. Dans la partie inférieure, les fossiles les plus abondants et caractéristiques sont *Ostrea aquila* d'Orb., *Ancyloceras Matheroni* d'Orb., *Hoplites fissicostatus* Phill., *Acanthoceras Stobiecki*. Dans les marnes supérieures, on trouve plus spécialement : *Belemnites semicanaliculatus* Blainv., *Oppelia Nisus* d'Orb. sp., *Parahoplites furcatus* Sow. sp., (*Amm. Dufresnoyi* d'Orb.), *Douvilleiceras Martinii* d'Orb. sp., ainsi que de nombreux fossiles ferrugineux (Gargasien).

Sur le versant Nord de l'Etoile, l'Aptien supérieur présente un faciès très différent, connu sous le nom de faciès de Foudouille. Ce sont des calcaires, ou même des grès glauconieux, avec une faune néritique de gastéropodes ou de lamellibranches, renfermant aussi *Miotoxaster Collegnoi* Sism. sp., et *Parahoplites Milleti* d'Orb. sp. Ce faciès lui-même n'est pas constant dans cette région et passe vers l'Est à des calcaires à silex avec de nombreuses orbitolines. *Orbitolina conoïdea* (Saint-Germain).

*Cénomanien* (2). — Ce sont des calcaires cristallins blanchâtres, parfois siliceux, alternant avec des grès jaunâtres et des calcaires qui constituent le Cénomanien. Ces dépôts sont en général très riches en fossiles variés. Dans les parties sableuses ou gréseuses on trouve en abondance : *Exogyra columba* Lk., *Exogyra flabellata* Goldf. sp., *Holaster suborbicularis* Ag., *Terebrirosta Barjesi* d'Orb., etc. Dans les calcaires blancs, véritables calcaires à caprines, pullulent *Caprina adversa* d'Orb., *Caprinella triangularis* d'Orb., associées à des rudistes variés, radiolites et sphœrulites.

En certains points, les foraminifères dominent dans les grès jaunâtres calcaires, *Orbitolina concava* Lamk., et autres espèces du même genre.

Près de Toulon (Touris, Le Revest), on rencontre un faciès lagunaire indiquant la proximité du rivage. La faune et les gisements ont été décrits dans les Annales du Muséum de Longchamp (3).

(1) Voir Collot, *loc. cit. ante*, et Hebert, B. S. G. F. (2), XXIX, p. 393.

(2) Voir Hebert, B. S. G. F. (2), XXIX, pp. 393 et suiv. (3), II, p. 465, et Toucas, B. S. G. F. (3), IV, p. 310.

(3) Repelin. *Cénomanien saumâtre ou d'eau douce*. Annales du Muséum d'Histoire Naturelle de Marseille, VII, 112 p., 1902.

*Turonien* (1). — Les faciès du Turonien des Bouches-du-Rhône sont assez variés. Il y a alternance de couches marines et de couches lagunaires. La faune est donc aussi très variée. Des marnes bleuâtres ou grisâtres, atteignant 100<sup>m</sup> de puissance en certains points, contiennent *Inoceramus labiatus, Periaster Verneuilli*, des mammites *M. Rochebrunei* et des formes à cloisons ceratoïdes. Elles représentent la partie inférieure de l'étage, le Ligérien. Elles manquent parfois et l'étage débute par des calcaires à *Durania cornupastoris*. A un niveau supérieur se montrent des marnes noires et des grès à végétaux (2), associés à des calcaires gréseux, renfermant une faune lagunaire (La Mède) ou ces calcaires gréseux seulement (Allauch). Dans la région de Cassis-La Ciotat, ce sont des calcaires à rudistes (*Durania cornupastoris*) qui surmontent directement les marnes ligériennes. Ces calcaires angoumiens passent vers le Sud à des bancs de poudingues très épais.

*Sénonien* (3). — Cet étage se divise naturellement en Emschérien, comprenant le Coniacien et le Santonien, sous-étages marins que l'on réunit généralement sous la dénomination, d'ailleurs trop spéciale pour la Provence, de calcaires à hippurites et Aturien. C'est sous cette dénomination que nous décrirons la partie inférieure du Sénonien. Quant à l'Aturien, il est lagunaire dans notre région et nous aurons à caractériser successivement ses divisions principales.

**Calcaires à hippurites.** — Ce sont des calcaires en général pétris non seulement d'hippurites, mais de radiolites et de sphœrulites. Ces formations zoogènes sont particulièrement bien développées sur les bords de l'étang de Berre. Nous donnerons la faune dans le chapitre paléontologie. Les spongiaires abondent ainsi que les bryozoaires et les formaminifères et certains mollusques gastéropodes comme les nérinées. Les hippurites les plus fréquentes sont *H. Socialis* Douvillé, *H. Moulinsi d'Hombres Firmas* et *H. Galloprovincialis* Math.

Le passage des calcaires à rudistes aux premières assises du Sénonien lacustre se fait par trois petites zones, connues sous le nom de z. à *Lima ovata* = *Lima Marticensis* Math., z. à *Ostrea acutirotris* Nils = *Ost galloprovincialis* Math., et zone à *Glauconia Coquandi* d'Orb. sp. Ce dernier horizon renferme, en certains points, une faune abondante et variée,

---

(1) Voir Hebert, B. S. G. F. (2). t. xxviii, p. 137 ; B. S. G. F. (3), ii, p. 479 — Toucas, B. S. G. F. (3), viii, p. 66. Hebert et Toucas, Bull. S. G. F. (3), ii, p. 475 ; viii, p. 841. — Depéret, B. S. G. F. (3), t. xvi, p. 573. .. Collot, B. S. G. F. (3), t. xviii, p. 82.

(2) Voir plus loin, *La paléontologie végétale*, et Vasseur, C. R. Ac. sc., 27 mai 1890, ainsi que Vasseur, B. S. G. F. (3), t. xxii, pp. 415 et suiv.

(3) Voir Hebert, *loc. cit. ante*, et Toucas, B. S. G. F. (3), x, p. 165. - - Peron, B. S. G. F. (3), v, p. 169 ; viii, p. 88. — Vasseur, B. S. G. F. (3), t. xxii, p. 413.

composée d'un mélange de formes marines et de formes d'eau douce et connue sous le nom de faune du Plan-d'Aups (1).

C'est au-dessus de cet horizon que se placent les dépôts les plus inférieurs des formations fluvio-lacustres.

*Valdonnien* (2). — Cet étage est constitué par des calcaires compacts alternant avec des marnes et des argiles. Il est parfois argilo-sableux, par exemple autour du Regagnas et vers Puyloubier. Les fossiles abondent à certains niveaux. Les plus fréquents et les plus caractéristiques sont : *Campylostylus galloprovincialis* Math. sp., *Anadromus probiscideus* Math. sp., *Lychnus elongatus* Roule, *Vivipara novemcostata* Math. sp.

*Fuvélien*. — Les dépôts fuvéliens sont des calcaires gris bleuâtres en général, parfois jaunâtres, se débitant souvent en dalles dont les surfaces son couvertes de mollusques (corbicules, unios, mélaniens).

Ils présentent plusieurs intercalations de lignites exploités. Les principaux fossiles sont des végétaux : Rhizocaulon, Nelumbium, etc. ; des mollusques terrestres (cyclophores) ou lacustres : *Corbicula Gardanensis* Math., *C. Concinna* Sow., *Unio Galloprovincialis* Math. ; des restes de poissons (lepidostées), de reptiles (tortues, crocodiles), etc.

Le Fuvélien se termine par une barre de calcaire ocreux dur, dite *barre jaune*.

*Bégudien*. — Le Bégudien présente deux faciès principaux : un faciès calcaire dans la région occidentale ; un faciès détritique, grès et argile, dans la partie orientale du bassin.

Les principaux fossiles qui se rencontrent dans les bancs calcaires sont *Lychnus Marioni* Roule, des cyclophores. *Physa galloprovincialis* Math., *Ph. doliolum* Math., *Hantkenia Matheroni* Roule sp.

*Rognacien*. — Il comprend à la base des argiles bigarrées et des grès renfermant des restes de reptiles. *Hypselosaurus priscus* Math., Crocodilus sp., des tortues, etc., des débris d'œufs que nous attribuons au gros reptile précédent, mais que certains auteurs (Van Straelen) ont tendance à considérer comme des œufs d'oiseaux ? ?

Au-dessus, le Rognacien supérieur est représenté par le calcaire de Rognac, formant une barre qui joue un rôle important dans la topographie. Les principaux fossiles sont : *Lychnus Matheroni Requien* et autres lychnus, *Leptopoma Baylei* Math. sp., des cyclophores, cyclotus, physes,

<hr>

(1) Repelin. *Annales du Muséum d'Histoire Naturelle de Marseille*, x, pp. 1-87, 1907.
(2) Collot. *Description du terrain crétacé dans une partie de la Basse-Provence.* Bull. Soc. Géol. (3), t. xix, pp. 39 et suiv.

vivipares, etc., etc., et un mélanien surtout abondant dans les dépôts ligniteux de la base du calcaire. *Hantkenia armata* Math. sp.

*Montien*. — On range dans le Montien, étage que les uns placent dans le Crétacé, les autres dans le Tertiaire et que nous considérons comme une sorte de zone de transition entre les deux, les argiles rutilantes de Vitrolles avec intercalations de grès et de poudingues et les calcaires marmoréens supérieurs qui présentent de beaux affleurements aux environs de Vitrolles et de La Galante. Vasseur a constaté que, dans le voisinage des Pennes, cette assise se termine par un horizon calcaire à *Physa Montensis* Cornet et Briart, surmonté d'un lit noduleux argilo-calcaire rougeâtre renfermant un nouveau genre de gastéropode, *Palæostrophia Matheroni* G. Vasseur.

*Affleurements du Crétacé inférieur*. — Massif de Marseille-Veyre et Carpiagne, Auréole externe du Bassin du Beausset, Colline de Notre-Dame de la Garde et Iles, Massif d'Allauch, Environs de Gémenos et de Cuges, Chaîne de la Nerthe, Chaîne de l'Etoile, Environs d'Auriol, Chaîne de La Fare, Massif de Concors et environs de Meyrargues, Environs de Jouques et Saint-Paul-les-Durance, Chaîne des Costes, Chaîne des Baux et territoire d'Arles, La Montagnette et la région de Mouriez.

1° MASSIF DE MARSEILLE-VEYRE. — C'est un petit chaînon, sorte de prolongement à l'Ouest des hauteurs de Carpiagne et de celles qui s'étendent entre la Tête de Puget et Cassis. Dans sa partie la plus occidentale, entre la Madrague et Sormiou, les couches plongent assez régulièrement au Sud. Le Valanginien s'observe, à Montredon, au-dessus du calcaire blanc portlandien. Ce sont des marnes verdâtres transformées en feuillets par les phénomènes mécaniques et présentant des fossiles mal conservés, mais reconnaissables, *Strombus Sautieri*, terebratules, nérinées, etc. Aux pieds de la Tête de Puget, on retrouve ces mêmes marnes ainsi qu'au col de Mazargues, à Sormiou, où elles sont très redressées. Les couches hauteriviennes comprennent un calcaire compact à la base et des marnes alternant avec des calcaires à la partie supérieure. Dans cette partie, on rencontre presque toujours des lits de rognons siliceux. Les fossiles y sont abondants dans la partie qui entoure la Tête de Puget, à l'Ouest, dans le sentier qui va aboutir à la calanque de Sugiton, et aussi à l'Est. Ce sont avec *Miotoxaster retusus* Ag. sp., et *Ter. prælonga* Sow., de nombreux gastéropodes et lamellibranches dont nous donnons la liste dans la partie paléontologique. On retrouve l'étage avec sa faune à Marseille-Veyre et dans la plupart des calanques entre le Sémaphore et le bec Sormiou, puis dans la calanque de Sormiou et dans celle de Morgiou. Entre Morgiou et la Madrague, sur les flancs septentrionaux du petit chaînon. Le Valanginien et l'Hauterivien concordants forment au-dessous des escarpements urgoniens des gradins qui mettent en évidence les alternances de marnes et de calcaires. Les fossiles sont partout assez abondants. L'Aptien ne se rencontre que vers la pointe du cap Croisette, où il est calcaire, et sur le versant Nord de Maïre où la partie supérieure, marnes à ammonites ferrugineuses, est directement sous l'Urgonien, très redressé (1).

2° CARPIAGNE. — Ce massif, avec les modifications indiquées par M. Savournin, dans sa note sur le Massif de Carpiagne (2), peut être considéré, ainsi que l'a dit M. Fournier (3), comme un soulèvement ayant son centre à peu près à 1 km. à l'Est de Vaufrège. Le Crétacé inférieur y forme une ceinture presque complète autour du centre de cette sorte de dôme. Il comprend les étages valanginien, hauterivien, urgonien et aptien. Le Valanginien et l'Hauterivien forment une bande continue autour des principaux sommets formés de dolomies, Carpiagne (492), Saint-Cyr, Signal de Carpiagne (646), qui, partant de la colline de Sainte-Croix, s'étend en formant une sorte de demi-cercle jusqu'à la Gélade et au delà, à peine interrompue entre le Vallon de Toulouse et celui de l'Evêque. Le Valangien est fossilifère dans le vallon de Toulouse et celui de La Panouse ainsi que dans les gorges du Sud de Saint-Marcel : *Strombus Sautieri* (Pl. V., Fig. 5), terebratules, grandes nérinées. La bande réapparaît au Sud de Sainte-Croix et du vallon de La Panouse, se prolonge par le Logis-Neuf vers la dépression de Luminy, entourant le sommet urgonien de la Tête de Puget. (Cap Gros de la Carte) et se prolongeant dans la partie comprise entre la petite calanque de Sugiton et la crête des falaises du Devenson. L'étage hauterivien est fossilifère presque partout où il affleure, en particulier près de la propriété de la Valbarelle. On peut y recueillir *Ostrea Couloni* d'Orb., *Terebr. prolonga* Sow., *Miotoxaster retusus* Ag. Au Nord de la Bédoule, cet étage affleure encore dans une boutonnière d'urgonien et dans les ravins profonds (4). On y rencontre les mêmes fossiles.

Quant à l'Urgonien, il occupe des surfaces considérables tant à l'Ouest qu'au Nord-Ouest du Massif et surtout à l'Est. Il constitue les collines qui séparent la dépression du Logis-Neuf et celle de Luminy de la Plaine de Mazargues et de Sainte-Marguerite. Il est d'ailleurs concordant sur l'Hauterivien qui occupe ces dépressions. Il s'étend ensuite jusqu'aux crêtes qui dominent au Nord la Calanque de Morgiou. A peine interrompu par la bande hauterivienne, il forme tous les principaux sommets de Marseille-Veyre. On le retrouve dans les îles Riou, associé à quelques bancs

---

(1) Repelin, B. S. G. (3), t. xxvii, p. 363.
(2) *Bull. Serv. carte*, n° 73, t. xi, 1899-1900.
(3) *Esquisse géol. des environs de Marseille.*
(4) Matheron. *Bull. Soc. Géol.* 1re série. T. xiii, p. 510. — Hebert. *Le Néocomien inf. dans le Midi de la France.* Appendice, p. 163.

hauteriviens, à Maïre, où il recouvre par chevauchement les marnes de l'Aptien supérieur, puis à Jarros, Calescragne, etc., etc., présentant toujours le même faciès. Comme dépendance de l'Urgonien, du Grand-Mussuguet, se montre celui qui, au Sud de Saint-Menet, de la Penne et de Camp-Major, forme les collines portant le télégraphe d'Aubagne et qui, passant au Sud de Saint-Marcel, très aminci, aboutit près de la butte de Sainte-Croix, en concordance constante sur les marnes hauteriviennes.

3° AURÉOLE EXTERNE DU BASSIN DU BEAUSSET. — Cet étage urgonien, formé de calcaire dur compact, constitue d'immenses plateaux entre la Tête de Puget et Cassis, plateaux de la Gardiole, creusés de ravins profonds qui aboutissent à des calanques, En-Vau, Port-Pin, Port-Miou. Ils se poursuivent vers le Mussuguet, Carpiagne, le Grand-Mussuguet, accidentés par de petites dépressions longitudinales, résultat de l'érosion combinée avec de petites failles, comme à Carpiagne ou au Sud d'Aubagne, où apparaît le substratum hauterivien, où de vrais effrondements montrent alors un affleurement d'Aptien recouvert par places de Cénomanien. Les phénomènes tectoniques sont d'ailleurs plus importants qu'il ne paraît. Une fenêtre, dont nous parlerons dans le chapitre tectonique, laisse voir, sous l'Urgonien, les grès turoniens. Une autre dépression se montre au Nord de Roquefort, dans laquelle l'Aptien et le Cénomanien sont bien développés. Cette grande bande peut être considérée comme l'auréole la plus externe du bassin du Beausset. Elle forme la colline du Brigou où le faciès dolomitique domine, puis se dirige vers l'Est, entourant la plaine de Cuges, et s'épanouissant dans les plateaux de Croquefigue, qui, déjà, appartiennent au département du Var. Elle se dirige ensuite un peu au Sud, vers le signal de Limatte, puis, de là, vers le Grand Cap et les environs de Toulon, où l'Urgonien joue un rôle important dans la constitution du Pharon et du Coudon.

L'Aptien est en concordance sur l'Urgonien dans toute cette région. Son affleurement, continu depuis Cassis jusqu'au bord des plateaux de Croquefigue, comporte toujours une partie calcaire et des marnes supérieures. (Voir plus haut.) La bande est assez étroite vers Cassis où les marnes supportent les calcaires d'un Cénomanien très inférieur et sont à la base de la *falaise des pierres tombées*. C'est sur le promontoire qui forme cette falaise que se trouve le Château de Cassis. L'auréole s'élargit vers La Bédoule, Roquefort, Julhaus, pour se rétrécir de nouveau vers Font-Blanche et aux pieds de la crête cénomanienne du Gros Drioux et se terminer en biseau entre l'Urgonien et le Cénomanien un peu au Nord de la bergerie de Mounoï, à 3 kilomètres environ de la limite du département.

# PLANCHE IV

Figure 1. — Sphœroceras Sauzei d'Orb. Bajocien. Rocbaron  Gr. nat.

» 2. - Stepheoceras Humphriesi Sow. Bajocien. Puget près Cuers. Gr. nat.

» 3. — Reyneckeia anceps Rein. Callovien. Rians. Muséum. Gr. nat.

» 4. — Perisphinctes Quercinus, Terq. et Jourd. Bathonien. Septèmes. Fac. Sc. 1/2 gr. nat.

» 5. - Macrocephalites macrocephalus Schl. Callovien. Septèmes. Fac. Sc. Gr. nat.

» 6. - Lytoceras tripartitum Rasp. Bathonien. Septèmes. Muséum. 8/10° gr. nat.

» 7. — Cardioceras cordatum Sow. Oxfordien. Vauvenargues. Muséum. Gr. nat.

» 8. — Sonninia Sowerbyi Mill. Bajocien. Env. de Toulon. Reproduction grandeur naturelle.

» 9. -- Oppelia aspidoïdes Oppel. Bathonien. Saint-Marc près Aix. Gr. nat.

Dans cette région, l'Aptien est classique. Hebert l'a décrit dans une note assez détaillée (1). On trouve de bas en haut :

1° Calcaires gris assez durs à *Ostrea aquila* d'Orb.,
   *Plicatula placunea* Lam, rhynchonelles, gasté-
   ropodes, bivalves, astartes, etc. . . . . . . . . . . . .     2 à 3$^m$

2° Calcaires plus tendres, même faune . . . . . . . . .     2 à 3$^m$

3° Calcaires marneux exploités, niveau de l'*Ancylo-*
   *ceras Matheroni* . . . . . . . . . . . . . . . . . . . . .     7$^m$

4° Calcaires très marneux bleuâtres. Mêmes fossiles     10 à 12$^m$

5° Marne calcarifère *Hoppl. fissicostatus* Sow. sp.,
   *Douvilleiceras Cornueli* d'Orb. sp. . . . . . . . . . .     10$^m$

6° Marne argileuse . . . . . . . . . . . . . . . . . . . . . . . . .     10$^m$

7° Marne calcarifère, *H. fissicostatus* Sow. sp. . . . . . .     4$^m$

8° Marne argileuse . . . . . . . . . . . . . . . . . . . . . . .     3$^m$

9° Marne calcarifère . . . . . . . . . . . . . . . . . . . . . .     6$^m$

10° Argiles bleues *Belemn. semicanaliculatus* Bl.,
    *Oppelia Nisus* d'Orb sp., *Parahoplites furcatus*
    Sow. sp. . . . . . . . . . . . . . . . . . . . . . . . . . . .     12$^m$

11° Marnes argileuses . . . . . . . . . . . . . . . . . . . . .     6$^m$

12° Alternance de calcaires marneux et de marnes
    feuilletées. Nombreux fossiles . . . . . . . . . . . .     8$^m$

13° Marne argileuse grise. . . . . . . . . . . . . . . . . . .     2$^m$

14° Marne argileuse bleuâtre alternant avec des lits
    de marne calcarifère. Ammonites ferrugineuses
    *Bel. semicanaliculatus, Opp. Nisus* d'Orb. . . . .     14$^m$

15° Calcaire marneux *Hopl. fissicostatus, Douv. Cor-*
    *nueli* . . . . . . . . . . . . . . . . . . . . . . . . . . . . .     1$^m$

16° Marnes noires avec lits marneux . . . . . . . . . . .     80 à 90$^m$


Au-dessus de ces marnes, on voit des marnes grises et blanches d'une épaisseur de 20$^m$.

Cette assise, où se trouvent des belemnites de petite taille non signalées par Hebert, pourrait représenter en partie le Gault.

—————

(1) Hebert. *Documents relatifs au terrain crétacé du Midi de la France.* B. S. G. F. (2), t. XXIX, p. 393, 2$^e$ partie.

6

4° COLLINE DE NOTRE-DAME DE LA GARDE. — Le Crétacé inférieur forme une ceinture à peu près complète autour des dolomies et des calcaires du jurassique supérieur qui constituent le centre du bombement.

Le Valanginien marneux et calcaire apparaît dans le vallon des Auffes et, plongeant au Nord, supporte la grande masse calcaire si fortement entamée par les carrières et qui s'étendait autrefois jusqu'aux bains des Catalans, où les marnes hauteriviennes, concordantes, constituaient les petits rochers sur lesquels sont bâties les casernes et l'établissement de bain. Les marnes valanginiennes, très étirées, forment une petite bande qui, du vallon des Auffes, passe, en se dirigeant vers l'Est, au Sud des sommets de la colline de Notre-Dame de la Garde, formés dans la partie Sud, de couches hauteriviennes et dans la partie Nord, qui porte la basilique, de calcaires urgoniens. Plus loin, la bande valango-hauterivienne incline fortement au Sud et passe un peu à l'Est du château du Roucas-Blanc (Ch. Thalabot). Elle réapparaît après une courte disparition autour des calcaires blancs qui portent le quartier de Saint-Cyr et que la route de la Corniche traverse entre les Bains et *la pointe du Roucas-Blanc*. La pointe d'Endoume est formée par les marnes hauteriviennes fossilifères comme aux Catalans, terebratules, rhynchonelles, oursins, etc.

L'Urgonien, calcaire à Requiénies, s'étend depuis le sommet portant la Vierge jusqu'au fort Saint-Nicolas, vers le Nord, supportant toutes les constructions du quartier de la Corderie, formant la colline Puget et la plus grande partie de tous les contreforts du petit massif qui descendent en pente assez raide jusqu'à la plaine du Prado.

Les îles Pomègue et Ratonneau en sont formées, à l'exception de quelques minuscules affleurements d'Aptien apparaissant entre les deux îles au fond du havre de Morgiou à Ratonneau (1).

L'Aptien, en dehors de ces pointements, n'existe dans la colline que sur le versant Nord-Est, où il est difficilement observable. On a trouvé, dans l'enclos Boisselot, *Ancyloceras Matheroni*.


5° MASSIF D'ALLAUCH. — Nous avons indiqué dans le vol. *Le Sol*, p. 133, comment il fallait concevoir les limites de ce Massif. Les terrains crétacés inférieurs y sont assez bien représentés. Leurs affleurements les plus importants constituent toute la partie centrale du massif. C'est une sorte de horst formé par les assises du Valanginien et de l'Hauterivien, presque horizontales, supportant, soit directement, soit avec interposition d'Urgonien, les dépôts du Turonien et du Sénonien superposés. L'Aptien

(1) Comptes rendus Ac. Sc., t. 163, p. 669, novembre 1916.

n'est représenté que près des Gavots, au Sud de Garlaban, en concordance sur l'Urgonien. Autour de cette partie centrale et dans la partie Sud principalement, se montrent des affleurements jurassiques et crétacés très étirés et comprenant une série en ordre normal et une en ordre inverse. Ces séries, ainsi que les divers étages qui les constituent, ont des épaisseurs très variables et peuvent même avoir disparu sous les actions mécaniques. Nous étudierons cette question dans le chapitre « Tectonique ». Nous ne donnerons ici que la distribution des affleurements et leurs caractères. Voyons d'abord la partie centrale.

Le Valanginien, comprenant des calcaires et des marnes verdâtres feuilletées, peu fossilifères, affleure vers la partie inférieure du vallon des Escaoupro, au Sud et dans les ravins au Nord de la plaine de Cheylan, située en tête des Escaoupro. On le rencontre aussi à la base du Garlaban. Il est peu fossilifère, quelques exemplaires de *Strombus Sautieri*.

L'étage hauterivien, avec sa composition typique, calcaires compacts, supportant des alternances de calcaires et de marnes, montre un beau développement au haut du vallon des Escaoupro et sur les plateaux qui mènent à la Baoumo Sourno. Les fossiles y sont très abondants. C'est là un des gisements les plus remarquables du facies néritique de l'Hauterivien. La faune en sera étudiée dans le chapitre Paléontologie. (*Miotoxaster retusus* Ag. sp., *Ostrea Couloni* d'Orb. sp., etc. (1).

L'Urgonien, au N.-E. des Têtes-Rouges, est bien caractérisé, il forme un plateau de peu d'étendue, dominant à l'Est le vallon des Escaoupro, et supportant directement le Turonien avec simple interposition d'un banc de bauxite.

Dans la série renversée, on peut signaler le Valanginien du village d'Allauch et de la butte des Moulins, avec terebratules et nérinées. Les marnes sont dans le village même, elles supportent par renversement un calcaire blanc exploité au Sud-Ouest d'Allauch dans une carrière au bord du chemin des Plâtrières, et qui est sans doute portlandien, et se renversent elles-mêmes sur un calcaire valanginien. L'étage hauterivien s'intercale, avec ses calcaires et ses marnes, dans cette série, supportant le Valanginien et recouvrant les calcaires blancs de l'Urgonien. Il est très aminci et peu fossilifère. On trouve quelques fossiles dans les marnes non loin au Nord-Est du cimetière. On retrouve des lambeaux hauteriviens au Nord de Montespin, puis au Nord de La Treille (Le Four) et un peu au Nord de Font-de-Mai. Dans la série normale, on observe un petit affleurement

---

(1) Voir Gourret et Gabriel. *Bull. Soc. belge de Géologie, Paléontologie et hydrologie.* 1888. — Hebert, *Bull. Soc. G. F.* (2), xxviii, p. 160. — Toucas, *Bull. S. G. F.* (3), iv, p. 316, et *Mem Soc. Géol. Fr.* (2), ix. — Collot. *Terrain crétacé de la Basse-Provence,* p. 58.

entre la Treille et Gastaud supportant les calcaires blancs urgoniens. On voit encore l'Urgonien recouvrant normalement les strates de l'Hauterivien à Montespin et à l'Est du Garlaban.

Enfin l'Aptien, comme nous l'avons dit, n'existe que sur le versant Sud de Garlaban, près des Gavots, de Montespin et au Nord de Ruissatel et de Font-de-Mai.

6° ENVIRONS DE GÉMENOS ET DE CUGES. — Dans les environs de Gémenos, les étages du Crétacé inférieur, Valanginien, Hauterivien et Urgonien, avec leur constitution habituelle, forment au Nord du village des assises rocheuses concordantes sur le Jurassique supérieur, plongeant au Sud-Ouest et se reliant au Crétacé inférieur de la colline du Brigou. Au Nord-Est de cette colline, cet ensemble se poursuit dans les collines au Nord de Cuges. Les fossiles sont assez abondants par places dans les parties marneuses. La série renversée de la Sainte-Baume, depuis Saint-Pons jusqu'à la glacière de Saint-Cassien, comprend les étages que nous venons de signaler et, en plus, l'Aptien. Sous les dolomies et calcaires du Jurassique supérieur, ce sont d'abord les marnes valanginiennes, très peu fossilifères, renversées sur un calcaire valanginien. Ces marnes s'amincissent ici comme aux environs de Gémenos, au point de disparaître parfois, ce qui nous avait amené, dans une publication où la tectonique était surtout envisagée, à confondre la teinte du Valanginien et celle de l'Hauterivien. Sous le Valanginien, les calcaires compacts et les marnes hauteriviennes fossilifères forment une bande d'une grande épaisseur, dont les strates bien litées occupent d'abord à l'Ouest les pentes méridionales de la Sainte-Baume, mais deviennent culminantes à partir du Saint-Pilon. Les fossiles les plus communs sont *Ex. Couloni* d'Orb., et de nombreux lamellibranches : *Natica Pellati* Math., *Terebratula prolonga* Sow., *Miotoxaster retusus* Ag. L'Urgonien, qui affleure dans le ravin de Saint-Pons, où il forme des escarpements abrupts au-dessus de l'Aptien, occupe la crête de la chaîne depuis le Baou de Bertagne jusqu'au Saint-Pilon. Il forme d'un bout à l'autre de la chaîne la partie la plus raide de la falaise, véritable muraille rocheuse où se montre, comme un grand nid d'aigle, la grotte célèbre.

Quant à l'Aptien, très développé mais peu fossilifère dans le ravin, il s'amincit extraordinairement sous le Pic de Bertagne et dessine sous l'Urgonien de petits gradins tout le long de la chaîne jusqu'aux abords de la la grotte.

7° CHAÎNE DE LA NERTHE. — Pour la commodité de la description, nous limiterons la chaîne de la Nerthe au tunnel du chemin de fer. Ainsi comprise, cette petite chaîne, à l'exception de sa partie orientale, région du Rove au port de Figuerolle et voisinage du tunnel, qui est jurassique, n'est formée que de terrain crétacé ou tertiaire (1). Il existe en réalité, à l'Ouest, deux bandes de Crétacé inférieur, séparées par un bassin tertiaire, qui se réunissent vers l'Escalette, au Nord de Sausset. De là à l'extrémité orientale, toute la chaîne est constituée par le Crétacé inférieur, à l'exception de la région littorale, presque entièrement tertiaire ou crétacée supérieure (La Redonne à Méjean). La première bande, qui se complète vers le Nord par du Crétacé supérieur concordant, en apparence au moins, part des environs de Ponteau ; elle comprend les dépôts valanginiens, hauteriviens, urgoniens et aptiens. Le Valanginien et surtout l'Hauterivien, plus tendres, occupent les dépressions résultant de l'érosion telles que celle de la Bastide-Blanche et celle qui dessine un sillon N.E.-S.O., immédiatement au Nord du Jurassique supérieur du vallon de la Cloche. Le Valanginien supérieur est compact au-dessus des marnes argileuses verdâtres. Les coteaux qui bordent cette dépression au Nord sont constitués par un calcaire jaune à arêtes émoussées, surmonté par des bancs de même couleur avec des silex et souvent des entroques. Les parties saillantes ou les plateaux sont constitués par les calcaires blancs très compacts de l'Urgonien, plateaux au Nord du bassin de Saint-Pierre, collines au Sud du vallon de Gueule-d'Enfer et de Châteauneuf-les-Martigues, se poursuivant vers les hauteurs du Moulin de la Cride et de la Chapelle de Gignac jusqu'au souterrain du Chemin de fer. Au Sud de Martigues, le faciès rappelle celui d'Orgon, il est crayeux et on peut dégager les fossiles. L'Aptien, dans cette bande septentrionale, peut se diviser en trois faciès très distincts, l'Aptien inférieur, calcaire, observable au Nord de l'Urgonien de Gueule-d'Enfer et de Châteauneuf, ainsi qu'aux Pielettes, et au Sud de Taxil, l'Aptien moyen, marneux, bleuâtre, visible au fond du vallon de Gueule-d'Enfer, près de Pielettes, et dans les déblais des trous d'aération du tunnel dans les environs de Taxil. Ces deux zones inférieures se retrouvent dans une dépression entre Châteauneuf et Val de Ricard. Le niveau supérieur, gréseux, glauconieux, très fossilifère, qualifié de faciès de Fondouille ou de Plan-de-Campagne, se montre dans les collines au Sud de Rebutty et entre ce point et Gignac. On le retrouve dans le petit coteau au Sud-Ouest de Laure.

A la limite des deux bandes, accidentées d'ailleurs de failles, qui figurent dans le petit mémoire cité plus haut, se trouvent des dépressions alignées Est-Ouest, et résultant de multiples effondrements longitudinaux. Toutes ces dépressions sont occupées en grande partie par des couches aptiennes, vallons du Rove, de Val de Ricard, de Romaron, puis, un peu

(1) Voir Repelin, *loc. cit. ante*, B. S. G. F., 3e série, t. xxviii, p. 236. — Collot, *loc. cit. ante*, pp. 50 et suiv.

plus au Sud, Vallestelloué et Valapoux. Dans ces deux dernières, la partie tout à fait supérieure, gréseuse et glauconieuse, apparaît sous les couches plus anciennes de l'Aptien inférieur et de l'Urgonien.

Au Sud-Ouest du Rove, le Crétacé inférieur Valanginien, Hauterivien et Urgonien dessine une courbe périclinale enveloppant le Jurassique. L'Hauterivien est très fossilifère au Médecin, au Sud du Moulin de la Cride. L'Urgonien, qui forme à l'Ouest de l'Hauterivien les plateaux au Sud-Est d'Ensuès, s'étend de là jusqu'à la côte au Sud-Ouest de Niolon.

Le Gault a été révélé en un seul point d'une manière certaine, dans les terrains traversés par la tranchée du chemin de fer, à Rebutty, près de la bouche Nord du tunnel de la Nerthe. Ce sont des marnes schisteuses avec fossiles à test blanc associées à des parties glauconieuses de même faciès que l'Aptien supérieur. Les fossiles, dont l'énumération complète sera faite ultérieurement, sont très caractéristiques: *Desmoceras Beudanti* Brogn. sp., *Douvilleiceras mamillare* Schloth., *Phylloceras Velledæ* Mich., etc., etc. Au Sud du bassin oligocène de Saint-Pierre, l'Urgonien réapparaît sous les dépôts tertiaires, comme au Nord, en une petite bande entre les collines au Sud de Ponteau et la route de Sausset à Saint-Julien. Le Valanginien et l'Hauterivien forment de même deux bandes longitudinales qui dépassent en largeur et en étendue celle de l'Urgonien et dont l'altitude est moindre. Enfin, tout à fait au Sud, entre les hauteurs couronnées par la mollasse miocène de Carro et de La Couronne, l'Hauterivien se montre dans les vallons, tandis que l'Urgonien constitue toutes les collines au Nord de Sausset, de Carry et du Rouet.


8° Chaîne de l'Etoile et environs d'Auriol. — Entre les deux voies ferrées, les dépôts du Crétacé inférieur ne sont que le prolongement des affleurements de la Nerthe. Ils n'apparaissent même pas dans la partie axiale de la chaîne et sur le versant Sud. L'Hauterivien et le Valanginien que nous avons signalé au-dessus du Jurassique supérieur du vallon de la Cloche, se poursuivent jusqu'au Sud de l'Assassin et vers Senières, l'Urgonien jusqu'au Sud de Teyssières. Quant à l'Aptien, divisé en deux bandes par la brèche bégudienne, près de Taxil, il se réduit à un seul affleurement qui, après une disparition vers Fournier, réapparaît ensuite et se développe au Sud de Plan-de-Campagne et vers le Pin. Là, comme au Sud de Fondouille, l'Aptien est très fossilifère, grisâtre, glauconieux et gréseux et contient de très nombreux fossiles : céphalopodes, gastéropodes, lamellibranches, brachiopodes, echinodermes. Au delà, près du Verger et de Siège, il se renverse ainsi que toute la série inférieure, Urgonien, Hauterivien, Valanginien et, d'ailleurs, toute une série jurassique, comme nous l'avons dit précédemment. Entre Simiane et Mimet, et jusqu'au Sud de Cadolive, l'affleurement noté $C^{2-1}$ et considéré comme Albien par Collot, présente un facies de calcaire gris. siliceux, très particulier. Près des Putis et des Trois-Frères, il contient des débris de fossiles analogues à ceux de Rébutty et Collot y a signalé *Inoceramus concentricus*. Cet auteur distingue cet affleurement de celui de la Chapelle Saint-Germain, qui est aussi très siliceux, glauconieux, mais présente en grande abondance des fossiles très caractéristiques : *Orbitolina canoïdea*, des oursins, des huîtres. En réalité, l'Aptien passe insensiblement à l'Albien, comme aux Putis, et la partie la plus supérieure se trouve au voisinage du Trias de Saint-Germain.

Sur le versant Sud de l'Etoile, le Crétacé inférieur occupe des surfaces considérables et présente de nombreux accidents dont la Carte géologique de France ne donne qu'une idée peu précise. L'ensemble Valanginien, Hauterivien, Urgonien plonge vers le Sud et repose sur les dolomies jurassiques et calcaires blancs. Le contact s'effectue à peu près partout par faille mais les contours diffèrent beaucoup de ceux de la Carte. C'est ainsi que, près de la Mure, un puits d'aération du tunnel des charbonnages a montré que le Valanginien et l'Hauterivien se poursuivaient bien plus à l'Est et que la faille était accompagnée d'un étirement des couches qui sont verticales en ce point. Au Sud-Ouest de Notre-Dame des Anges, le Valanginien est assez régulier et repose sur le calcaire à *Heterodiceras Luci*. Il est bien développé vers l'Oratoire du Tourdre, le Pas du Défend, etc. Sur la route de La Bourdonnière à Pichauris, on voit ses bancs traverser la route et venir se relier à ceux du Massif d'Allauch, qui forment les escarpements qui dominent le Trias de Pichauris. Il repose là aussi sur les calcaires blancs du Jurassique supérieur. L'Hauterivien est bien développé et fossilifère autour des Mayans, Nord-Est de Saint-Antoine et jusqu'à La Mure. A La Bourdonnière, près du Plan-de-Cuques, il a la même composition qu'à Allauch. On y trouve en abondance *Exogyra Couloni*. L'Urgonien est très développé au Nord des Bessons et de Château-Gombert. Il est très fissuré, crevassé et présente de nombreuses cavités ou abris sous roche (Baume Loubière). Les fossiles y sont abondants : *Requienia ammonia, Pygaulus depressus*, etc. A Four de Buze, près Sainte-Marthe, un niveau supérieur de calcaires en plaquettes renferme de nombreux gastéropodes. Ce niveau, qui se trouve aussi à la base de l'Aptien de La Bédoule, de Cassis (Rhodanien ? ) se retrouve à Palamar, où il s'associe avec des bancs nettement aptiens, *Rhynchonella lata, Terebratula sella*.


9° CHAÎNE DE LA FARE. — Depuis les environs de Saint-Chamas et de Cornillon, à l'Ouest, jusqu'aux environs d'Eguilles, le Crétacé inférieur forme une sorte de large plateau limité en grande partie au Nord par la vallée de la Touloubre et dominant au Sud la vallée de l'Arc. Il comprend le Valanginien et l'Hauterivien ,qui constituent la plus grande partie de ce

# PLANCHE V

---

Figure 1. — Exogyra Couloni Defr. Côté gauche Allauch. Hauterivien. 9/10e grandeur naturelle.

» 2. — Exogyra Couloni Defr. Côté droit Allauch. Hauterivien. 9/10° grandeur naturelle.

» 3. — Terebratula prœlonga Sow. Valve supérieure. Allauch. Hauterivien. Gr. nat.

» 4. — Terebratula prœlonga. Valve inférieure. Allauch. Hauterivien. Gr. nat.

» 5. — Strombus Sautieri Coquand. Saint-Loup. Valanginien. Fac. Sc. 1/2 gr. nat.

» 6. — Miotoxaster retusus Lamk. sp. Allauch. Hauterivien. Fac. Sc. Grandeur naturelle.

» 7. — Miotoxaster retusus Lamk sp. Autre exemplaire. Allauch. Hauterivien. Fac. Sc. Grandeur naturelle.

» 8. — Oppelia tenuilobata Opp. sp. Provence. Kimeridgien inférieur. Fac. Sc. Gr. nat.

» 9. — Perisphinctes Lothari Opp. sp. Rians. Kimeridgien inférieur. Muséum. Gr. nat.

1

2

3

4

5

6

8

9

7

plateau et l'Urgonien qui ne forme que la bordure méridionale dont la partie voisine de l'embouchure de la Touloubre prend l'aspect de véritables collines dominant l'étang de plus de 100 mètres (126). Ces collines vont en s'élevant vers La Fare à plus de 200 et dépassent 250 au Sud-Ouest d'Eguilles. Au Nord-Ouest, entre Lançon et Pélissanne, les parties les plus inférieures se montrent et ce sont des calcaires marneux à surface blanchâtre, avec une faune comprenant un mélange d'ammonites valanginiennes, *Holcostephanus Astieri, Lissoceras Grasi,* et de formes berriasiennes, *Hoplites Malbosi, H. Occitanus.*

L'Hauterivien comporte à la base des calcaires marneux avec *Miotoxaster retusus, Exogyra Couloni, Holc. Astieri,* et au-dessus des calcaires compacts gris ou jaunâtres avec grands *Miotoxaster* faisant passage à l'Urgonien. Collot donne la coupe suivante de haut en bas, entre La Fare et Lançon : calcaire gris. silex, 50 ᵐ ; calc. en plaquettes, *Miotoxaster retusus,* 20ᵐ; calc. gris entroques, silex, 120ᵐ; marne jaune *Bel. dilatatus,* 2ᵐ; calcaire alternativement dur et marneux avec *Ter. prœlonga, Miotoxaster,* lamellibranches, 40ᵐ.

L'Urgonien est constitué par des calcaires blancs à Requiénies, passant, à la partie supérieure, à une véritable oolithe comparable à celle d'Orgon et exploitée de même à Calissanne.

10° MASSIF DE CONCORS, ENVIRONS DE MEYRARGUES ET DE POURRIÈRES. — Dans cette région, d'après Collot, le passage des calcaires gris du Jurassique supérieur au Crétacé inférieur est graduel. « Ces calcaires gris durs, à pâte lithographique, à cassure esquilleuse ou irrégulière donnant un gravier sec et sonore sous le pied, perdent peu à peu leur couleur grise franche, la finesse de leur pâte, leur sonorité, pour prendre une couleur légèrement jaunâtre, une pâte moins fine, très légèrement argileuse, une cassure plane ou subconchoïdale ». Ces caractères vont en s'accusant, la roche devient marneuse et prend une couleur blanchâtre. On commence à y trouver quelques fossiles crétacés. La précision de la limite est impossible. A la station de Réclavier, un calcaire marneux gris clair sublithographique, est exploité comme pierre de taille. Collot y a recueilli une hoplite voisine de *Hopl. Callisto* d'Orb.

A l'Est-Sud-Est des Baumes, cet auteur signale, à un niveau probablement plus élevé, des petites exogyres qu'il regarde comme des variétés naines et étroites d'*Exogyra Couloni* avec *Terebratula hippopus* abondante. Il signale, en outre, quelques exemplaires de *Pholadomya Malbosi, Terebratula pseudojurensis, Dysaster subelongatus.* Au-dessus de ces bancs de calcaires marneux de 100ᵐ sous les fermes des Baumes et de Parouvier, vient une assise marneuse de 40ᵐ formant le talus qui court de l'Est à

7

l'Ouest, au Nord des Baumes, celui qui se trouve au-dessus de la ferme de Parouvier et dans lequel est creusé le souterrain du canal du Verdon, dit de Pierrefiche. Les ammonites sont assez fréquentes vers la zone de passage des calcaires à l'assise marneuse. Celle-ci renferme des échinides, des terebratules, *T. Moutoni*, des terebratulines et quelques gastéropodes et pectinidés. Dans le vallon de Saint-Paul, Collot signale vers la base *Phylloceras semisulcatum*, *Holcostephanus Astieri* et vers la Castellane, *B. latus*. Sur le revers Nord du Concors, cet horizon, comparable à celui de Berrias, paraît représenté par des couches plus calcaires et plus pauvres en fossiles.

Autour de Parouvier, on peut observer au-dessus des assises précédentes, sur le sommet des collines, des calcaires de couleur claire à la surface, bleuâtres ou jaunâtres à l'intérieur, à grain assez grossier. On les retrouve sur le revers Nord des collines de Meyrargues et là cette série se complète par la superposition de nouvelles couches qui n'existent pas autour de Parouvier. On les retrouve également au sommet des collines au Sud-Est de Saint-Paul. Enfin, ils sont recouverts par des marnes schisteuses renfermant des gastéropodes, lamellibranches, brachiopodes, oursins. Collot appelle cet ensemble couches à *Echinopatagus cordiformis*. Au pied Nord de Concors, la faune est bien développée, ainsi que de l'autre côté de la Durance, entre Pertuis et Mirabeau. Les fossiles caractéristiques de ce niveau indiquent l'Hauterivien, *Exogyra Couloni* d'Orb., *Alectryonia rectangularis*, *Terebratula prælonga* Sow., *Miotoxaster retusus* (*Ech. cordiformis*), Ag. sp.

Le Valanginien, absent dans l'Olympe, affleure aux environs de Pourrières. Ce quartier est même le seul où cet étage se montre au Nord de l'Arc. Ce sont des calcaires qui, au Nord du village, reposent en concordance sur le jurassique, formant le prolongement de celui de Sainte-Victoire. Ils se distinguent de ceux du Portlandien par leur texture très fine, leur couleur bleuâtre et les alternances marneuses. Ils sont souvent grossièrement oolithiques. On y a recueilli *Natica Leviathan*.

A l'Est de Pourrières, les bois que l'on traverse pour atteindre Saint-Hilaire sont sur le Valanginien. La pierre de Pourrières est exploitée, elle se taille bien et prend bien le poli.

12° CHAINE DES COSTES. — L'affleurement des plateaux dits Chaîne de La Fare se poursuit, en se rétrécissant par places, dans la Chaîne des Costes, qui domine la vallée de la Durance entre Saint-Estève et la dépression de la Crau. Dans cette région, le Crétacé inférieur a les caractères de celui de La Fare et non de celui de Meyrargues. Il est, d'ailleurs, plus complet présentant dans la région Nord de beaux affleurements urgoniens comparables à ceux de Calissanne. Il forme, en réalité, tout le soubassement de la chaîne des Costes recouvert en discordance complète par le Miocène. Les parties les plus inférieures Valanginien et zone de Berrias se montrent entre Pélissanne et Aurons. Dans les autres affleurements, la distinction du Valanginien et de l'Hauterivien est difficile et n'a pas été faite sur la carte à 1/80.000°. L'ensemble noté Cɪɪɪ-ɪᴠ est visible entre La Barben et Lambesc et au-delà vers l'Est. On le retrouve autour d'Aurons et dans tous les ravins au Sud des hauteurs du Vernègue, ainsi que dans tout le chaînon entre Les Taillades et Les Costes et dans le petit massif compris entre Rognes, Les Costes et Saint-Estève.

L'Urgonien forme autour d'Alleins et entre ce village et la plaine de Lamanon de petits plateaux et des chaînons rocheux qui, sans atteindre les hauteurs du Vernègue (389), s'élèvent à près de 300 et même atteignent 326 en quelques points vers le S.-O. C'est un calcaire blanc, cristallin à Requienies.


13° Chaîne des Baux et territoire d'Arles. — Les deux étages Hauterivien et Valanginien (Néocomien des auteurs) n'ont été distingués que sur la feuille d'Avignon, et non encore sur la feuille d'Arles (1) : le Berriasien affleure dans la chaîne même à la base du Crétacé inférieur entre le château de Pierredon et le défilé de Roquemartine, La Patouillarde, Les Aupies. Le contact avec le Jurassique supérieur se fait par failles. Toute la partie la plus élevée de la chaîne des Baux est constituée par la formation hauterivienne depuis Saint-Etienne-du-Grès jusqu'aux environs de Roquemartine. L'Hauterivien supérieur est composé de calcaires marneux séparés par des délits marneux route de Saint-Remy à Maussane, avec rares *Crioceras Nolani*, nombreux *Toxaster amplus*, *Ex. Couloni*. L'Hauterivien inférieur se modifie de l'Ouest à l'Est de la chaîne passant de calcaires compacts bleuâtres à des marno-calcaires sans fossiles. On trouve à Saint-Etienne-du-Grès et au Mas Chabert, *Neocomites neomiensiformis*, *Thurmannia Thurmanni*. Les autres affleurements, à la Montagnette et aux environs d'Arles, présentent les mêmes fossiles, mais moins abondants. *Mioloxaster retusus*, *Terebratula prælonga*, *Rhynchonella lata*.

Sur le versant Nord, ce Néocomien plonge sous le Barrémien (Urgonien), qui forme un affleurement mince, mais continu, depuis les environs de Seraillet (Sud de Saint-Remy), en passant par les crêtes de la Caume, dont le point culminant dépasse 380 mètres, jusqu'à Eygalières. Au delà d'Eygalières, l'affleurement s'étale en un grand plateau dénommé Les Plaines, qui vient former falaise au-dessus de la vallée de la Durance, au Sud d'Orgon. C'est dans cette région que l'étage présente le meilleur type de l'Urgonien de d'Orbigny et a fourni de nombreux fossiles que la faible

(1) Voir feuille Avignon, nouvelle édition, 1928.

dureté de la roche, véritable oolithe crayeuse par place, a permis de dégager complètement. C'est de cette localité que l'étage a tiré son nom.

Les auteurs de la nouvelle feuille Avignon ont distingué : 1° un barrémien supérieur calc. crayeux à *Requienia ammonia*, *Toucasia carinata*, *Monopleura trilobata*, etc. ; 2° des calcaires très épais à Orgon se poursuivant jusqu'à la route des Baux, contenant la petite faune d'Orgon, *Desmocera aff. Charrieri*, *Pseudocidaris clunifera*, *Rhynch. Renauxi*, etc. ; 3° Le barrémien inférieur, représenté dans les Alpines par des calcaires à silex de grandes dimensions.

Sur le versant Sud qui, grosso modo, débute au voisinage d'une longue faille longitudinale (voir feuille Avignon), le Néocomien se divise en deux bandes encadrant la dépression des Baux, occupée par le Crétacé supérieur qui, au village même et aux environs, supporte le Miocène.

14° La Montagnette et la Région de Mouriès. — La Montagnette, à l'exception des environs de Barbentane, est formée en grande partie de Néocomien qui se relie, sous la vallée du Rhône, à celui des environs d'Aramon et des Angles. Il présente les mêmes caractères que dans les Alpines. Le Barrémien y est formé de calcaires marneux sans fossiles difficiles à séparer de l'Hauterivien supérieur.

Dans les environs de Mouriès et sur la bordure de la Crau le niveau de Berrias apparaît. C'est un calcaire gris de fumée, clair avec *Hoplites Boissieri*, *H. occitanicus* recouvrant par renversement les marnes et calcaires valanginiens et hauteriviens. A ce calcaire est associée une masse de calcaire sans fossile. On a, momentanément, réuni sur la carte sous la rubrique C vi, ces deux formations calcaires faute de documents paléontologiques pour les distinguer.

On a aussi rapporté, avec doute, au calcaire de Berrias les couches qui, au Nord de Mouriès, présentent l'aspect des couches à *H. Boissieri*..

Bauxite. — La Bauxite est un hydrate d'alumine où le fer peut quelquefois remplacer l'aluminium. Elle sert à la fabrication de l'aluminium. Son gisement classique est le pourtour de la chaîne des Baux et, principalement, les environs du village des Baux. Mais elle existe aussi dans d'autres régions en France, en Irlande, en Autriche, en Hongrie, et même au Canada et dans les régions de geysers du Yellowstone-Park américain. On a beaucoup discuté sur l'origine et l'âge de la bauxite. Nous n'entrerons pas ici dans le détail des diverses opinions émises. Cela pourra faire l'objet d'une étude spéciale dans la partie minéralogique (1). On est aujourd'hui à peu

(1) Voir pour la bibliographie, le Traité des Gîtes minéraux et métallifères, de E. Fuchs et I. De Launay, 1er vol., p. 599, et Lacroix, Minéralogie.
Collot. — Age des Bauxites du S.-E. de la France. B. S. G. F. (3) t. XV, p. 331. 1887 et Collot, C. R. 1887, sur l'âge de la Bauxite.

près d'accord pour admettre que la bauxite est d'origine continentale et son âge a été déterminé par Collot, qui a donné des précisions sur l'époque de sa formation. Elle correspond à une émersion albienne séparant le golfe crétacé de la Basse-Provence d'une fosse importante, située plus au Nord. C'est sur la région ainsi émergée formée de dépôts jurassiques dans la région orientale, en particulier dans le Var, et de dépôts hauteriviens ou urgoniens dans la région occidentale, que la bauxite s'est déposée. C'est, d'après Haug, une vraie alluvion latéritique. Cette émersion n'a duré que pendant l'Albien ; dès le Cénomanien, le seuil se rétrécit et une transgression se dessine qui atteint son maximum au Sénonien marin.

Dans les Bouches-du-Rhône, on rencontre de nombreux gîtes de bauxite. Sur le pourtour de la chaîne des Baux (Alpines), les affleurements sont interstratifiés entre l'Hauterivien ou l'Urgonien et les dépôts fluvio-lacustres du Crétacé supérieur. Ils sont allongés et nombreux surtout sur le versant Sud, entre Les Baux et Mont-Pavon, puis en descendant sur Maussane, près du château de Mauville le mur est l'Urgonien, à l'Ouest du Paradou, au pied du Défend de Sousteyran, la bauxite appliquée sur l'Hauterivien est recouverte par le Sénonien lacustre. On trouve des affleurements peu importants à Puyloubier au pied de Sainte-Victoire, puis, à l'Est de Pourrières vers la Bastide Blanche, où le dépôt est bien caractérisé. Sur le pourtour du bassin Crétacé supérieur d'Ollières, la bauxite affleure principalement à l'Est, où elle repose sur les calcaires du Jurassique supérieur.

Plus à l'Est, on la retrouve au Val près Brignoles. Elle s'appuie sur la dolomie jurassique au Nord de la colline qui sépare la plaine de Brignoles de celle du Val. Ce dernier affleurement, ainsi que ceux d'Ollières, sont déjà dans le Var.

Autour du Régagnas, une faible couche de bauxite sépare les calcaires blancs du Jurassique supérieur des calcaires à Hippurites. Elle est surtout visible au S.-E. de Kierbon.

Dans la région d'Allauch, on peut observer un affleurement vers l'Ouest et le N.-O. des Têtes rouges, où elle forme par places, une couche suffisante pour que l'on ait à plusieurs reprises tenté une exploitation par galeries à Canteperdrix et au N. de Petite-tête rouge.

Dans le massif de l'Olympe, la bauxite n'apparaît que vers Les Pons, dans la même situation que dans le Régagnas. Sur le revers N. de La Lare, une mince couche de bauxite repose sur le Valanginien ou l'Hauterivien et supporte les calcaires à Hippurites. C'est encore au-dessous du calcaire à Hippurites et sur le Jurassique supérieur que se trouvent les affleurements que l'on rencontre en descendant du plateau du Plan

d'Aups vers Nans, Rougiers, Mazaugue. La bauxite, de mauvaise qualité
au N. de l'Hôtellerie de la Sainte-Baume, va en s'améliorant vers l'Est, et
c'est une couche exploitable de plus de 20 mètres par place que l'on
trouve vers Mazaugue.

Plus au Sud, l'ancienneté réelle de la bauxite nous est démontrée
par sa situation sur le calcaire à Requiemes et sous le Cénomanien. Le
Revest, Tourris, nous en fournissent de beaux exemples.

La conclusion de Collot, au point de vue stratigraphique, est la suivante : La bauxite s'étend transgressivement sur les divers étages de
l'Infralias à l'Urgonien et elle est recouverte transgressivement par ceux
qui vont du Cénomanien au Danien d'eau douce.

*Affleurements du Crétacé moyen, du Cénomanien au Santonien.* —
Chaînon de Carpiagne ; Bassin du Beausset, partie occidentale ; Chaîne
de la Nerthe ; Chaîne de l'Etoile ; Massif d'Allauch ; Chaîne de la Sainte-
Baume ; Bassin d'Aix.


CHAÎNON DE CARPIAGNE. — C'est dans la partie Nord-Est du Massif
que se trouvent les seuls affleurements de Crétacé moyen, en particulier
entre La Penne et Sauvaire, au Sud d'Aubagne, sur la rive gauche de
l'Huveaune. Ce sont d'abord, dans le village même de La Penne, les calcaires à caprines du Cénomanien, très bouleversés et reposant sur l'Aptien.
Le calcaire très zoogène renferme de nombreux foraminifères en particulier des Miliodés trematophorés, Lacazines (voir Pl. II, fig. 2). Au-dessus,
vers Perussanne, Fenestrelle et Sauvaire on voit, en concordance sur ce
dépôt, les calcaires à *Durania cornupastoris* comparables à ceux d'Allauch.

Le Cénomanien se montre encore au-dessus de l'Aptien, dans la
dépression du Grand Mussuguet, ainsi que dans celle des Rouvières
où il repose au Nord sur l'Aptien et butte au Sud par faille contre
l'Urgonien.

Il faut encore signaler les grès turoniens qui apparaissent en fenêtre
près de la propriété de La Fontasse (1). Ce sont des calcaires gréseux
jaunâtres, remplis de baguettes d'oursins et associés à des marnes blanchâtres. Le facies est exactement celui du Turonien du Beausset et en
particulier du Cap Canaille. J'y ai recueilli *Rhynchonella Cuvieri, Cardium cf Villeneuvi.* En plaque mince, ce calcaire montre une structure
zoogène avec de nombreux débris de fossiles.

(1) Repelin. C. R. A. S., t. CLXXXVI, p. 1139, 23 avril 1928.

Partie occidentale du bassin du Beausset. — Les collines des environs de Cassis constituent la partie occidentale du bassin du Beausset, qui présente sur son pourtour des auréoles de Crétacé inférieur et, au centre, les assises du Crétacé moyen et supérieur. Au-dessus de l'Aptien que nous avons précédemment étudié, au sommet des grandes carrières qui ont entamé toute la série moyenne et supérieure de l'Aptien et les marnes blanches à petites bélemnites, le Cénomanien présente la composition suivante d'après Hébert (1). Il a 130 mètres d'épaisseur.

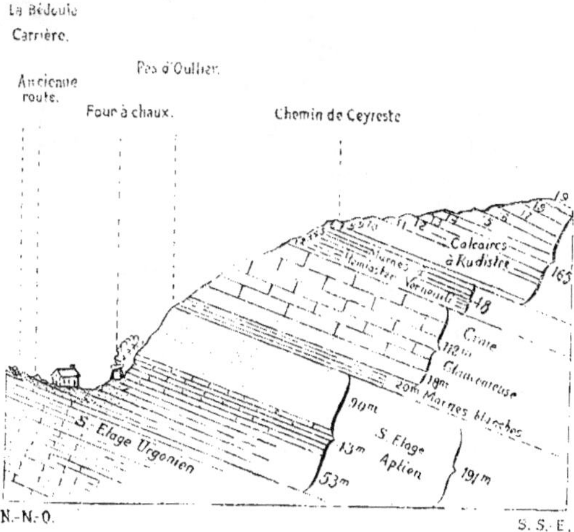


Fig. 1. — Coupe de la Bédoule au Chemin de Ceyreste.

Néocomien supérieur (Etage aptien d'Orbigny)

1° Lit de sable ................................... 0ᵐ 20
2° Marne blanche sans fossiles ..................... 1ᵐ
3° Grès gris avec orbitolines, échinides, céphalopodes, etc.... 10ᵐ
    *Orbitolina concava* Lamk
4° Sables jaunes, fossiles rares, oursins, orbitoline, caprines.. 7ᵐ
5° Sables et grès jaunes, orbitolines, *Caprinella triangularis*,
    banc dur ..................................... 2ᵐ 80
6° Sables et grès jaunes à oursins, banc dur ............. 4ᵐ
7° Calcaire à caprinelles ............................ 6ᵐ

(1) *Loc. cit. ante* (1870 à 72). Voir aussi Peron B. S. C. F. (3), t. V, p. 469, et VIII, p. 88.

## PLANCHE VI

FIGURE 1. - - Ostrea (Exogyra) aquila Brgni. Côté gauche. Cassis. Fac. Sc. 8/10° grandeur. naturelle.

» 2. - Ostrea (Exogyra) aquila. Côté droit. Cassis. Fac. Sc. 8/10° grandeur naturelle.

» 3. - - Parahoplites furcatus Sow. (Dufresnoyi). Côté droit. Cassis. Fac. Sc. Grandeur naturelle.

» 4. - - Parahoplites furcatus Sow. (Dufresnoyi). Côté droit. Cassis. Fac. Sc. Grandeur naturelle.

» 5. -- Oppelia Nisus d'Orb. Côté gauche. Cassis. Muséum Longchamp. Grandeur naturelle.

» 6. — Oppelia Nisus. Côté gauche. Cassis. Muséum Longchamp. Grandeur naturelle.

» 7. --- Requienia ammonia Goldf. sp. Côté droit Orgon. Fac. Sc. 6/10° grandeur naturelle.

» 8. - Requienia ammonia Goldf. sp. Intérieur valve gauche. Orgon. Fac. Sc. Grandeur naturelle.

» 9. - Requienia ammonia Goldf. sp. Intérieur valve droite. Orgon. Fac. Sc. Grandeur naturelle.

» 10. --- Fragment poli de pierre de Cassis avec sections de Requienies et de Toucasia. Muséum. Grandeur naturelle.

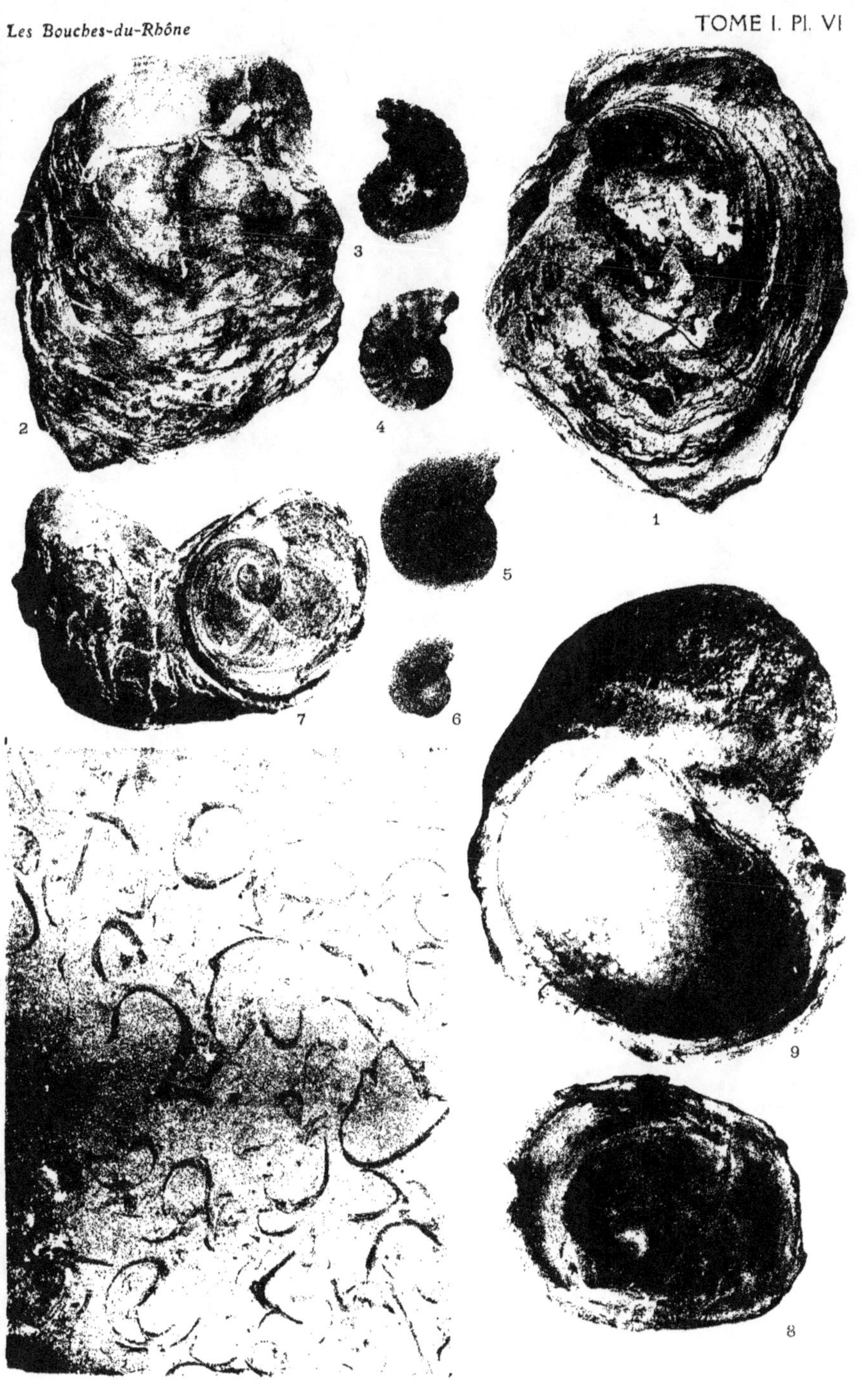

8° Alternances de calcaires et de marnes avec caprines et
caprinelles dans les calcaires ............................ 7$^m$ 45

9° Calcaire compact et lits argileux, orbitolines et petites
caprines ................................................ 6$^m$

10° Calcaire compact *Caprina adversa* d'Orb.. *Cap. triangularis*, etc. .............................................. 2$^m$ 70

11° Calc. compact peu fossilifère............................ 7$^m$

12° Sable jaune et gris .................................... 2$^m$ 50

13° Grès calcarifère très fossilifère, caprines, caprinelles.... 2$^m$

14° Argile sableuse jaune très fossilifère, même fossiles...... 1$^m$

15° Calcaire compact .................................... 4$^m$

16° Sable jaune rempli d'alvéolines, Epiaster................ 1$^m$ 20

17° Grès calcarifère, jaune brun et blancs plus ou moin épais.. 15 à 20$^m$

18° Sable jaune ......................................... 1$^m$

19° Alternance de calcaires, en lits minces et de marnes ...... 10$^m$

20° Marne feuilletée ..................................... 1$^m$ 50

21° Calcaire gris sans fossiles............................. 4$^m$

22° Calcaire marneux et noduleux.......................... 3$^m$

23° Calcaire compact en lits minces ...................... 10$^m$

24° Calcaire marneux un peu noduleux.................... 12$^m$

25° id.        id.    très dur avec de nombreuses huîtres..

*Exog.. Columba* Lam. sp., *Alectryonia flabellata* Goldf. sp.

Le Turonien débute par des marnes immédiatement au-dessus des
bancs à surface polie renfermant Ex. Columba.

La série est la suivante d'après Hébert :

1° Marnes grises sableuses ............................ 14$^m$

2° Banc à nodules et marne glauconieuse ................. 3$^m$

3° Marnes et calcaires très marneux *Hemiaster Verneuili*
Des., *Mammites nodosoides* Schluter, *M. Rochebruni*
Coq. sp. .............................................. 10$^m$

4° Mêmes marnes, *H. Verneuili* ........................ 8$^m$

5° Calcaires noduleux et marnes ........................ 13$^m$

6° Calcaire gris, compact .............................. 1$^m$

7° Gros banc de calcaire marneux........................ 3$^m$

8° Calcaire marneux en petits bancs. Sphœrulites.......... 14$^m$

9° Calcaire très marneux passant au grès................. 6$^m$

10° Calcaire compact passant au grès.................... 10 à 12$^m$

11°    »        »      hippurites. ...................... 6 à 7$^m$

12°    »        »            ......................... 2$^m$ 50

13°    »        »      sphœrulites et rudistes nombreux.... 10 à 12$^m$

14" Calcaire compact . . . . . . . . . . . . . . . . . . . . . . . . . . . . . . . . . 15 à 18$^m$
15" Calcaire marneux noduleux, beaucoup de rudistes en haut.  25$^m$
16"  »  »  fossiles nombreux . . . . . . . . . . . . . . . . . . 15$^m$
   Nerinées, Sphœrulites, Hippurites
17"  »  »  . . . . . . . . . . . . . . . . . . . . . . . . . . 38$^m$
18"  »  »  gros polypiers . . . . . . . . . . . . . . . 6$^m$
19"  »  »  petites hippurites . . . . . . . . . . . . 5$^m$

                        Total. . . . 204 à 212$^m$ 50

Les assises de 1 à 7,, d'après Hébert, pourraient être groupées sous la dénomination de marnes à *H. Verneuili*. Celles de 8 à 19, sous le nom de calcaires à rudistes. La première partie correspond au Ligérien, l'autre à l'Angoumien (celle-ci est, en gros, la zone à *Durania cornupastoris*). Dans la première partie nous avons trouvé, au bord de la mer, où cette assise est bien plus développée qu'au Pas d'Oullier, *Inoceramus labiatus* qu'Hébert ne connaissait pas dans cette région. *H. Cornuvaccinum*, citée par Hébert et Toucas dans l'Angoumien, n'ex,iste pas en réalité en Provence.

Hébert ne parle guère du faciès détritique du Turonien. Il y a là un fait extrêmement intéressant. Au fur et à mesure que l'Angoumien, qui forme la crête dominant à l'Est le Vallon des Jeannots, se rapproche de la mer, constituant les falaises du cap Soubeyran et du cap Canaille, on voit des bancs de grès et de poudingue s'intercaler entre les bancs de calcaires à rudistes et le faciès détritique devient dominant dans les falaises de La Ciotat. L'île verte est constituée par ces bancs de poudingue rougeâtres englobant des débris de roches diverses arrachés au Massif des Maures ou à son prolongement vers l'Ouest, aujourd'hui disparu sous la mer. La région du Beausset où le Sénonien est si développé sort du cadre de cette étude. Il convient, malgré cela, à cause de son rattachement normal avec la région jusqu'ici envisagée, d'indiquer brièvement la composition du Sénonien du Beausset, un des types du Sénonien provençal.

D'après Toucas (1), on trouve du haut en bas :

Calcaire marneux à Hemipneustes, *Ost. acutirostris* et Hippurites ;
Calcaire marneux *Lima ovata, Rhynch. Eudesi* ;
Marnes et grès *O. Merceyi, O. Caderensis*, Cyphosoma, *H. dilatatus, H. canaliculatus, Belemnites* (?)
Marnes bleues. *Inoceramus digitatus* et Spongiaires ;
Calc. et grès, *Mortoniceras texanum, Micraster brevis, M. turonensis* ;
Calcaire et grès à *Rhynch. petrocoriensis*.

(1) Bull. Soc. Géol. III, t. X, 1882, p. 154.

CHAINE DE LA NERTHE. — C'est près de la Mède, à l'entrée du Vallon de Gueule d'Enfer, que l'on peut le mieux observer le Cénomanien qui présente là une épaisseur bien moindre qu'à la Bédoule de Cassis.

La succession est la suivante d'après Collot (1) au-dessus des marnes aptiennes qui occupent le fond du vallon et contiennent *Bel. semicanaliculatus* :

| | |
|---|---|
| Sables siliceux fins, roux ..................................... | 1ᵐ 50 |
| Calcaire sableux jaune pâle ..................... | 1ᵐ |
| Couche à surface rousse *Ost. Columba var. minor.* abondante, quelques Caprinelles ........................... | 0ᵐ 25 |
| Calcaire dur blanc *Caprina adversa* ..................... | 3ᵐ |
| Calcaire en petits lits noduleux, un peu roux ............. | 2ᵐ |
| Calcaire lumachelle roux ........................ | 0ᵐ05 |
| Couches friables marno-sableuses et calcaires, nombreuses huîtres *Exogyra columba, Alectr. carinata, Caprinelles,* etc. | 1ᵐ50 |
| Calcaire dur, rempli de *Caprina adversa* ................. | 5ᵐ |

Les calcaires cénomaniens forment là une crête rocheuse orientée à peu près E.-O. et qui s'élève en se dirigeant vers l'Ouest. Les principaux fossiles sont des *Hemiaster* (*H. Orbignyi* Desor sp.), *Heterodiadema lybicum* Desor sp., *Pseudodiadema marticense* Cot., *Anorthopygus Michelini* Cot.

Le Cénomanien se retrouve sur le versant Sud de la Nerthe, au S.-E. d'Ensué. Il repose en ce point sur la série crétacée inférieure des environs du Médecin. Il se compose de bas en haut :

| | |
|---|---|
| Grès jaune calcarifère ........................... | 4ᵐ |
| Calcaire se désagrégeant en boules, *Ex. Columba var. minor*... | 5ᵐ |
| Calcaire blanchâtre dur formant abrupt. *Radiolites, Caprinelles, Caprina adversa* ..... ................... | 15ᵐ |
| Calcaire roux sableux en retrait ...................... | 7ᵐ |
| Calcaire gris dur ............................... | 8ᵐ |
| Calcaire peu résistant surmonté de calcaire dur *Durania cornupastoris*, Hippurites, sp ........................... | 10ᵐ |
| Calcaire à hippurites et grès roux........................ | |

Ces deux derniers niveaux appartiennent au Turonien. Un peu plus au Sud, le Cénomanien reparaît vers le port de Méjean. Ce sont des couches à *Ex. Columba, Caprina adversa.* Des calcaires jaunâtres, un peu

_______

(1) *Loc. cit. ante.* p. 74. Voir aussi Vasseur. Excursions géologiques aux Martigues et à L'Estaque. B. S. G. F. (3), t. XXII, p. 413.

gréseux à *Durania Cornupastoris, hippurites*, nérinées, représentant le Turonien. Des calcaires plus gris très compacts à hippurites et radiolites avec lits marno-sableux et quelquefois des calcaires roux avec grains de quarts, d'une épaisseur de plus de 100ᵐ, sont attribuables au Sénonien.

Le Sénonien marin prend un grand développement autour des calanques de Méjean et de Gignac.

Au-dessus des calcaires à *Durania cornupastoris* viennent des grès siliceux roux à grains fins. Ce sont plutôt des calcaires fortement chargés de fins grains de quarts. Ils affleurent entre Niolon et Méjean dans la falaise. Ils se dirigent de là à l'Ouest et on les suit assez loin sur le chemin de Méjean à Ensués (50ᵐ). Au-dessus viennent des calcaires gris ou jaunâtres, grumeleux, en petits bancs, puis une masse compacte de calcaire dur. L'ensemble peut avoir 80ᵐ. *Hipp. giganteus, Rad. angeoïdes.*

Puis viennent des calcaires roux renfermant beaucoup de grains de quartz et formant des plaquettes. Les fossiles en débris abondent, bryoziaires, radioles d'échinides, articles de pentacrine, *Lacasina compressa*. Ces calcaires, très ferrugineux, présentent peu de fossiles entiers, rhynchonelles, huîtres, oursins, 100ᵐ.

Enfin, au-dessus on observe une alternance de calcaires gris et de marnes sableuses de même couleur affleurant dans les falaises et à leurs pieds entre Gignac et Méjean. Ces couches, comme les précédentes, sont presque verticales (80ᵐ). Les fossiles abondent particulièrement à Figuière, un peu à l'Ouest de Méjean, rudistes, polypiers, lamellibranches divers, etc., dont l'énumération pourra être faite dans le chapitre Paléontologie.

A la Mède, au-dessus des couches cénomaniennes énumérées précédemment se trouvent 4 mètres de calcaires grumeleux avec lumachelle blanche à la partie supérieure. Sur ces calcaires repose une formation ligniteuse peu épaisse que l'on peut observer au gisement de la Charbonnière, où se trouvent les déblais provenant d'une galerie de recherche de lignites. Ces marnes ligniteuses renferment de belles empreintes végétales (1), on les retrouve, en suivant le bord du canal, depuis les Trois-Frères jusqu'à la Mède. Au-dessus viennent des grès calcaires jaunâtres ou roussâtres où M. Depéret (2) a signalé une petite faune lagunaire : *Glauconia turonensis,*

(1) Vasseur, *loc. cit. ante*, p. 421. Voir aussi : Coquand Craie sup. de Provence 1861. B. S. G. F. (2), t. XVIII, p. 133 ; Reynès : Etude sur le synchronisme et la délimitation des terrains crétacés. Réunion extr. Soc. Géol. Marseille, 1864 ; Toucas, Descr. du terrain crétacé du Beausset. Mém. Soc. Géol.

(2) B. S. G. F. (3), t. XVI, p. 559. — Voir Roman et Mazeran. Archives du Mus. de Lyon, t. XII. Faune du Turonien d'Uchaux.

*Cerithium nodosocarinatum, Corbula semistriata,* associés à *Turritella* cf.
*cesticulosa* Math., *Cardium Ilieri* Math., *Cyprina ligeriensis* d'Orb. *Ostrea*
sp., *Anomia,* etc. Nous y avons trouvé en outre, sur les bords de l'étang
et dans les marnes de la base, *Glauconia* cf. *Coquandi, Tympanoto-*
*mus* sp., *Ampullopsis,* etc., toute une faune à décrire.

Il faut encore, d'après Vasseur, considérer comme turoniens les
calcaires roux à *Hippurites inferus* et *Rhynch, Cotteaui* jusqu'aux premiers bancs à *Hipp. giganteus* (32 de la coupe de Vasseur). Le Sénonien
inférieur, qui vient en concordance sur ces calcaires, a été l'objet de la
part de Vasseur d'une étude très détaillée dans le bulletin publié à l'occasion de la réunion extraordinaire de la Société Géologique de Provence (1). Il n'a pas compté moins de 186 assises, d'une épaisseur variant de
0^m30 à 5 ou 6^m, 1 à 31 correspondant, comme nous l'avons dit, au Turonien supérieur, les autres à l'ensemble du Coniacien et du Santonien.
Ce sont des calcaires gris à *Hippurites giganteus* (*H. Requieni* de 32 à 40),
renfermant en outre, à partir de 57, *Hipp. galloprovincialis,* puis, à partir
de 60-61, *H. Moulinsi* et *H. socialis* qui se retrouvent dans différents bancs
jusqu'à 176, tandis que *H. giganteus* disparaît dès 90. La faune est exces-
sivement riche. Le dépôt a un caractère zoogène très accusé. Certains
bancs sont littéralement pétris de fossiles, surtout des rudistes, hippurites, ,radiolites, sphérulites, mais aussi des foraminifères, *Lacasina com-*
*pressa* 161, des spongiaires, des polypiers, des bryozoaires (*Ceriocava*
*irregularis*), des échinides, des gastéropodes (nérinées), des lamellibranches, ,autres que les rudistes dans les bancs de la base, 48 par exemple,
Trigonia, Vola. Les bancs de 177 à 185 constituent ce qu'on appelle la
zone à *Lima ovata* (*Marticensis*). Ce sont des calcaires marneux grisâtres
ou même bleuâtres très fossilifères. Avec *Lima ovata* on y trouve *Rhyn-*
*chonella Eudesi, Ostrea Caderensis,* des foraminifères, etc., et *Hippurites*
*latus,* qui ne se trouve que dans cette zone.

CHAINE DE L'ETOILE. — Sur le versant Nord de cette chaîne, c'est près
de Sousquière que l'on commence à retrouver le prolongement vers l'Est
du Cénomanien. Il s'intercale dans la série renversée de Simiane et la
succession est la suivante au-dessus des marnes et grès glauconiens de
l'Aptien supérieur et du Gault :

Calcaire dur un peu roux à *Caprinella triangularis*........    3^m
Calcaire grésiforme ou homogène quelquefois spathique.
(*Marne grise et calcaire à radiolites et foraminifères.*)
*Hippurites, Ceriocava irregularis,* Mich.

(1) *Loc. cit. ante.*

Cette dernière assise est peut-être déjà sénonienne. Aucune formation ne peut avec certitude être attribuée au Turonien, sur le versant Nord de l'Etoile. Il faut atteindre vers l'Est le massif d'Allauch pour retrouver cet étage bien caractérisé. Quant au Sénonien marin, c'est aussi près de Sousquière, à l'Est du Perroquet, entre la station de Boue et celle de Simiane, que l'on trouve la suite des affleurements des bords de l'étang que nous avions indiqués, avec interruption jusqu'à Foudouille. On les retrouve à Simiane, au Nord de Mimet, à Saint-Savournin et jusqu'à Cadolive. A Sousquière la formation est très réduite, comme le Turonien, par suite des mouvements tectoniques. Ce sont les marnes et calcaires déjà signalrs ci-dessus, dans lesquels M. Collot cite par erreur *Hipp. cornuvaccinum* Bronn. Il s'agit vraisemblablement de *Hipp. corbaricus*. Ces calcaires sont par endroits pétris de miliolidés et d'algues calcaires du genre lithothamnium. Au-dessus, stratigraphiquement, se montrent 30 mètres de calcaires siliceux roux. De Sousquière l'affleurement continue vers Siège et jusqu'à Simiane. Dans cette partie, le calcaire à hippurites repose par renversement sur des bancs de calcaire gris avec *Cardium Itieri* Math. *Crassatella* sp., *Lacasina compressa* d'Orb. sp. C'est l'horizon du Plan d'Aups.

Le calcaire roux à entroques se retrouve vers Babol et passe, au Sud du château de Tressemane, au calcaire à hippurites.

Au Sud du chemin de Simiane à Mimet, la bande sénonienne chemine à peu près O.-E. Collot y a signalé, dans un calcaire à rudistes alternant avec de petites couches de grès, des *huîtres*, *Hipp. canaliculatus*, *Radiolites angeoïdes*, *Idalina antiqua*.

La bande passe ensuite entre le village de Mimet et les écoles vers La Tour, toujours renversée sous les terrains les plus anciens (Gault et Aptien), disparaissant même quelquefois par chevauchement de ces derniers. On la retrouve à la bifurcation des routes qui vont de Saint-Savournin à Marseille et à la Valentine. Elle disparaît définitivement au Sud de Cadolive.

Massif d'Allauch. — Dans cette petite région si accidentée on ne trouve que quelques minuscules affleurements cénomaniens. M. Bertrand en a signalé un petit îlot dans le haut du vallon qui descend un peu à l'Est des Maurins, aux pieds du sommet urgonien. C'est un calcaire noduleux avec *Ex. Columba* et Caprines (1). Entre le sommet de Garlaban et Roquevaire on en retrouve un lambeau avec *Exog. Columba* et Caprinelles, près de la ferme de Negret. Au Sud de Garlaban, dans la série normale très étirée et très incomplète, se montre, au-dessus de l'Urgonien,

---

(1) Bull. Serv. Carte géol. n° 24, T. III. décembre 1891. — Voir aussi Fournier, B. S. G. F. (3), t. XXIII. p. 508 et Gourret et Gabriel, Bull. Soc. Belge de Géologie, 1888

un lambeau assez important de calcaire à caprines, très fossilifère près de Font-de-Mai : l'affleurement se poursuit vers le Nord jusque près des Gavots. Plus à l'Ouest, on trouve encore un pointement près de Chapelette, un peu au Nord du village d'Eoures. Un lambeau moins net, où nous avons trouvé quelques oursins, se trouve compris dans la série renversée à l'Ouest du massif près du village d'Allauch, entre l'Urgonien et le Turonien. Ce sont des calcaires grisâtres, marneux mais durs, et à grain assez fin, qu'on ne peut qu'avec doute attribuer au Cénomanien..

Le Turonien est mieux représenté dans le petit massif qui nous occupe. Il a été étudié par Depéret (1). Ce savant a donné une coupe d'ensemble que nous reproduisons ci-contre, montrant la succession des étages et qui est à peine différente de celle donnée par M. Bertrand. La position du Turonien y est nettement précisée dans la partie occidentale du massif. Il repose au N.-E. sur l'Urgonien, avec interposition de bauxite, passe sous la petite tête rouge et réapparaît dans la série renversée d'Allauch, entre le Sénonien et le Cénomanien (?). Le Turonien supérieur seul est représenté. La succession est la suivante de bas en haut, d'après Depéret :

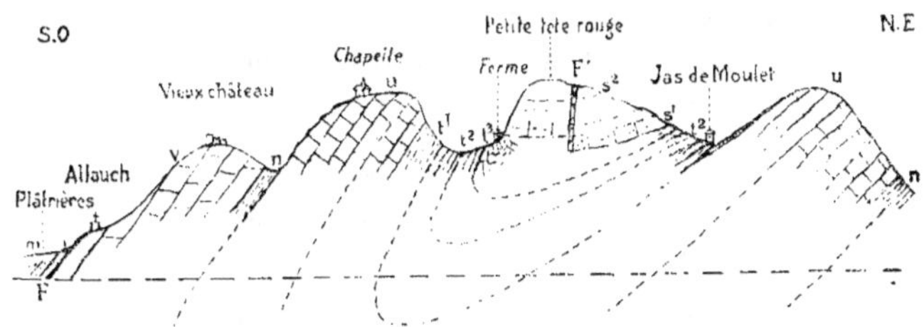


Fig. 2. — Coupe d'Allauch par la Petite-Tête-Rouge.

*m*, Marnes irisées et gypse. — *i*, Dolomies et plaquettes infraliasiques. — *F*, Failles. — *V*, Calcaires jurassiques ou Valanginien ? *n*, Marnes néocomiennes. — *u*, Dolomies et calcaires urgoniens. — *B*, Bauxite. — *t¹*, Zone à Biradiolites cornu-pastoris, Angoumien. — *t²*, Grès marno-charbonneux à faune saumâtre. — *S¹*, Marnes bleues Sénonien à Hippurites. — *S²*, Grès et calcaires spathiques rougeâtres à tiges d'encrines. — *F*, Faille.

Longueur, 1/15.000 ; Hauteur, 1/10.000

1° Calcaires marneux noduleux avec rudistes,, *Durania cornupastoris, Radiolites, Cyclolites,* etc.

2° Calcaire dur gréseux avec débris de rudistes.

3° Plaquettes de calcaire marneux roussâtre avec fragments charbonneux et moules de bivalves.

4° Banc grumeleux à rudistes.

(1) B. S. G. F. (3), t. XVI, p. 559.

## PLANCHE VII

Figure 1. ··· Ancyloceras Matheroni d'Orb. Aptien inférieur. La Bédoule. Fac. Sc. 1/4 grandeur naturelle.

» 2. — Glauconia Coquandi var. turonica Rep. Turonien. La Mède. Fac. Sc. 1/4 grandeur naturelle.

» 3. ·· Durania cornupastoris d'Orb. sp. Angoumien. Cassis (Muséum). A peu près grandeur naturelle.

» 4. — Exogyra flabellata d'Orb. Cénomanien. La Mède. Fac. Sc. Gr. nat.

» 5. — Caprinella triangularis (fragment) d'Orb. sp. Cénom. Cassis. Fac. Sc. Grandeur naturelle.

» 6. — Caprina sp. Cénomanien. Cassis. Fac. Sc. Grandeur naturelle.

» 7. — Exogyra Columba Desh. Cénomanien. Fac. Sc. Pas d'Oulier, près Cassis. Valve droite vue en dessus. Grandeur naturelle.

» 8. — Exogyra Columba Desh. Cénomanien. Fac. Sc. Pas d'Oulier, près Cassis. Valve gauche emboîtée dans la droite. Gr. naturelle.

» 9. — Cardium Villeneuvi Math. Campanien inférieur. Plan d'Aups. Fac. Sc. Gr. naturelle.

» 10. ·· Belemnites (Neohibolites) semicanaliculatus Blainv. Aptien. Carrières de la Bédoule. Fac. Sc. Grandeur naturelle.

5° Calcaire marneux roussâtre tantôt en **plaquettes, tantôt** en bancs plus compacts souvent cariés, nombreux débris indéterminables.

6° Plaquettes marno-calcaires, minces, gris foncé, avec *plicatula* sp. et petites huîtres, débris charbonneux.

7° Marnes noduleuses à rudistes.

Le Turonien saumâtre qui succède à ces couches marines comprend :

1° Plaquettes marno-gréseuses avec fragments charbonneux et faune saumâtre : *Cyrena gallo-provincialis* (?), *Cardium Itieri, Cerithium nodosocarinatum. Ampullopsis* (1), groupe A. *Faujasi* du Cénomanien.

2° Calcaire marneux bleuâtre à faune marine et saumâtre, *Ampullopsis, Psammobia aff. impar* Zittel, *Liopistha subdinnensis* d'Orb, *Turritella* sp., etc.

3° Marne noduleuse gris-bleuâtre et calcaire bitumineux foncé, parfois pisolithique à nombreuses cyrènes.

4° Plaquettes marno-gréeseuses à cyrènes et petits cardiums, débris charbonneux.

5° Calcaire gréseux fin à nombreux fossiles.

6° Calcaire noir bleuâtre et bitumineux :: *Cerithium nodosocarinatum, Cer. provinciale* d'Orb., *Glauconia (Cassiope) turonensis* Dep. sp.

7° Calcaire bleu ou rougeâtre bitumineux, carié.

Le Sénonien de Petite-Tête-Rouge comprend :

S¹ A la base des calcaires marneux noduleux bleuâtre à *Hippurites, Cyclolites, Cerithium, Matheroni, Polypiers*, etc.

S² Au-dessus des alternances de calcaires gréseux spathiques et de grès rougeâtres, à innombrables tiges d'encrines et baguettes d'oursins constituant le sommet des deux Têtes-Rouges.

Au Nord du jas de Moulet un grand lambeau de calcaire à rudistes allongé en pointe vers l'Est se trouve par faille au pied de l'abrupt formé par l'Hauterivien-Valanginien du Sud ; il s'enfonce à l'Ouest sous les calcaires rouges d'un mamelon boisé. Le vallon qui le limite au Nord, vallon des Cadets ou de l'Amandier, est jalonné par un affleurement triasique en contact avec ce Sénonien formé surtout de calcaires à rudistes. Sur le chemin qui longe le versant E. de Petite-Tête-Rouge, un peu avant d'arriver au col qui mène à la bauxite de Cante-Perdrix, une zone marneuse correspondant à S¹ de la Coupe de Depéret renferme de nombreuses petites kingena et des multitudes de petits polypiers, ainsi que de nombreux *Trocus plicato-granulosus*. Cette faune sera mentionnée plus loin.

Sur le bord S.-E. du plateau de Garlaban, le Sénonien repose sur

______

(1) Voir Repelin. Cénom. saumâtre ou d'eau douce. Annales Mus. Hist. Nat. Marseille. Géol. VII, 1902.

9

l'Hauterivien. Il se compose de plaquettes rousses à Trematocyclus et débris de charbon qui supportent des calcaires à hippurites.

Au pied N. de Garlaban se trouve le lambeau des Mies. Sur le calcaire à hippurites on trouve là l'équivalent de la zone à *Lima ovata* avec *Cardium Itieri, Ostrea acutirostris* Nils., *Exogyra plicifera* Duj., etc. Le Turonien et le Sénonien, en concordance apparente, forment les crêtes 660, 663 de la carte de l'Etat-Major, arête culminante du massif au N. de Garlaban.

CHAINE DE LA SAINTE-BAUME, PARTIE OCCIDENTALE ET CENTRALE. — On ne connaît pas de Cénomanien dans la Sainte-Baume. Le Turonien y est peut-être représenté par un dépôt d'origine lagunaire qu'on rencontre dans la partie Est du Plan d'Aups, au-dessus de l'Hauterivien et de la Bauxite qui le recouvre. C'est un calcaire noir ou brun, à grosses pisolithes, avec fossiles blancs d'eau douce.

Le Sénonien marin, calcaire à hippurites, occupe des surfaces considérables dans la chaîne, c'est un calcaire, plus ou moins zoogène, de couleur grise ou un calcaire gréseux rougeâtre, montrant presque toujours de nombreuses sections d'hippurites. Ces fossiles sont même souvent dégagés dans les parties marneuses. Ils constituent avec les radiolites et les sphœrulites la presque totalité de la faune. Mais, au-dessus, se montrent des bancs pétris de foraminifères pisiformes apparaissant en taches blanches dans la roche marneuse grisâtre ou bleuâtre, ou bien abondamment répandus parmi les débris qui couvrent les surfaces des bancs (Plan d'Aups). Ce sont des miliolidés trematophorées *Lacasina compressa* d'Orb. sp.., *Idalina antiqua* d'Orb. sp. Au-dessus viennent des couches à turritelles nombreuses, associées à des huîtres et à des débris divers blanchâtres, gastéropodes, lamellibranches, rudistes. C'est le début des assises connues sous le nom de zone du Plan d'Aups, dont la faune a été étudiée dans une publication spéciale (1). Elle forme le passage entre les couches marines zoogènes à hippurites et le Valdonnien ligniteux, fluviolacustre ou lagunaire. Elle comprend, avec ces bancs à turritelles, qui déjà contiennent le de nombreux fossiles lagunaires (glauconies, cyrènes, etc.), des bancs de plus en plus charbonneux où les glauconies abondent par places avec des corbicules et un grand nombre de fossiles à test blanc.

Le Sénonien marin, Coniacien, Santonien et zone du Plan d'Aups, forme un immense affleurement partant du haut du ravin de Saint-Pons,

---

(1) Repelin. Monographie de la faune saumâtre du Campanien inf. du Sud-Est de la France. Ann. Mus. Hist. Nat. Marseille, X, pp. 1-87, 1907.

formant la plus grande partie du col entre Roqueforcade et le Pic de Bartagne, où il est plissé en un anticlinal et un synclinal. L'anticlinal en bourrelet de bordure se poursuit vers le Plan d'Aups et au delà, mais disparaît au Nord de l'Hôtellerie. Le synclinal s'allonge à l'Est, au Nord du grand relief constitué par la crête principale. La zone du Plan d'Aups, d'abord très amincie, au col de Bartagne, s'élargit au Sud du village, et vers La Brasque et Giniez, puis s'amincit de nouveau pour venir aboutir aux glacières de Saint-Cassian et de là vers Mazaugues dans le Var. Dans cette région le facies détrique s'accentue, les calcaires à hippurites alternent, à diverses reprises, avec des déptôs graveleux ou de petits poudingues (1). Le Sénonien marin entoure presque complètement le dôme de La Lare. Les couches, en disposition périclinale vers l'Ouest, forment ensuite deux bandes, dont l'une se dirige vers Nans et Rougiers. Elle est en partie recouverte par les couches jurassiques de la grande nappe de la Sainte-Baume, en particulier aux environs immédiats de Nans, où les calcaires à hippurites affleurent aussi bien au Nord du jurassique, vers Grimaud, qu'au Sud vers Lorgues et Peyravier. L'autre suit le vallon de l'Infernet, passe à Daurenque, à la Glacière, au Sud des lambeaux des Lagets et des Etienne et, après avoir traversé le ruisseau de La Gastaude, se poursuit, en partie recouvert par les dolomies jurassiques, jusqu'au petit mamelon qui porte Notre-Dame d'Orgnon.

BASSIN D'AIX, BORDURE SEPTENTRIONALE. — Au Nord de l'Arc le calcaire à hippurites forme une bande qui, partant de l'embouchure de la Touloubre, suit d'abord les rives de l'Etang de Berre, puis, un peu avant le croisement de la route et du chemin de fer, suit le bord des collines de la Fare, passe à ce village, puis aux Coudoux et se termine un peu avant la colline portant le village d'Eguilles. Cette bande va en diminuant d'épaisseur de l'Ouest à l'Est et se trouve très mince au point où elle disparaît sous le Crétacé supérieur.

Collot signale, dans le calcaire à hippurites, aux environs de Saint-Chamas : *Ceriocava irregularis* d'Orb., *Reptomulticava Coquandi* Mich. sp., *Pholadomya royana* d'Orb., *Sphærulites angeoïdes* Picot sp., *Rhynch. difformis*. A trois kilomètres environ à l'Est de Saint-Chamas, la succession est la suivante :

0 Calcáire à requienies.

1° Grès très tendre à peu près blanc formé de quartz pur passant à sa partie supérieure à un calcaire roux chargé de quartz :

(1) **Voir** Repelin, Compte rendu Ac. Sc. t. CLX., p. 68 ,janvier 1915, et Lutaud sur le Sénonien de Mazaugue. **Comptes rendus**, t. CLIX. 6 juillet 1914.

2° Calcaire jaune à lacazines, débris de rudistes, bryozoaires, etc. Calcaire à hippurites avec tendance à la schistosité.

La transgression sénonienne est donc très nette sans que l'on aperçoive de véritable discordance.

Entre Vaulubière et Coudoux, ,la surface de l'Urgonien est percée par les lithophages et creusée de cavités analogues à celles que font les oursins. Le Sénonien qui vient au-dessus débute par un calcaire grossier très chargé en grains de quartz avec de petits *Lithothamnium* globuleux de 15 millimètres de diamètre, bryozoaires, débris de rudistes, *Nautilus*, rameau fructifié d'*Araucarites*. Au-dessus viennent les calcaires à rudistes.

A Coudoux, Collot a relevé la coupe suivante sur l'Urgonien corrodé :

1° Calcaire gris à rudistes ;

2° Grès roux fissiles : *Exogyra Matheroni* d'Orb., *Ostrea acutirostris* Nils, foraminifères ; moules de fragments de bois en creux avec limonite;

3° Marne ;

4° Calcaire gris à surface rousse, foraminifères, *Janira* quelques débris de rudistes.

5° Calcaire gris en plaquettes irrégulières tendres ; *Lacasina, Heterilina*, etc., cent mètres au Nord de l'église de Coudoux.

Les numéros 4 et 5 paraissent correspondre aux couches à *Lima ovata* Rœm. D'Orbigny cite d'ailleurs de La Fare *Glauconia Coquandi* d'Orb. sp. d'un niveau encore un peu plus élevé. Les numéros 1 à 4 ont 15 à 20 mètres d'épaisseur en diminution sur les couches de La Fare où le calcaire à rudistes seul atteint cette puissance.

Bassin d'Aix, Bordure méridionale. — Nous avons déjà examiné le Sénonien marin au Nord de l'Etoile et de la Nerthe. Au col de Valdonne, cet étage est masqué par les dépôts fluviolacustes, mais il réapparaît près de La Pomme et se développe énormément sur le versant Nord du Régagnas, atteignant même le point culminant de la colline vers l'Est (716). Au Sud de la montagne, la bordure sénonienne est interrompue, un lambeau faillé pointe sous le Valdonien, au N.-E. de la Bouilladisse ; un autre, plus à l'Est, très peu épais, repose normalement sur les dolomies de La Lare, et un troisième, près des Castellans, va rejoindre près du sommet l'extrémité orientale de l'affleurement du versant Nord. Sur le revers Nord de l'Olympe, dont les pentes descendent jusqu'à Trets le calcaire à hippurites n'apparaît pas. Il est masqué par la transgression des dépôts fluviolacustres. Mais, dans l'intérieur du massif, deux petits lambeaux aux

Pons et aux Bernes attestent l'extension de la mer sénonienne sur toute la chaîne de l'Olympe et de l'Aurélien.

*Affleurements du Crétacé supérieur, du Campanien au Danien (Terrain fluviolacustre).* — Région des Martigues, versant Nord de la Nerthe et de l'Etoile, Bassin de Fuveau proprement dit, (Gardanne, Peynier, Fuveau,, Trets), versant Sud de La Fare, versant Sud de Sainte-Victoire (Puyloubier, Pourrières), région de Rognac et de Gardanne, Sainte-Baume, chaîne des Baux.

Généralités, distribution des affleurements. — Le terrain fluviolacustre comprend, comme nous l'avons dit, les étages Valdonnien, Fuvélien, Bégudien et Rognacien (1). Ces formations occupent de très grandes surfaces dans le bassin de Fuveau, c'est-à-dire dans la dépression comprise entre la chaîne de La Fare et Sainte-Victoire, au Nord, et La Nerthe, l'Etoile, Regagnas et l'Olympe, au Sud. Les plus anciennes affleurent sur le pourtour du bassin, les autres occupent une situation centrale, masquées en partie par les dépôts tertiaires qui sont également d'origine lacustre.

Nous ferons la description dans l'ordre indiqué précédemment : bordure méridionale du bassin, bordure septentrionale, région centrale, régions excentriques. Le Crétacé supérieur fluviolacustre avait été étudié d'abord par Matheron en 1862 (2) et 1864. Roule a fourni une contribution intéressante à cette étude en 1885. .

Le Valdonnien et le Fuvélien sont calcaires et leur facies se maintient assez uniforme dans tout le bassin. On trouve dans le Fuvélien, avec les corbicules et les unios, des débris de reptiles, *Pleurosternon provinciale, Crocodilus affuvelensis, C. Blavieri, C. Vetustus,* etc. Le Bégudien, formé de calcaires très différents, souvent tuberculeux ou à tubulures, dans la région occidentale, passe à des sables ou à des argiles avec bancs de poudingue intercalés dans la partie orientale du bassin. Toutefois, les pisolithes calcaires, en bancs souvent épais, se trouvent aussi bien dans une partie que dans l'autre, témoignant du mouvement des eaux.

Le Rognacien se compose de deux parties très différentes de constitution. La partie inférieure, grès à reptiles, est une assise de grès rougeâtres ou jaunâtres et de marnes rouges. Matheron y a décrit en 1869 des

(1) Voir surtout Collot. Terrain crétacé de la Basse-Provence. Bull. Soc. Géol. France (3), t. XIX, p. 39, 1891.

(2) Recherches comparatives sur les dépôts fluviolacustres. Mém. Soc. d'émulation de la Provence et B. S. G. F., 2ᵉ série, t. XXI, p. 526. — Roule. Recherches sur le terrain fluviolacustre inférieur de la Provence. Annales des Sc. Géolog., t. XVIII.

restes de reptiles *Hypselosaurus priscus, Aploplidemys Gaudryi* (1), *Rhabdodon priscum.* Cette assise est notée c⁹ᵈ sur les cartes géologiques à 1/80.000. Elle se distingue facilement, dans l'Ouest du bassin, du Bégudien calcaire à physes ; mais ce Bégudien passe peu à peu à partir de la région de Fuveau, et vers l'Est, à des grès et argiles rouges tout à fait comparables au Rognacien inférieur. Collot admet que les grès à reptiles sont en général mouchetés de vert et de rouge avec paillettes de mica, ceux de l'assise bégudienne seraient de couleur plus uniforme.

RÉGION DE MARTIGUES. — En suivant vers l'Ouest la falaise des bords de l'Etang de Berre, à partir de la zone à *Lima opala et Ostrea acutirostris*, surmontée d'une petite assise à *Glauconia Coquandi* d'Orb. var., *Marticensis* Rep., on trouve une assise de marnes ferrugineuses grises de 7 m. de puissance limitée au toit et au mur par un cordon ferrugineux et renfermant, en grande quantité, le fossile le plus caractéristique du Valdonnien *Campylostylus (Melanopsis) galloprovincialis* (Pl. IX, Fig. 3). Vasseur a décrit en détail, dans la coupe des bords de l'Etang de Berre (2), ces couches marno-argileuses avec bancs de grès intercalés (nᵒˢ 185 à 218). Un banc argileux est littéralement pétri de *Cyrena globosa* (Pl. IX, Fig. 1 et 2). On trouve, en outre, vers le haut de la formation, de petites corbicules. *C. concinna,* ainsi que *Melania nerineiformis Sandberg.* On peut attribuer au Fuvélien la partie tout à fait supérieure de cette formation où les corbicules deviennent plus abondantes et en particulier la forme plus spécialement fuvélienne *Corbicula gardanensis* Math. Il y aurait, d'après Collot, environ 35 mètres de couches visibles au bord de l'étang, à l'Ouest de la villa Sainte-Anne, non loin de Martigues.

Au Nord de Martigues une formation détritique puissante formée surtout d'argiles et de poudingues, souvent à gros éléments et parfois peu cohérents, a été attribuée au Rognacien inférieur. Les argiles rouges intercalées entre les bancs de poudingue rappellent tout à fait les argiles du Rognacien inférieur de Rognac. Cette formation constitue tout le territoire assez accidenté en bordure de l'Etang de Berre et de l'Etang de Caronte, au Sud d'Istres. Elle est recouverte directement par la mollasse marine aux environs d'Istres, de Lavalduc, de Plan d'Aren, etc. On la voit, sous cette mollasse burdigalienne, sur le pourtour des étangs de La Valduc, d'Engrenier, de l'Estomac et de l'ancienne saline de Citis.

(1) Notice sur les reptiles fossiles des dépôts fluviolacustres crétacés du bassin de lignites de Fuveau. Mémoires de l'Académie impériale des Sciences, Belles-Lettres et Arts de Marseille.

(2) *Bull. Soc. Géol.* (3), t. XXII, p. 429.

Versant Nord de la Nerthe et de l'Etoile. — On trouve des lits de sidérose brunie ou rougie, pétrie de *Camp. galloprovincialis*, entre Simiane et Babol. Au Sud de Verdillon, de Babol à Mimet, l'étage est un peu mieux représenté et se poursuit jusqu'aux environs de Cadolive. De là il faut arriver jusqu'à La Pomme pour retrouver le Valdonnien. Au Nord de La Pomme, le Sénonien marin qui entoure le Regagnas est surmonté par les couches fluviolacustres ayant à leur base le Valdonnien. Cet étage débute par des grés et argiles bariolées, alternant avec des calcaires en plaquettes ou même en bancs compacts. Les marnes et argiles lie de vin et jaunes sont coupées par la grande route. Plus à l'Est, à Kierbon, on trouve plusieurs bandes rouge vif. Les grès s'observent à trois niveaux dans la partie de la route entre Belcodène et Peynier. Il y a quelques indices de lignites. Ces grès contiennent peu de fossiles, *Cyrena aff. partenia* Vidal, *Corbicula Brongniarti* Math., *Cardium Iliéri* Math.

Dans la partie calcaire les fossiles sont plus abondants, en débris blanchâtres dans les parties schisteuses, mais mieux préservés et à test noir dans les bancs durs. Dans une grande carrière, au Sud de Belcodène, Collot a recueilli, avec *Melanopsis galloprovincialis*, de nombreuses Melania, la *Pyrgulifera lyra* Math. sp., etc. Ces alternances de calcaire et de grès ont à peu près 25$^m$ de puissance. Au-dessus viennent 30$^m$ de calcaires gris en gros bancs entremêlés de parties schisteuses, même parfois charbonneuses (environs de Bouteille). Ce calcaire est gélif, souvent concrétionné, présentant des pisolithes que nous retrouverons très abondants dans le Bégudien.

La faune est intéressante, *Bulimus proboscideus Math.* (Pl. IX, Fig. 11 et 12), *Melania nerineiformis* Sandb. (1), nombreuses autres *Melanies Cyclophorus Heberti* Roule, *Paludina novemcostata* Math., etc., etc. Au-dessus de cette assise se montre une grande épaissur de calcaires alternant avec des marnes et des lits ferrugineux visible au lieu dit Le Pailladou. On y trouve *Melanopsis cf. galloprovincialis*, *Paludina Deshayesi* Math.

L'affleurement fuvélien au Nord de l'Etoile accompagne assez régulièrement celui du Vadonnien. On le voit apparaître vers Siège, après une longue disparition depuis Les Martigues. A Babol, la bande est très étranglée, mais reprend une certaine épaisseur vers Mimet et Saint-Savournin. Elle est renversée. Elle contourne, comme le calcaire à hippurites et le Valdonnien, la pointe occidentale du Jurassique de Regagnas, se dirigeant d'une part, vers Fuveau, d'autre part, vers La Bouilladisse, sur le revers

---

(1) Land und Susswasser Conchyl., pl. 4, fig. 9. — Roule, Bull. Soc. Malac., 1884, f. 2 ; 1886, f. 2.

# PLANCHE VIII

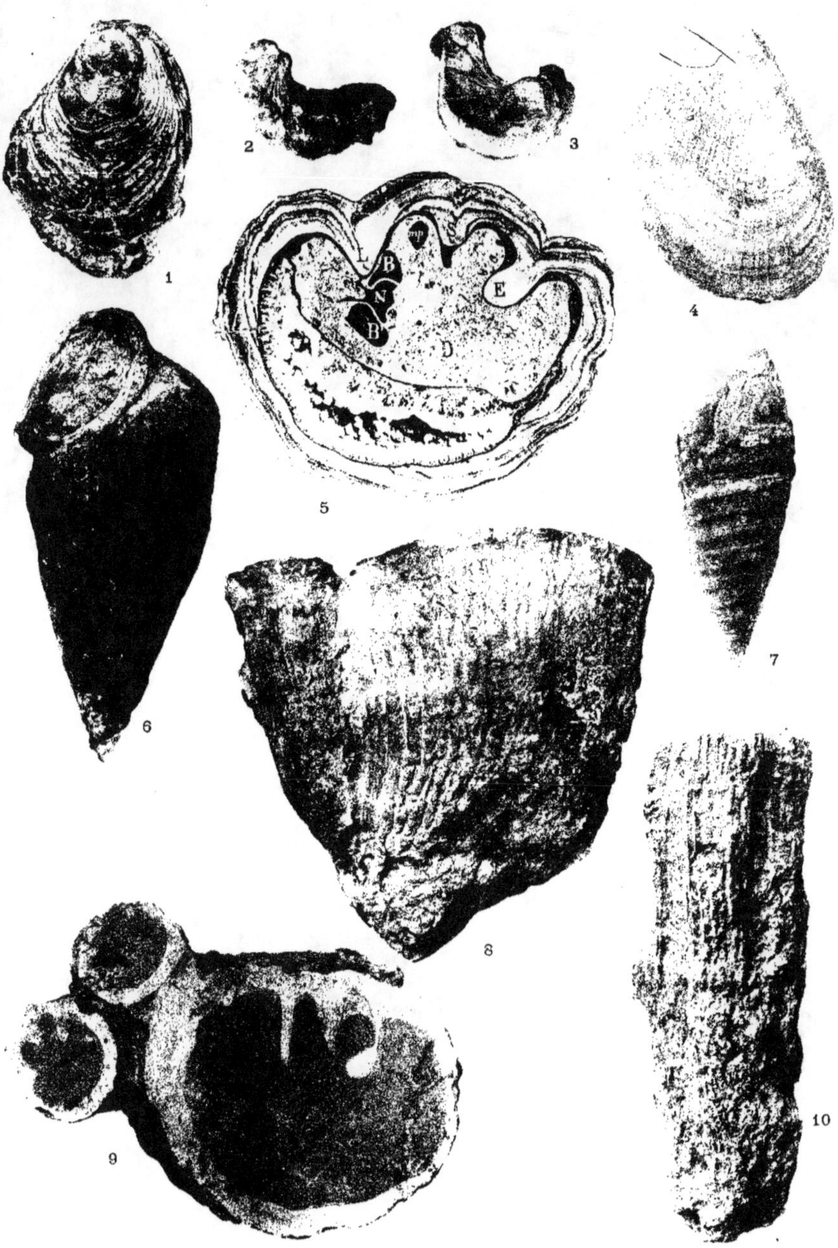

Sud de la montagne. Elle passe aussi à Valdonne et atteint Les Boyers et Pichinier, accidentée par des failles E.-O. Au Nord, la bande est très développée vers Gréasque et Peynier. Un affleurement, venu au jour grâce à la faille de la Diote (1) et dont l'orientation contraste avec celle de la série régulière du bassin, tandis qu'elle coïncide avec celle des couches renversées de Mimet, forme, avec un affleurement bégudien, ce que M. Bertrand a appelé le lambeau de poussée, compris entre la faille de la Diote et la faille du Safre. Nous y reviendrons à propos de la tectonique de cette région.

Le Bégudien présente un affleurement très important s'étendant, d'une part, au Nord de la bande de Simiane à Mimet, recouvert au Sud par le Fuvélien chevauché, d'autre part, entre Gardanne et Mimet, au Nord du grand affleurement fuvélien. Les assises de cette bande très régulière recouvrent en concordance les couches de ce grand affleurement et se poursuivent à l'Est vers Fuveau et la partie N. du territoire de Peynier. Le Bégudien est formé de marnes et de calcaires. Les marnes sont grises ou lie de vin. Les calcaires sont gris, durs ou tendres avec fossiles à test blanc. Les fossiles les plus abondants sont des physes et des mélaniens. Les pisolithes sont abondants dans le haut de l'assise. Mais le facies change vers l'Est et, dans la région de Trets, les grès, les poudingues, les argiles alternent avec des bancs nombreux mais peu importants de pisolithes. Les fossiles sont abondants vers Cadolive et Gréasque, les plus caractéristiques sont *Anostomopsis rotellaris* Math., *Physa galloprovincialis* Math., *Ph. doliolum* Math.

Au Nord des chaînes de la Nerthe et de l'Etoile, les couches du Rognacien inférieur (?) ont un facies particulier. Les débris siliceux sont rares et des cailloux calcaires bien roulés sont noyés dans une marne blanchâtre. Les cailloux sont de l'Urgonien, de l'Aptien, etc. Les poudingues parfois passent à des brèches. On les trouve en contact avec l'Aptien à Gignac et avec le Gault dans la tranchée du chemin de fer de Rebutty. Les tranchées du canal du Rove les ont entamés au N.-O. de Gignac sur un parcours de plusieurs kilomètres. En ce point, comme à Rebutty, l'assise comprend un poudingue à ciment calcaire ou marneux, blanc ou rosé avec cailloux tantôt tous blancs, tantôt polygéniques, alternant avec des lits de marne ou de grès rosés. La bande s'étrangle un moment au Sud des Pennes pour reprendre aussitôt après au Sud de l'Assassin, passer à Arnoux, Reynaud, les Deux Ormeaux (au N. de la station de Bouc), Rossolin, Siège près Simiane. En ce point les argiles à graviers roulés sont associées à des pisolithes où Collot a trouvé *Cyclophorus heliciformis*. Une bande de ces formations détritiques, séparée de la précédente par l'affleure-

(1) Voir Marcel Bertrand, *loc. cit ante.*

10

ment aptien que nous avons décrit précédemment, et sur lequel elle repose
en transgression, s'étend depuis Taxil, au S.-E. de Rebutty, jusqu'à Sou-
quière, en passant par Senière et la tranchée du chemin de fer de Septèmes. On retrouve une autre petite bande, avec un lambeau de calcaire de
Rognac superposé, au haut de la montée des Cadenaux. On y trouve dans
le calcaire *Lychnus sp.* et des *Leptopoma Baylei*. Au Sud de l'Assassin, les
brèches de la deuxième bande ont été l'objet d'une tentative d'exploitation
comme marbre.

La bande de poudingue attenante à l'ensemble des formations du bassin est séparée du calcaire rognacien des Pennes par une masse importante de calcaire pisolithique affleurant le long d'une dépression marneuse où coule le ruisseau du Merlançon et que la route de Marseille à
Martigues suit jusqu'à Rebutty. Ces pisolithes paraîtraient occuper la
place du banc calcaire de la barre de Rognac, à moins qu'ils ne soient
déjà bégudiens. A ces calcaires pisolithiques sont associés des calcaires
avec *Physa doliolum* Math., *Leptopoma Baylei* Math. sp., *Cyclophorus Sollieri*, etc.

Des recherches de lignite ont été faites en divers points dans les formations de ces deux bandes. Une, entre autres, au Sud des Pennes, dans
une marne noire intercalée dans les couches de pisolithes, a fourni quelques corbicules.

Aux environs de Septèmes on a fait quelques recherches de lignites
dans les marnes associées aux brèches et poudingues. Ces fouilles ont
fourni de nombreux fossiles et entre autres *Leptopoma Baylei* Math.,
*Cyclophorus cf. Heberti* Roule, *Melanopsis* (*Campilostylus*) plus grand que
celui des couches des Martigues, *Pyrgulifera* (Hantkenia) *armata* Math.,
variété, *Corbicula cf. concinna*.

D'autres recherches ont été faites au quartier de l'Assassin, on a
trouvé un calcaire gris, finement gréseux, avec deux espèces de corbicules.
La présence des corbicules paraît concomitante de la présence du charbon. La tendance à la formation de combustible paraît, en effet, d'après
Collot et mes propres observations, s'être continuée dans des couches plus
élevées que les calcaires fuvéliens. On trouve de petits lits de lignite.
en divers points dans le Rognacien calcaire, Pas-des-Lanciers, Rognac,
Vallon-du-Duc.

Bassin de Fuveau proprement dit (Gardanne, Peynier, Fuveau,
Trets). — Le Fuvélien est particulièrement intéressant dans cette région
où les exploitations sont nombreuses. Il présente un caractère très spécial
par suite de la présence de nombreux bancs de lignite. La série est très
homogène dans le bassin proprement dit. Elle consiste en bancs de calcaires marneux fournissant une chaux hydraulique assez bonne, alternant

avec des lits de lignite. Extérieurement les calcaires deviennent blanchâtres, mais, dans l'intérieur, ils sont plutôt noirâtres et les fossiles se détachent en blanc sur les dalles noirâtres que donnent les délits des bancs.

Le seul banc de grès un peu important est celui que les mineurs connaissent sous le nom de *barre rousse*, au-dessus de la *mine* de Fuveau. Les fossiles pullulent en certains points sur les surfaces planes des bancs. Ce sont des corbicules, des mélaniens, des unios (Pl. IX, Fig. 8 et 9). Quelques empreintes de plantes ont échappé à la transformation charbonneuse et donnent une idée de la végétation marécageuse de cette époque, *Nelumbium*, *Rhizocaulon*. On ne trouve pas de fossiles terrestres dans les couches à charbon, ils ne se rencontrent que dans les parties supérieures ou inférieures. Mais on y trouve des débris des animaux vertébrés qui vivaient dans les marais, crocodiles (Pl. XI, Fig. 2), tortues, etc..

La coupe la plus nette s'observe entre la cote 413, au Nord de La Pomme et la Bergerie basse, près de Fuveau. Au-dessus des marnes à melanopsis, qui forment la base du coteau 413, on trouve (1) :

1° **Calcaire schisteux** .................................. $1^m$

2° **Marnes** et traces de lignites .......................... $1^m$

3° Calcaire gris sombre avec *Melania nerineiformis* Sandb .... $1^m 50$

4° Calcaires divers. Au Sud du kilom. 19, affleure deux fois, par suite d'un petit rejet, la *grande mine de lignite*........ $10^m$
*Corbicula concinna* Sow. sp. tapissant le mur de la grande mine. *Paludina novemcostata* Math.. *Melania acicula* Math., *Melanopsis galloprovincialis* (*var minor.*) Math.

5° Calcaire noir et schiste avec *Cyclas numismalis* Math., *Corbicula concinna*, *Melania cf. Cerith. gardanense* Math., *mauvaise mine* dont le mur est un calcaire très dur avec grandes flaches .................................... $20^m$

6° Calcaire à ciment au Sud du kilom. 20 ................. $1^m 60$

7° Calcaires divers et *mine de quatre pans*, N. du kil. 20 .... $9^m$

8° Jusqu'à la *mine du gros rocher*...................... $8^m$

9° Jusqu'à la *mine de l'eau*, hectomètre 6................ $20^m$

10° Jusqu'au débouché d'un chemin raccourci venant de Fuveau à la Galère, *Mel.* (cf. *Cerith. galloprovinciale*), *Cyrena concinna* Sow., *Unio galloprovincialis* Math., Débris de feuilles de *Rhizocaulon, Nipadites* .................. $8^m$

11° Quelques mètres au Sud de l'hectom. 8 affleure la *mine de deux pans* entre deux bancs de calcaire un peu schisteux. Autour du kil. 21 ensemble de calcaires, souvent en gros bancs, parmi lesquels calcaire à ciment dans le bas et

(1) Collot, *loc. cit. ante*, p. 60.

barre de la chaux grasse dans le haut. Quelques menus lits charbonneux intercalés. *Mel. acicula* Math., *Melanopsis galloprovincialis (minor)*. Math., Mel. sp. *Cyclophorus Heberti* Roule, etc. ...................................... 63ᵐ

12° *Mine de Fuveau et de Gréasque*. Toit de la mine de Fuveau calcaire dur avec Union, *Mel. acicula. Cycl. Heberti* (kilom. 22). Calcaire à ciment et autres, *Melanopsis*, cf. *galloprovincialis. Pyrgulifera rugosa* Math. ................... 20ᵐ

13° Barre rousse grès dur à grain fin micacé roux ensurface gris dans le fond ........................................ 0ᵐ 30

14° Calcaire marneux en plaquettes, marne. *Cyclophorus Heberti* Roule.

15° Calcaire à chaux hydraulique pétri d'*Unio galloprovincialis* Math. var., *Corbicula cuneata* Sow. sp. (C. Brongniarti Math.), quelques *C. concinna* Sow., Calcaires divers.

16° Barre jaune calcaire à pâte fine d'un jaune vif éclatant à l'air en fragments irréguliers. Affleure à la bifurcation de la grande route et du chemin de Gréasque.

C'est vers ce niveau que disparaissent les plaquettes couvertes de Melanopsis, d'Unios et de corbicules si fréquentes dans les couches à lignites.

A Trets, l'épaisseur des couches, du Mur de la **mine de Fuveau** au toit de la **grande mine**, est, d'après les renseignements des ingénieurs de ces mines, de 108 mètres au lieu de 131 au Sud de Fuveau. Il y aurait donc réduction vers l'Est. A la base de la **grande mine**, M. Darodes a recueilli les feuilles d'un Nelumbo que M. de Saporta a appelé *Nel. galloprovinciale* (1). Dans les couches charbonneuses de la grande mine se trouvent assez fréquemment des carapaces d'une belle tortue *Pleurosternon provinciale* Math. (2) qui est devenue le type du genre Polysternon de Portis (3), et des dents de *crocodilus affuvelensis* Math. (Pl. XI, Fig. 2).

Les relations du Crétacé supérieur avec le Jurassique seront indiquées dans le chapitre sur la Tectonique. Nous pouvons dire toutefois que le jurassique a été poussé sur ces couches très redressées et même en certains points renversées. Au Sud-Est de Trets on trouve, au-dessus du calcaire à hippurites, un calcaire compact à *Neritina Brongniarti*, puis le calcaire à lignite et à corbicules, puis enfin des grès, des argiles rouges sableuses et des bancs de pisolithes. Le Fuvélien disparaît par écrasement un peu à l'Est de l'Oratoire Saint-Jean, pour reparaître à l'Est de la

---

(1) De Saporta. C. R. Ac. Sc., t. XCIV, 3 avril 1882 et Revue Gén. de Botanique, avril-mai 1890.

(2) Matheron. Reptiles du bassin de Fuveau, 1869.

(3) Portis Chéloniens de la mollasse vaudoise. Mém. Soc. pal. Suisse, 1882.

Grand-Boise ; c'est un calcaire gris à cyrènes qui apparaît sous l'argile rouge, comme on le voit à la Tuilerie Audric, et qui repose sur un calcaire dur avec cyrènes peu nombreuses et *Mel. nerineiformis.*

Au Sud de Pourcieux, on trouve, sous le marbre jurassique, des marnes avec traces de charbon, contenant *Melania nerineiformis* Math., *Mel. Colloti* Roule, *Cyrena concinna* Sow., renversées sur le Bégudien, qui forme toute la plaine et se renverse seulement à l'approche du contact avec le Jurassique.

Le Bégudien qui forme une grande bande enveloppant celle du Fuvélien, comme nous l'avons dit précédemment, montre son meilleur type aux environs de Fuveau, le long de la grande route des Alpes, entre la Bergerie-Basse et la station de la Barque. La succession est la suivante, au-dessus du Fuvélien (Collot) :

1° **Barre jaune,** calcaire jaune vif ;

2° Trois bancs grès fin intercalés dans la marne ;

3° Alternances de calcaire et de marne avec quelques lits fossilifères *Anostomopsis rotellaris, Cyclophorus Heberti, Paludina Mazeli, Melania Gourreti ;*

4° Grès dit banc des meules, avec pisolithes enfermant des physes et des unios ;

5° Argile de couleur vive ordinairement lie de vin ;

6° Calcaire en petits bancs ; physes, paludines, cyclophores ;

7° Calcaire compact banc Saint-Roch formant à l'Est le sommet qui porte le village de Fuveau *Ampullaria Dieulafaiti, Melania Gourreti ;*

8° Marne, cimetière de Fuveau ;

9° Banc de calcaire qui va mourir dans la plaine,aux Beaumouilles ;

10° Marne ;

11° Calcaire compact (banc bidaou), *Physa galloprovincialis, Paludina Mazeli ;*

12° Pisolithes qui se retrouvent à Mimet au-dessus des physes ;

13° Marne ;

14° Calcaire compact : graines de Chara ;

15° Grès bariolés à reptiles.

Vers Peynier et surtout vers Trets, les bancs argilo-gréseux, les grès, les poudingues remplacent à peu près complètement les calcaires bégudiens. On les a confondus avec les argiles et grès de l'étage supérieur (Rognacien), dit grès à reptiles. Ils renferment de nombreux bancs de pisolithes (1).

(1) Dans un travail géologique effectué pour la Compagnie des Mines de la Grand'-Combe, nous nous sommes servi de ces bancs pisolithiques comme repères stratigraphiques. M. Livet, paléontologiste de la Compagnie qui nous prêtait son concours, avait relevé jusqu'à 7 ou 8 bancs différents.

Région de Rognac et de Gardanne. — Dans cette région on voit au-dessus des calcaires bégudiens des collines de Bruni, un beau développement de l'assise inférieure argilo-gréseuse de Rognac. Les grès y sont assez fins et les marnes bariolées et même colorées se développent souvent à leurs dépens. Des bancs calcaires s'intercalent même dans ces argiles. Celui qui porte village de Rognac affleure dans la gare et se poursuit de là dans la direction de Velaux. Collot y signale *Leptopoma Baylei* Math., *Ampullaria Dieulafaiti* Roule. J'y ai recueilli, même dans la gare, *Hantkenia armata* Math. sp.

Au-dessus le calcaire de Rognac forme de beaux escarpements qui se poursuivent vers le Nord, en passant par Velaux jusqu'au coteau de Ventabren où cette barre supporte les argiles rouges dites de Vitrolles, au sein desquelles se trouve la limite du Crétacé et du Tertiaire. La coupe, au Nord de Ventabren, et jusqu'aux collines urgoniennes, prolongement de celles de La Fare, a été relevée par M. Collot. On y trouve de haut en bas :

*a)* Calcaire blanc éocène (calcaire à *Physa prisca*)................ 25$^m$

*b)* Marne rouge (dite de Vitrolles............................ 20$^m$

*c)* Calcaire noduleux et calcaire compact blanc, rosé, gris rougeâtre, barre de Rognac. Rognacien supérieur................ 20$^m$

*d)* Marne. Rognacien inférieur ............................. 20$^m$

*e)* Calcaire gris d'apparence un peu sableuse, deux bancs séparés par une couche marneuse. Calcaire du Moulin-du-Pont de Velaux *Lychnus Marioni*. Bégudien...................... 15$^m$

*f)* Marne jaune avec pisolithes.

*g)* Calcaire gris marneux en petits bancs, corbicules, unios. Lits ocreux accompagnant des affleurements de lignite exploités. Dans le bas, quelques couches gris sombre rappellent l'assise inférieure de Belcodène-Peynier, *Melanopsis cf. Munieri ; Corbicula numismalis.*

*h)* Marne argileuse grise, *Melanopsis galloprovincialis* vers La Fare.

*i)* Couches marines à hippurites.

*j)* Calcaire blanc oolithique urgonien.

*k)* Calcaire un peu schisteux jaunâtre à *Echinopatagus cordiformis.*

La barre de Rognac, entre Velaux et Vitrolles, est fossilifère : *Lychnus Matheroni* Req., *Cyclophorus Luneli* Math., *Cyclophorus heliciformis* Math., *Paludina Beaumonti* Math., *Pyrgulifera armata* Math., etc.

Le Calcaire de Rognac, qui forme falaise à près de 200 mètres de hauteur près du village de ce nom, s'abaisse vers le Sud, au bas de Vitrolles, à 70 mètres puis même à 50 aux environs de Saint-Victoret, pour se relever à près de 100 mètres à Pas-des-Lanciers. Au Sud de la station de Pas-des-Lanciers on peut recueillir *Cyclophorus Sollieri* Roule, *Leptopoma Baylei* Math., *Pyrg. armata* Math., etc. En ce point le calcaire est compact, dur, gris avec pisolithes. L'affleurement, très étendu en ce point, s'amincit, se redresse vers Les Pennes où les maisons sont bâties dessus et va en disparaissant vers l'Est au voisinage des Chabauds, au Nord de la station de Bouc-Cabriès. Il reparaît entre Bouc et Simiane.

Une nouvelle bande s'amorce, un peu au Sud de Gardanne, à la faille de la Diote. Elle enveloppe, pour ainsi dire, les grands affleurements de la région Fuveau-Peynier au-dessus desquels le Rognacien se montre concordant.

Le calcaire de Rognac, fossilifère à Gardanne à la butte des Moulins, se poursuit vers Roussel, fait le tour du Cengle à l'Est et va se relever dans les escarpements de Sainte-Victoire où il se perd dans les brèches.

Versant Sud de la Chaine de la Fare (Basse vallée de l'Arc). — Près de La Fare et jusque dans le village on trouve le Valdonnien marneux grisâtre avec *Mel. galloprovincialis* reposant sur le calcaire à hippurites. Le Fuvélien le surmonte en concordance apparente mais les affleurements de ces deux étages sont très restreints en surface. On y trouve entre autre fossiles caractéristiques *Mel. nerineiformes* Sandb., *Campylostylus (Melanopsis) galloprovincialis* var. *minor* Math., *Unio galloprovincialis* Math., *Corbicula cuneata* Sow., *C. concinna* Sow., *C. numismalis*.

Il y a des lits de lignite présentant à peu près l'ordre de succession de ceux de Fuveau mais avec une épaisseur moindre et une qualité secondaire. L'un d'eux, la grande mine, a été exploité aux Pipioux, près du Grand-Coudoux. Il l'est encore, par puits, un peu plus bas. La concession, connue sous le nom de Mines de Coudoux, appartient à la Société des Raffineries Saint-Louis qui en assure l'exploitation. La continuité des bancs de lignite dans le bassin de Fuveau (du Lar) a été mise en lumière d'abord par Villot (1).

La structure pétrographique des calcaires la confirme. En effet, ils conservent leurs caractères à de grandes distances, ce qui indique, comme l'a fait remarquer Collot, des conditions de dépôt tranquilles sur un fond plat et régulier. Toutefois, la couleur gris bleuâtre spéciale aux calcaires fuvéliens de Gardanne fait généralement défaut. Les calcaires sont plus cristallins et les fossiles y sont mieux conservés. Quant au Bégudien qui vient au-dessus, l'affleurement le plus occidental est celui qui forme la ligne des collines qui commence à la tour de Bruni pour aboutir au Nord

(1) Villot : Etude sur le bassin de Fuveau (*Annales des Mines*, 1883), p. 46.

PLANCHE IX

FIGURE 1. — Cyrena globosa Math. Valdonnien. Les Martigues. Valve droite
Fac. Sc. Gr. naturelle.

» 2. — Cyrena globosa Math. Valdonnien. Les Martigues. Intérieur de la
même. Fac. Sc. Gr. naturelle.

» 3. — Campylostylus galloprovincialis Math. sp., Valdonnien. Plan-de-
Campagne. Fac. Sc. Gr. naturelle.

» 4. — Lychnus elongatus Roule. Valdonnien. Env. d'Orgon. Fac. Sc.
Gr. naturelle.

» 5. — Paludina novemcostata Math. sp. Valdonnien. La Pomme. Fac. Sc.
Grandeur naturelle.

» 6. — Melania nerinciformis Roule sp. Valdonnien. Nord de Ventabren.
Fac. Sc. Gr. naturelle.

» 7. — Corbicula galloprovincialis Math. Fuvélien. Fuveau. Fac. Sc. Gr.
naturelle.

» 8. — Fragment de dalle à Corbicules. Puits de Rousset. Fuvélien. Fac.
Sc. Gr. naturelle.

» 9. — Dalle à Unio. Fuvélien. Fuveau. Fac. Sc. 1/2 gr. natur.

» 10. — Physa gardanensis Math. Bégudien. La Barque. Fac. Sc. Gr. nat.

» 11. — Anadromus proboscideus Math. sp. Valdonnien. Puyloubier. Côté
opposé à l'ouverture. Fac. Sc. Gr. naturelle.

» 12. — Anadromus proboscideus Math. sp. Valdonnien. Puyloubier. Côté
de l'ouverture. Fac. Sc. Gr. naturelle.

de Ventabren en passant par le Moulin-du-Pont. On trouve au Nord, avec des bancs pisolithiques, des couches marneuses ou même argileuses qui forment la base de l'étage. Au-dessus viennent de gros bancs d'un calcaire gris clair, compact subcristallin, dans lequel de grandes carrières ont été ouvertes pour la construction de l'aqueduc de Roquefavour. On y trouve *Hantkenia Matheroni* Roule sp., *Lychnus Marioni* Roule, *Physa galloprovincialis* Math., *Cyclophorus cf. heliciformis* Math.

VERSANT SUD SAINTE-VICTOIRE (Puyloubier, Pourrières. — Les étages Valdonnien et Fuvélien, après une disparition sous les dépôts plus récents éocènes et oligocènes dans la région de Saint-Pons, des Milles, d'Aix et du Cengle, réapparaissent au Nord de Saint-Antonin, entre ce village et la chaîne de Sainte-Victoire.. Ils reposent sur le Jurassique supérieur très redressé et en concordance apparente. M. Collot a donné la succession suivane, pour le Valdonnien, à l'Ouest de Puyloubier, ,au-dessus des calcaires blancs du Jurassique supérieur.

1° Marne jaune et rougeâtre avec bauxite remaniée . . . . . . . . . . . .    8$^m$
2° Calcaire gris blanchâtre un peu marneux . . . . . . . . . . . . . . . . .    0$^m$50
3° Marne panachée de blanc, de gris, de jaune . . . . . . . . . . . . . . .    6$^m$
4° Calcaire en gros bancs blanchâtres tendres . . . . . . . . . . . . . . .    20$^m$
5° Calcaire marneux et marne blanchâtre . . . . . . . . . . . . . . . . . .    10$^m$
6° Calcaire gris foncé, dur, semblable à celui du n° 4 avec lits marneux renfermant *Cyclophorus Sollieri*, *Bulimus proboscideux* Math., *Lychnus elongatus* Roule . . . . . . . . . . . . . . . . .    6$^m$

A Pourrières, le long de la route de Rians, la succession est la suivante :

1° Sable, marne bariolée avec rognons calcaires . . . . . . . . . . . . .    6$^m$
2° Calcaire en gros bancs compacts alternant avec lits marneux *Cyclophorus cf. Heberti* Roule, *Bul. proboscideus* Math...    18$^m$

A l'Est de Pourrières l'affleurement s'amincit et finit par disparaître au Nord de Pourcieux. Il paraît être représenté par quelques bancs calcaires gris sombre au col de la route de Saint-Maximin.

Quant au Fuvélien qui surmonte en concordance les dépôts précédents, sa composition, d'après le même auteur, est la suivante, vers Puyloubier :

7° Calcaires gris bien lités en petits bancs de 5 à 30$^m$ souvent gréseux, *Melanopsis galloprovincialis var. minor.* Math., *Mel. Gourreti* Roule, *Corbicula cuneata ?* Sow., *Unio.*

Banc d'argile charbonneuse à 6$^m$ au-dessus de la base.

8° Ensemble de quatre barres jaunes calcaires et marnes d'un jaune vif, alternant avec des calcaires gris et des marnes très ravinées. La 2°

11

à 2ᵐ au-dessus de la première est la plus importante. Ossements de tortues 15 à 20ᵐ.

A l'Ouest de Puyloubier, en descendant de Saint-Ser sur Bramefan, Collot signale environ 30ᵐ de marnes et calcaires tendres sur les calcaires à *Bulimus proboscideus*, puis une seule barre jaune de 0ᵐ 90 d'épaisseur sur laquelle les marnes et calcaires gris reprennent leur succession. On y observe deux bancs d'argile ligniteuse.

On trouve à l'Est de Puyloubier, au-dessus des assises marnocalcaires, un banc d'argile rouge ou panachée analogue à celle que l'on trouve à la tuilerie Audric, au sommet de l'assise de Fuveau.

A Pourrières, les calcaires gris à *Bulimus proboscideus* sont surmontés par :

> 1° Calcaire schisteux en plaquettes dures un peu gréseuses ;
> 2° Marnes et calcaires blanchâtres, crayeux en surface, sublithographiques à l'intérieur ;
> 3° Calcaire gris délité en plaquettes irrégulières ;
> 4° Calcaire marneux blanc non schisteux, *Melanopsis* ;
> 5° Marne schisteuse ;
> 6° Calcaire compact à taches sombres diffuses ;
> 7° Premier banc de grès, blanc, fin (**barre rousse ?**)
> 8° Marne ;
> 9° Barre de calcaire jaune.

Les bancs 7 et 9 représentent vraisemblablement la barre rousse et la barre jaune des mineurs. On peut donc admettre, sans que cela soit démontré, que les assises pisolithiques qui viennent au-dessus se rattachent au Bégudien.

A Puyloubier, au-dessus de la barre jaune, on trouve :

| | |
|---|---:|
| Grès fin de couleur bise | 2ᵐ |
| Marne et calcaire en petits bancs tubulés verticalement et avec pisolithes | 10ᵐ |
| Grès fin | 12ᵐ |
| Argile rouge panachée de violet | 4ᵐ |
| Grès avec pisolithes calcaires | 3ᵐ |
| Grès fin, gris, bancs très micacés ; marnes, grains versicolores, marne rouge sous les dernières maisons à l'Ouest du village | 10 à 15ᵐ |

A Pourrières, la coupe est la suivante, au-dessus de a barre jaune :

| | |
|---|---:|
| Marne grise, puis rouge | 15ᵐ |
| Bancs de grès et pisolithes | 8ᵐ |
| Marne rouge | 15ᵐ |

Grès sur lequel est bâti Pourrières et série de grès se développant dans la plaine.

RÉGION DE LA SAINTE-BAUME. — Le Valdonnien n'est reconnaissable avec certitude que dans la plaine du Plan d'Aups, en admettant toutefois que le *Campylostylus* du Plan d'Aups est bien *C. Galloprovincialis*. Mais les assises qui le contiennent étant immédiatement au-dessus des bancs de la zone du Plan d'Aups, la présence du Valdonnien n'est guère douteuse. Au surplus, Coquand, qui donne une coupe des couches qui sont au-dessus des couches marines, cite, avec les *Melanopsis*, *Neritina Brogniarti*, *Cyrena globosa*. Il faut y ajouter (fide Sandberger) *Hantkenia lyra* Math. sp., *Melania scalaris* Sow ? *Paludina Deshayesi* Math. La coupe de Coquand est la suivante :

1° Banc de calcaire jaunâtre éclatant à l'air en fragments irréguliers.

2° Couches argileuses renfermant 5 couches de charbon, des rognons et même un petit banc régulier de fer carbonaté.

Affleurements charbonneux non fouillés.

4° Bancs assez puissants de grès quartzeux blanchâtres avec ossements de reptiles.

5° Bancs très épais de calcaire bréchiforme, très résistant, à pisolithes bruns, avec couches concentriques.

6° Alternances d'argile noirâtre.

7° Barre de calcaire lacustre, 2ᵐ.

Les fossiles proviennent du n° 2.

Le Fuvélien se montre en divers points dans les contreforts septentrionaux de la chaîne. Une bande paraît entourer presque complètement le chaînon de Bassan, formé de Jurassique. En réalité ce jurassique est en recouvrement sur le Fuvélien. Des galeries de recherches poussées aussi bien à l'Est, vers Daurenque, qu'à l'Ouest, ont pénétré profondément sous ce promontoire qui n'est qu'un diverticule de la grande nappe de recouvrement (1). Dans le vallon de Vède l'affleurement s'élargit par suite de l'érosion de la nappe qui, interrompue à l'extrémité du chaînon, reparaît sous forme de lambeaux séparés et disloqués au Lagets, aux Etienne et vers La Gastaude. Le Fuvélien entoure presque complètement le lambeau des Etienne et finit en pointe au Sud de La Gastaude. On a exploité le lignite dans le vallon de Vède. On y trouve de nombreux fossiles, ainsi que dans les galeries de recherche près de l'Oratoire du Commandant et sur le versant occidental de Bassan. *Campylostylus galloprovincialis*, *Paludina novemcostata*, *Corbicula gardanensis* Math., *C. concinna* Sow., etc., etc. ; débris de plante, *Rhizocaulon*.

(1) Voir Carte géologique du massif de la Sainte-Baume, *loc. cit. ante.*

Une autre bande, de peu de largeur, et en relation à peu près constante avec les dépôts surtout détritiques du Bégudien, débute au Nord sous le hameau du Plan d'Aups où elle a été l'objet vers 1889 d'une tentative d'exploitation. Elle se poursuit sous la crête du calcaire à hippurites, puis le long du vallon qui sépare le fort relief dolomitique de la bande jurassique en recouvrement ou bande de Nans, qui se rattache elle aussi à la grande nappe. Elle continue vers les Haumèdes et le château de Nans, puis s'élargit dans la dépression de la Bastide blanche où plusieurs puits ont été creusés et où l'on a même exploité du lignite. Il y a là des grès appartenant peut-être au Valdonnien et, au-dessus, des calcaires marneux avec de nombreux fossiles, *Cypris*, *Paludina novemcostata*, *Corbicules* très nombreuses et variées, *C. numismalis* Math., *C. Nansensis* (in collect.), débris de feuilles de *Rhizocaulon*, etc.

Mêmes couches au Vieux-Rougiers et à Recours au S.-O. de Saint-Maximin où l'on trouve avec les corbicules. *Mel. nerineiformis*, *M. Gourreti*, *M. Ollierensis*, dans des plaquettes noires.

Dans le vallon de Castellette, le long du chemin qui va des Haumèdes à la Taurèle, le Fuvélien et le Bégudien sont très plissés et étirés (Voir la coupe au chapitre de la Tectonique).

CHAINE DES BAUX. — Nous décrirons les dépôts fluviolacustres de cette région d'après les travaux de Matheron 1832-1842, de M. Roule en 1885 (1) et 1886, de MM. Pellat, Caziot (2), Nicolas et d'autres dont les travaux se trouvent résumés dans les publications plus récentes (3). Les contours des formations sont figurés sur les cartes géologiques à 1/80.000 feuilles d'Arles et d'Avignon (édition de 1928, en particulier due à MM. Roman et P. de Brun ou même première édition par Carez et Fontannes). Au Sud des Antiques (Saint-Remy), on voit reposer, sur le Crétacé inférieur avec interposition de bauxite, des couches que l'on a rapportées au Valdonnien, au Fuvélien et au Bégudien. Le Valdonnien serait représenté par des calcaires foncés avec *Anadromus proboscideus*, *Lychnus elongatus*, *Cyclophorus Heberti* ; le Fuvélien, par des calcaires marneux rougeâtres ; le Bégudien par des calcaires gris à *Anostomopsis rotellaris*, *Physa galloprovincialis*, supportant d'autres calcaires à *Anostomopsis* sp., eux-mêmes recouverts par des calcaires marneux gris foncé à *Cyclophorus heliciformis*, *Lychnus Marioni*, *Anostomopsis elongatus*. Le Rognacien n'est pas représenté. Le Miocène burdigalien repose en transgression sur les calcaires bégudiens. La bande fluviolacustre se poursuit vers l'Est en bordure au

---

(1) Description de quelques coquilles fossiles du calcaire lacustre de Rognac (B.-du-Rh.). *Bull. Soc. Malac. de France*, I, 1884. Nouvelles recherches sur les mollusques du terrain lacustre inférieur de Provence. 1886.

(2) *Bull. Soc. Géol. de France* (3), t. XVIII. Pellat, Compte rendu de l'excursion aux Baux, B. S. G. F. (3), t. XIX, pp. 1205 et 1208.

(3) Bull. Serv. Carte géol. Comptes rendus des collaborateurs, n° 146, t. XXVI.

Crétacé inférieur, toujours accompagnée d'un affleurement de bauxite. Elle passe un peu au Nord de Scraillet, au Mazet, puis au Sud d'Eygalières et au Nord d'Orgon. Dans cette région elle est en grande partie masquée par les éboulis.

Dans le vallon de Scraillet, situé un peu à l'Est de celui des Antiques, on trouve, au-dessus du Crétacé inférieur et de la Bauxite, les couches du Bégudien supérieur à *Anostomopsis rotellaris* Roule, très fossilifères au-dessus des sédiments argilo-sableux, puis un calcaire saccharoïde dépourvu de fossiles, Rognacien sup.

Dans le vallon de la Pierre debout, le Crétacé fluviolacustre est très redressé contre l'Urgonien. La série se complète là par le calcaire de Rognac formant une barre presque verticale.

Dans la région des Baux, sur le versant Sud, on peut relever la coupe suivante d'après Pellat et Allard (1) au-dessus de la bauxite et de bas en haut :

1. Calcaire de couleur sombre avec *Cyclophorus Heberti*.
2. Calcaires à *Unio* et végétaux.
3. Calcaires à *Melania nerineiformis* et corbicules.
4. Calcaires gris à odeur bitumineuse (Physes nombreuses).
5. Calcaires gris très fossilifères *Lychnus ellipticus, Physa galloprovincialis, Bulimus Provençali*.
6. Calcaires gris à *Anostomopsis rotellaris* très fossilifères.
7. Sables argileux et grès blanchâtres ou bariolés.
8. Calcaires blancs à silex sans fossiles.
9. Calcaire gris, à fossiles écrasés, niveau de *Pyrgulifera armata*.
10. Calcaires grisâtres peu fossilifères.
11. Calcaires blancs ou rosés identiques à ceux de Rognac (*Lychnus*) *Matheroni, Bauxia bulimoides, Clausilia patula*).

1 et 2 seraient attribuables au Valdonnien et au Fuvélien, 4, 5, 6 au Bégudien et 7, 8, 9, 10, 11 au Rognacien.

Collot a signalé en 1877 l'existence du Crétacé supérieur fluviolacustre autour de Rians (2). Ces couches ont été décrites par le même auteur en 1880 et par Roule en 1885. La route de Jouques à Rians les traverse et l'on constate à la base un poudingue rouge à gros éléments bien roulés. Au-dessus s'observe une couche de grès gris surmontés eux-mêmes par le Calcaire gris des Roques à faune de Rognac. Le Crétacé fluviolacustre s'étend bien en dehors des limites du département dans le Var, le Vaucluse, etc. (3).

<hr>

(1) Livret-guide de l'excursion à Saint-Rémy et aux Baux, les 4 et 5 octobre 1891.
(2) B. S. G. F., série 3, t. V. p. 448.
(3) Roule. Recherches sur le terrain fluviolacustre inf. Ann. Soc. Géol., t. XVIII. Zurcher, B. S. G. F (3), t. XIX, 1891, p. 1171. — Carte géologique à 1/80.000, feuille de Draguignan.

# CHAPITRE II

STRATIGRAPHIE :

## II. *Terrains Tertiaires et Quaternaires*

GÉNÉRALITÉS. — Ces terrains sont représentés, dans les Bouches-du-Rhône, d'une manière très inégale. Tandis que le Miocène occupe des surfaces considérables dans la vallée du Rhône et de la Durance et dans les collines qui bordent ces vallées, que l'Oligocène couvre une grande partie de la région comprise entre la vallée de la Durance et celle de l'Arc, l'Eocène n'occupe qu'une faible partie du Bassin d'Aix.

Les subdivisions du Tertiaire sont indiquées dans le tableau suivant :

Tertiaire
- Neogène
  - Pliocène
  - Miocène
- Eogène
  - Oligocène. Neonummulitique de Haug.
  - Eocène
    - supérieur
    - moyen } Mesonummulitique de Haug.
    - inférieur. Eonummulitique de Haug.

SYSTEME EOCENE. — Les divisions actuelles sont les suivantes :

Eocène
- Ludien.
- Bartonien.
- Lutétien.
- Yprésien.
- Sparnacien.
- Thanétien.

Au-dessus des calcaires de Rognac, représentant le dernier terme de la série crétacée, se montrent des argiles rouges et des calcaires supportant les premières couches de l'éocène. Ces formations correspondent aux assises, qui, dans la région de Mons, ont été étudiées au point de vue paléontologique par MM. Cornet et Briart, et que certains géologues rattachent au Tertiaire, d'autres au Crétacé. Elles constituent, en réalité, une zone de passage du Danien proprement dit au Thanétien à *Physaprisca*. On a donné à ce petit étage intermédiaire le nom de *Montien*. Les argiles rouges qui en forment la base présentent des intercalations de grès et de poudingues à éléments siliceux anciens provenant de l'ancienne chaîne des Maures et ne renfermant pas de fossiles.

Par contre, les calcaires marmoréens bariolés de rouge et jaune dont on observe de beaux affleurements aux environs de Vitrolles et de la Galante ont fourni, au voisinage des Pennes, dans un horizon de calcaire compact qui termine l'assise, *Physa Montensis*, Cornet et Briart, et, dans un lit noduleux argilo-calcaire rougeâtre, un nouveau genre de gastéropode dénommé par Vasseur *Palæostrophia* à cause de son analogie avec les strophia actuelles et dédié par lui au regretté Matheron (1) Pl. X. fig. V.

THANÉTIEN. — Cet étage débute au-dessus des couches à *Physa Montensis* par des argiles rutilantes, semblables à celles du Montien inférieur. Elles passent latéralement, dans les environs des Pennes et de Roquefavour, à un dépôt argilo-calcaire noduleux dans lequel on a trouvé le fossile typique du Thanétien *Physa prisca*. Au-dessus de ces argiles supérieures de Vitrolles se développe la masse puissante des calcaires de Saint-Marc-de-l'Arc, calcaires marmoréens gris et très durs accompagnés de lits argilo-calcaires plus ou moins noduleux blancs ou rosés. Entre Gardanne et le Cengle, ces calcaires passent à des argiles rouges. Ils se décomposent d'abord en deux barres séparées par une couche puissante d'argile, puis la barre inférieure s'amincit et disparaît vers l'Est au village de Meyreuil, tandis que le niveau supérieur, plus épais se poursuit dans cette direction jusqu'au flanc occidental du plateau du Cengle. Collot a montré le premier que dans cette partie le calcaire thanétien se termine rapidement en biseau, de sorte que l'étage ne comporte plus vers le Sud et l'Est que des argiles rutilantes.

La faune ne comprend que quelques espèces : *Physa prisca* Noulet ; *Megalomastoma* nov. sp. ; *Megaspira* nov. sp. ; *Vivipara cf. aspersa* *Limnæa* nov. sp. Cyclas. Les calcaires de Saint-Marc-de-l'Arc sont syn-

(1) Comptes rendus Ac. Sc., 28 nov. 1878, et Livret-Guide du VIII° *Congrès Géologique International.*

## PLANCHE X

FIGURE 1. -- Lychnus Matheroni Req. Rognacien. Environs de Rognac. Fac. Sc. Gr. naturelle.

2. -- Le même vu en dessous. Environs de Rognac. Fac. Sc. Gr. nat.

3. -- Hantkenia armata Math. Rognacien. Environs de Rognac. Fac. Sc. Gr. naturelle.

4. -- Leptopoma Baylei Math sp. Rognacien. Environs de Rognac. Fac. Sc. Gr. naturelle.

5. -- Palœostrophia Matheroni. Vass. Montien. Les Pinchinades. Fac. Sc. Gr. naturelle.

6-7. -- Anostomopsis rotellaris Math. sp. Bégudien. Env. des Baux, vu sur les deux faces. Fac. Sc. Gr. naturelle.

8. -- Cyclophorus heliciformis Math. sp. Bégudien. Pont-de-Velaux. vu de côté. Fac. Sc. Gr. naturelle.

9. -- Cyclophorus heliciformis Math. sp. Bégudien. Pont-de-Velaux. Face inférieure. Fac. Sc. Gr. naturelle.

10. -- Cyclophorus Lunelii Math. sp. Rognacien. Rognac. Fac. Sc. Gr. naturelle.

11. -- Physa columnaris Desh. Sparnacien. Langesse. Fac. Sc. Gr. nat.

12. -- Pupa patula Math. Rognacien. Vallon du Duc. Fac. Sc. Gr. nat.

13. -- Physa prisca Noul. moulage. Thanétien. Cabriès. Fac. Sc. Gr. nat.

14. -- Physa Draparnaudi Math. Sparnacien. Ouest de Saint-Marc de l'Arc. Fac. Sc. Gr. naturelle.

15. -- Physa prisca Noulet. Thanétien. Vitrolles. Muséum. Gr. nat.

16. -- Hypselosaurus priscus (vertèbres). Rognacien inférieur. Coll. Math. Muséum. 1/2 gr. naturelle.

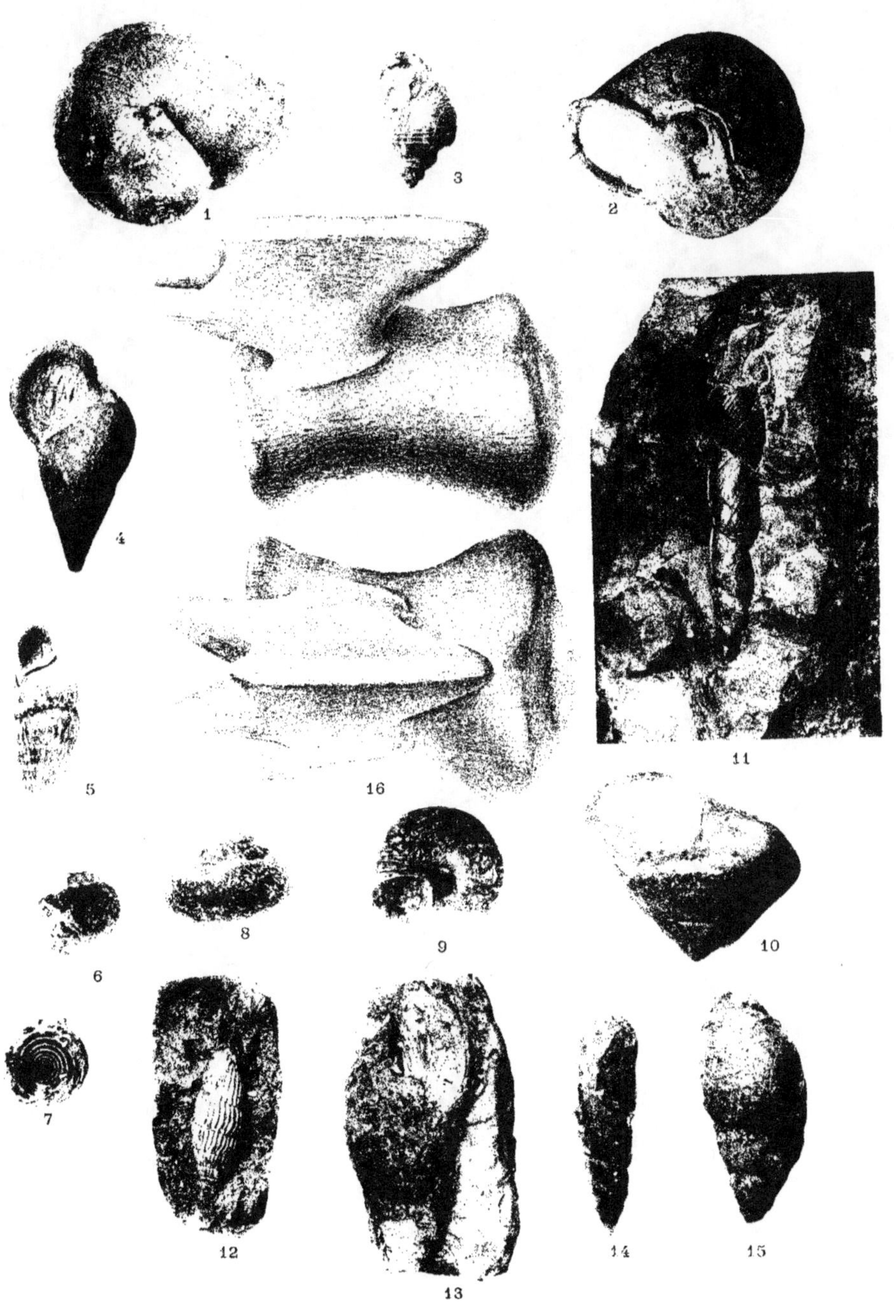

chroniques des calcaires à *Physa prisca* de Montolieu (Aude) et des sables de Bracheux et du calcaire de Rilly à *Physa gigantea* Michaud (1).

SPARNACIEN ET YPRÉSIEN. — Une nouvelle série d'assises calcaires séparées des précédentes par un banc d'argile rouge, et d'une épaisseur notable, n'a fourni que quelques fossiles. Ce sont des mollusques gastéropodes aux formes allongées limnées et physes rappelant celles du Sparnacien du bassin de Paris (Mont-Bernon)(2). *Limnœa* sp., *Physa Draparnaudi* Math., *Physa prœlonga*, Math. (aff. *Ph. columnaris* Desh.), associées à un petit planorbe *Planorbis subcingulatus* Math. et à des auricules plutôt rares. Cet ensemble repose sur le Thanétien et supporte en concordance le Lutétien, il n'y a pas trace de lacune, il semble donc certain qu'il représente le Sparnacien et l'Yprésien. En tous cas, les affinités de la faune de la partie inférieure sont incontestablement avec celle du Sparnacien du bassin parisien. La *Physa prœlonga* rappelle tout à fait *Physa columnaris* Desh. et le *Planorbis subcingulatus* est très voisin du *Pl. sparnacensis* Desh.

LUTÉTIEN. — Cet étage n'est représenté que dans le bassin d'Aix. Ce sont des calcaires compacts ou noduleux dont l'ensemble atteint une grande épaisseur et dont la région du Montaiguet offre le type le plus caractéristique.

On trouve parfois, à la base, une assise marneuse ou formée de poudingues et de conglomérats à gros éléments. On distingue dans le Montaiguet, d'après Vasseur, les horizons suivants :

*a)* Marnes ligniteuses avec restes de vertébrés (Pachynolophus, oiseaux, emydes, crocodiles, du château de Palette) (3) ;

*b)* Calcaires bruns ou gris de la vallée de l'Arc (calcaires de Palette), renfermant de nombreux mollusques : *Bulimus Hopei* Marc. de Serres, *Limnœa aquensis* Math. var., *Planorbis pseudo-rotundatus* Math. var. (4), *Rillya, Clausilia, Helix*, etc. ;

(1) Voir Matheron. *Bull. Soc. Géol. de France*, 3ᵉ série, t. IV, p. 418, 1876. Crétacé lacustre du Midi de la France. — Voir aussi la bibliographie jusqu'à l'année 1885 dans Collot, *loc cit. ante*, 1880, et Roule, *Ann. Soc. Géol.*, t. XVIII, 1885.

(2) Depéret, *Bull. Soc. Géol. de France*, 3ᵉ série, t. XXII, p. 686, 1894. — Collot, *loc. cit.*, et Carte géologique à 1/80.000, feuille d'Aix.

(3) Les débris de mammifères signalés par Vasseur comme appartenant au genre pachynolophe ont été l'objet d'une étude spéciale de M. Depéret, professeur à la Faculté de Lyon. (B. S. G. Fr. (4), t. X, p. 558, 1910), qui a reconnu là un type nouveau auquel il a donné le nom de *Lophaspis Maurettei*.

(4) Depéret a assimilé cette espèce au *Pl. pseudo-ammonius* Voltz. *Bull. Soc. Géol.*, 3ᵉ série, t. XXII, p. 686, Vasseur pense qu'elle est différente. Depéret assimile aussi *Limnœa aquensis* à *L. Michelini* Desh.. Vasseur ne partage pas cette opinion.

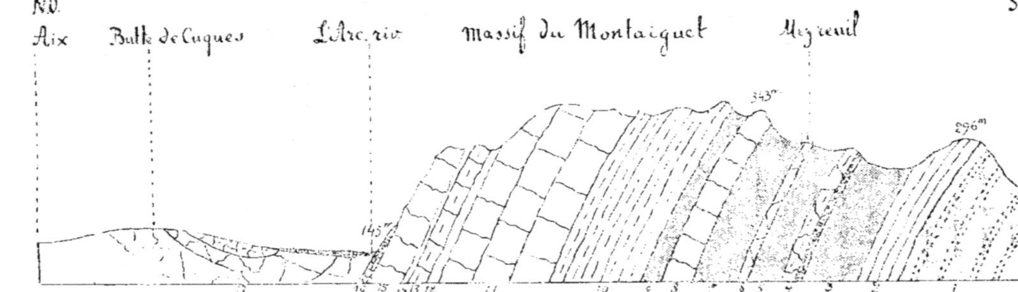


Fig. 3. — Coupe des Hauteurs de Rognac et de Réal-Tort.

1. Grès à reptiles. — 1ª Calcaire à *Bauxia Baylei* et vivipares de la station de Rognac. — 2. Calcaire de Rognac. — 3-5. Argiles rouges de Vitrolles. — 4. Marbre de Vitrolles et calcaire noduleux à la partie supérieure. — 6. Calcaire de Saint-Marc à *Physa prisca*. — 7. Argile rouge calcarifère. — 8. Calcaire supérieur de Saint-Marc noduleux et argileux (*Physa prisca*, limnées, etc.). — 9. Argile rouge. — 10. Calcaire de Langesse à *Physa Draparnaudi*. — 11. Marnes et poudingues. — 12. Calcaire à *Bulimus Hopei*, horizon de Palette. — 13. Calcaire de Saint-Pons (Eocène supérieur). — 14. Argile et poudingues des Milles. — 15. Alluvions. F. Faille.

*c)* Calcaires souvent marneux et blanchâtres à *Physa Bressoni*, G. Vasseur ;

*d) Calcaires à Planorbis pseudo-rotundatus* Math. et *Limnœa aquensis* Math. ;

*e)* Calcaires noduleux à *Strophostoma lapicida* Levfroy, *Helix Marioni* Math., *Dactylius subcylindricus* Math., *Limnœa aquensis* Math., etc., des bords de l'Arc. Les calcaires à *Bulimus Hopei* et *Planorbis pseudo-rotundatus* peuvent être assimilés au calcaire grossier inférieur et moyen du Bassin de Paris et au calcaire de Ventenac, qui se montre dans l'Aude au-dessus du Nummulitique.

Cette assimilation a été indiquée par Matheron (1) dès 1862. Mais il a confondu, dans sa publication, les assises de Rognac et de la Bégude avec les calcaires à *Physa prisca* de Montolieu et le calcaire de Rilly. Il a d'ailleurs, plus tard, rectifié lui-même cette erreur.

Quant au Lutétien supérieur, il est représenté, dans la région d'Aix, par les calcaires de la butte de Cuques, caractérisés par *Planorbis pseudo-ammonius* Voltz., *Achatina Marioni* Math., *Strophostoma Golfieri* G. Vass. (2), *Limnœa Michelini* Desh., *Dactylius subcylindricus*, Math. sp.

Ces calcaires ont été assimilés par Matheron au calcaire grossier supérieur du Bassin de Paris (3).

Le Bartonien n'existe pas dans la région considérée. D'après Collot, les calcaires à *Planorbis crassus* M. de Serres et *Limnœa pyramidalis* Bard., qui affleurent à Saint-Pons dans les environs de Roquefavour, appartiendraient à l'étage bartonien et formeraient le dernier terme de la série concordante des assises calcaires précédemment étudiées. Contrairement à cette opinion, Vasseur a montré que le calcaire de Saint-Pons repose en discordance sur les calcaires de Saint-Marc et de Langesse et qu'il s'étend au pied d'un escarpement formé par la tranche des calcaires à *Bulimus Hopei*.

D'après Vasseur, la coupe remarquable que l'on peut relever à Saint-Pons montre donc qu'il existe dans le bassin d'Aix une importante lacune de sédimentation correspondant à la période bartonienne et que les calcaires de l'Eocène moyen ont été, en certains points, enlevés par les phénomènes d'érosion avant le dépôt du calcaire de Saint-Pons.

---

(1) *Société d'émulation de la Provence*, t. I, 1862, et *Bull. Soc. Géol.*, 2ᵉ série, t. XX, pp. 16 et 17.

(2) Ce strophostome est caréné très voisin de celui que Deshayes a écrit sous le nom de *Str. striatum*, et que Sandberger a représenté dans son mémoire *Land und Susswasser-conchylien*, p. 234.

(3) *Bull. Soc. Géol.*, 1868, 2ᵉ série, t. XXV, p. 776. Réunion de Marseille, 1864.

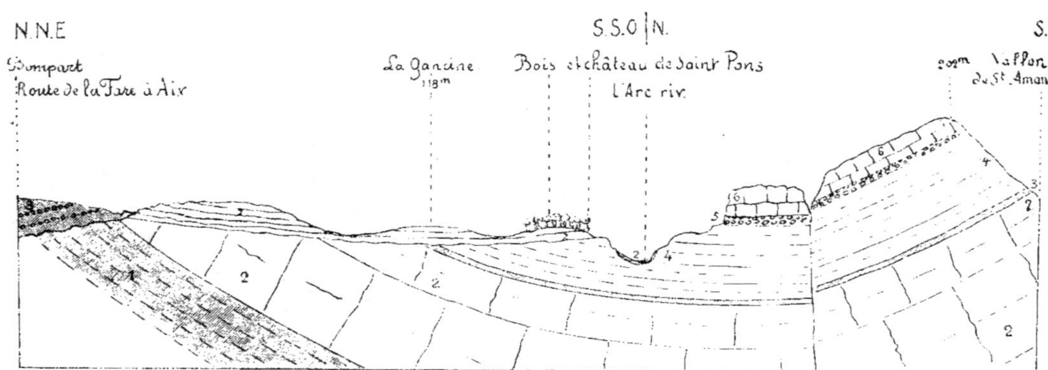



Fig. 4. — Coupe de la vallée de l'Arc a Saint-Pons, près Roquefavour.

1. Couches de Vitrolles (Montien). — 2. Calcaire de Saint-Marc à *Physa prisca*. — 3. Argile rouge. — 4. Calcaire de Langesse à *Physa Draparnaudi*, etc. — 5. Poudingue. — 6. Calcaire à *Bulimus Hopei*. — 7. Calcaire de Saint-Pons (Éocène supérieur). — 8. Argile et conglomérats des Milles (Oligocène inférieur). — 9. Alluvions. — F. Faille.

Luden. — L'Eocène supérieur est très réduit, n'affleurant que dans les environs de Luynes et de Saint-Pons. Cet étage est formé de calcaires blancs lités souvent marneux renfermant *Planorbis crassus* M. de Serres, *Limnœa pyramidalis,* des Melania, des potamides, des Helix. Les données paléontologiques, ainsi que les relations stratigraphiques permettent d'atttribuer ce calcaire à l'Eocène supérieur. Il est assimilable par sa faune au Calcaire du Mas Sainte-Puelles qui, dans l'Aude, représente le niveau le plus élevé de l'Eocène supérieur.

*Affleurements éocènes.* — Bassin d'Aix. — Petit Bassin de Rians, environs d'Orgon et d'Eygalières.

Matheron, le premier, a donné une coupe des assises éocènes du bassin d'Aix. M. Collot rappelle, en rectifiant certaines parties, cette coupe qui permet déjà des assimilations avec le Tertiaire des environs de Montpellier.

Les calcaires thanétiens à *Physa prisca* affleurent largement dans la parti occidentale du bassin d'Aix où ils forment les plateaux de Réaltor et les escarpements pittoresques de Roquefavour. Collot les avait attribués à l'Eocène moyen et à l'Yprésien (e, — e,..), dans cette région. Mais, d'autre part, cet auteur les avait attribués, en les réunissant aux Argiles rouges de Vitrolles, à l'Eocène inférieur dans la région du Tholonet, de Meyreuil et de Valabre. Nous ne pouvons aujourd'hui admettre cette réunion. Vasseur a montré qu'entre le calcaire de Rognac et les couches à *Physa prisca,* les argiles de Vitrolles devaient être classées dans le Montien. Près de la Galante et à Saint-Marc-de-l'Arc, le calcaire thanétien est encore très développé, mais il disparaît dans les hauteurs du Cengle en coin dans les argiles rouges au Sud-Est de Beaurecueil et vers le Nord-Est dans les environs de la ferme du Bouquet, près Saint-Antonin (1).

Dans ces parties, les argiles rouges de Vitrolles se confondent avec celles de l'Eocène sans interposition calcaire. Aux environs de Beaurecueil, Vasseur a recueilli, dans le calcaire de Saint-Marc de grandes megaspires rappelant *Megaspira exarata* Desh. de Rilly. Il existe aux environs d'Arbois et de Réaltor un horizon supérieur argilo-calcaire et *noduleux,* dont la faune offre l'association de *Physa prisca* avec des *Megalomastoma* et des limnées de petite taille caractérisées par des constrictions très accusées. Dans la partie orientale du bassin, ces couches noduleuses sont remplacées par une argile rouge dont l'affleure-

(1) Collot. *Description géol. des environs d'Aix,* p. 94.

ment se dessine en une zone étroite de cultures limitée par les bois qui s'étendent sur les calcaires inférieurs et supérieurs.

Les calcaires de Langesse superposés à cette argile sont généralement gris en compacts avec intercalation de bancs noduleux (Réal-Tort, Cabriès). Leur affleurement dans le Cengle est assez limité. Il n'existe que dans la partie N.-O. Il se rencontre au même niveau avec les mêmes caractères couronnant la colline à l'Ouest de Beaurecueil (côte 359). Il se perd rapidement au Nord, mais au S.-O. il se poursuit avec une épaisseur croissante plongeant comme les autres couches vers le N.-O. Il forme les escarpements du défilé de Saint-Marc à Langesse. Ce sont ces calcaires que Matheron a désignés, dans sa coupe, sous le nom de couches de Langesse. On y trouve des mollusques aux formes remarquablement allongées columnaires *Physa Draparnaudi* Math., etc., que nous avons citées antérieurement.

Dans les environs de Saint-Pons, les couches de Langesse sont séparées des calcaires du Montaiguet par une assise peu épaisse de marnes et d'argiles accompagnées de poudingues et conglomérats à gros éléments. Dans le Cengle, ces éléments détritiques, argiles rouges avec grès grossiers et poudingues se montrent entre la grande barre calcaire qui appartient à l'assise de Langesse et les calcaires supérieurs caractérisés par le *Planorbis pseudo-rotundatus* de l'Eocène moyen. Les éléments de ce poudingue proviennnent des roches jurassiques et crétacées de la région associées à des cailloux roulés, provenant des Maures, quartzites, quartz, grès permiens et triasiques. Mais dans le reste du bassin souvent cette assise manque et les calcaires du Montaiguet reposent directement sur les couches de l'étage de Langesse. La limite est alors très difficile à fixer. Aux abords de la vallée de l'Arc, le facies de la base des calcaires du Montaiguet se modifie. Les couches deviennent plus ou moins brunâtres et très fossilifères, même un peu ligniteuses avec restes de mammifères. Leur âge lutétien n'est pas douteux. Dans des bancs calcaires brunâtres au-dessus de cette couche, Vasseur a signalé pour la première fois des bithinies et des entomostracés (Cypris). Le *Bulimus Hopei* apparaît dix mètres environ au-dessus des Vertébrés de cette couche, dite couche de Palette.

BASSIN DE RIANS. — L'Eocène inférieur seul paraît représenté dans les environs de Rians. Ce sont des calcaires compacts blancs ou gris représentés près de La Lauvière et associés à des marnes rouges ou à des poudingues ou des brèches. Collot (1) indique au-dessus des calcaires rognaciens à *Bauxia Baylei* Math. sp., *Paludina Beaumonti* Math.

(1) B. S. G. F. (3), t. V, p. 148.

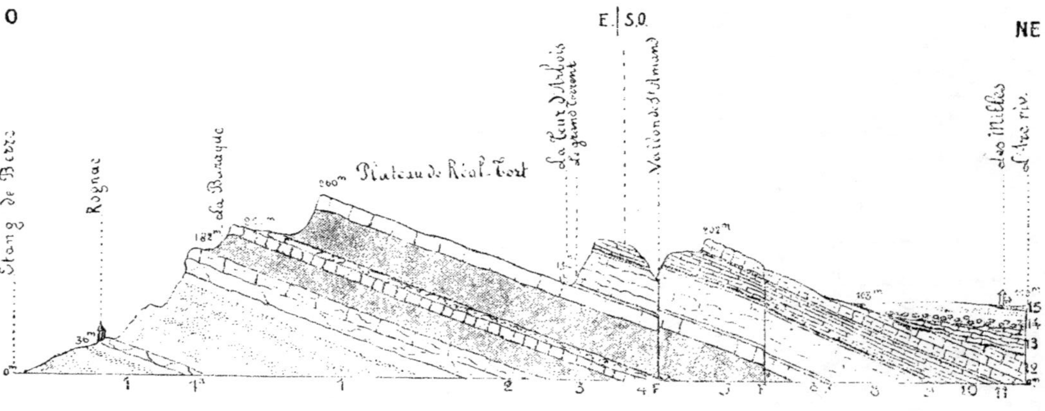


Fig. 5. — Coupe des Hauteurs de Rognac et de Réal-Tort.

1. Grès à reptiles. — 1ª Calcaire à *Bauxia Baylei* et Vivipares de la station de Rognac. — 2. Calcaire de Rognac. — 3-5. Argiles rouges de Vitrolles. — 4. Marbre de Vitrolles et calcaire noduleux à la partie supérieure. — 6. Calcaire de Saint-Marc à *Physa prisca*. — 7. Argile rouge calcarifère. — 8. Calcaire supérieur de Saint-Marc, noduleux et argileux (*Physa prisca, limnées*, etc.). — 9. Argile rouge. — 10. Calcaire de Langesse à *Physa Draparnaudi*. — 11. Marnes et poudingues. — 12. Calcaire à *Bulimus Hopei* (Horizon de Palette). — 13. Calcaire de Saint-Pons (Eocène supérieur). — 14. Argile et poudingue des Milles. — 15. Alluvions. — F. Failles.

Longueur, 1/80.000 ; Hauteur, 1/8.000

# PLANCHE XI

Figure 1. -  Fragment de carapace de lepidostée. Fuvélien. Valdonne. Fac. Sc. Gr. nat.

» 2. — Crocodilus affuvelensis. Fragment de mandibule. Valdonne. Musée Longchamp. 8/10ᵉ gr. naturelle.

» 3. — Moitié d'œuf pbt. Hypselosaurus priscus Math. Rognac, vue de face. Musée Longchamp. 1/2 gr. naturelle.

» 4. — La même, vue de côté.

» 5. — Autre moitié.

» 6. — Fragment d'œuf, vu de dessus.

» 7. — Face inférieure.

sp., *Pupa antiqua* Math., les marnes rouges et brèches fleuries de la Plaine de Rians, le calcaire du quartier de Mira et des Toulons au N.-O. de Rians, la marne rouge de Pigoudet et enfin le calcaire du mamelon qui domine les Toulons à l'Est. Il assimile les formations qui surmontent le Rognacien aux assises de Vitrolles, de Saint-Marc, de Langesse et même de la base du Montaiguet, mais ne signale aucun fossile. Il est vraisemblable qu'elles représentent le Montien et l'Eocène inférieur.

Environs d'Orgon et d'Eygalières. — Depéret a fait connaître en 1890 l'Eocène de la région d'Orgon et d'Eygalières et il en a donné une

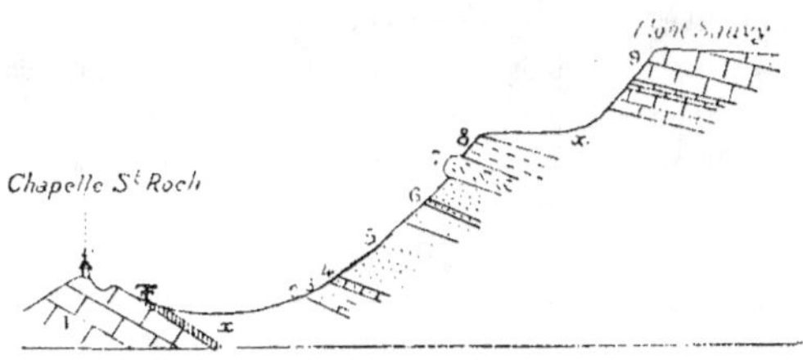


Fig. 6. — Coupe de l'Eocène a Orgon.

*Danien.* 1, calcaire de Rognac ; 2, calcaire bréchiforme rosé ; 3, marnes rosées ; 4, marne à nodules calcaires avec fossiles de Rognac. — *Eocène.* 5, Sables bigarrés, rouges et blancs, siliceux et feldspathique ; 6, Sables gris mouchetés de rose et de vert ; 7, banc de grès quartzite blanc siliceux à petits grains roses avec bandes irrégulières de silex blonds ; 8, argiles bigarrées roses et blanches ; 9, barre de calcaire compact blanc à rognons de silex (15-20$^m$) = calcaires à *Bulimus Hopei* ; x, parties invisibles.

coupe (1). Le faciès marneux ou calcaire de l'Eocène inférieur fait place au faciès détritique des *Sables et argiles bigarrés*, tandis que l'Eocène moyen conserve des caractères fort semblables à celui des environs d'Aix. On trouve d'abord à la base un banc épais de calcaire portant la chapelle de Saint-Roch et dont la partie supérieure plus marneuse contient de nombreux fossiles de l'étage de Rognac. *Lychnus Matheroni, Bauxia Baylei, Cyclophorus heliciformis, Vivipara Beaumonti*, etc. Après avoir traversé une plaine où les observations sont difficiles, mais assurément marneuse, on retrouve, aux pieds du monticule dit Mont-Sauvy, un calcaire bréchiforme à pâte fine, rosé, ensuite des marnes rouges et blanches passant à un banc de marne grise à nodules calcaires, passant même à un calcaire compact où l'on retrouve *Bauxia Baylei*. Au-dessus, et en stratification concordante, viennent des sables marbrés de rouge un

(1) *Bull. Serv. Carte Géologique de France*, n° 16 et *B. S. G. F.* (3), t. XXII, 1894, p. 691.

13

peu feldspathiques contenant des grumeaux de calcaire blanc compact et zonés de bandes grises et jaunes vers le haut (10-12mètres). Plus haut viennent des grès blancs ou grisâtres marbrés de rose ou de vert dont un banc se consolide en un grès grumeleux (6 à 8 mètres). Sur ces grès reposent d'autres grès blancs, siliceux, compacts, piquetés de grains roses d'aspect caractéristique et qui se retrouvent sous cette apparence dans toute la vallée du Rhône. A ces grès succèdent des argiles sèches très kaoliniques d'abord, blanches, ensuite marbrées de rose, ce sont des *argiles bigarrées* semblables aux terres réfractaires du Comtat et du Dauphiné. Un petit plateau, couvert d'éboulis qui masquent les affleurements, sépare ces argiles de calcaires blancs avec intercalation de bandes et de rognons de silex blonds, de 15 à 20 mètres d'épaisseur.

Vers le milieu, les bancs sont plus minces, formant calcaires en plaquettes. Les bancs supérieurs sont massifs et ce calcaire est criblé de cavités vacuolaires donnant un aspect ruiniforme. Ces calcaires du Mont-Sauvy ne contiennent pas de fossiles. Mais, sur leur prolongement direct, vers le S.-O. d'Eygalières, le géologue local Provansal a découvert un beau gisement de *Bulimus Hopei* ; les assises sont donc attribuables à l'*horizon du Montaiguet*, c'est-à-dire au Lutétien. Les couches comprises entre le Rognacien à *Bauxia* et l'Eocène moyen à *Bulimus Hopei*, toutes concordantes, doivent donc être parallélisées avec celles qui, dans le bassin d'Aix ont été considérées comme appartenant au Montien et aux étages inférieurs de l'Eocène *calcaires de Saint-Marc* et *calcaires de Langesse*. Il n'est pas possible de préciser, faute de fossiles. Mais on peut admettre que les alternances de calcaires zonés, grisâtres ou rosés et les marnes avec silex blancs représentent les deux niveaux à *Physa prisca* et *Physa Drapainaudi*, du bassin d'Aix. Dans les calcaires lutétiens, M. de Brun (1) signale indépendamment de *Bulimus Hopei* abondant, *Planorbis pseudo-ammonius* Schloth., *Limnœa Michelini* Desh., *Helix Eygalierensis* Roman, *Rillya Matheroni* Roman, *Rillya aff. Rillyensis* Roman, *Dactylius subcylindricus* Math. Ces fossiles très rares ont été trouvés dans une carrière ouverte pour l'empierrement des routes, près du Moulin de Marc sous le Mas de Magnan, sur le bord de la route allant de la Chapelle Saint-Sixte à la gare d'Eygalières. Au-dessus viennent d'autres calcaires plus blancs, moins durs et des marnes rosées. Enfin, d'autres de même teinte avec gros bancs de silex constituent le dernier terme, lutétien supérieur d'après M. de Brun.

Les découvertes, faites par MM. de Brun et Chatelet, de nouveaux gisements de mollusques dans les calcaires lacustres et continentaux au pied des Alpines ont permis d'attribuer certaines assises considérées

(1) *Bull. Serv. Carte Géol.*, n° 146, t. XXVI, 1921-22.

comme lutétiennes au Bartonien (1). Ce sont les calcaires marneux que l'on observe sur le vieux chemin quittant la route nationale n° 7 près de la station de Saint-Didier et aboutissant à la route nationale n° 7 près de la pierre plantée. Ce chemin au pont où il traverse le canal des Alpines entame les calcaires à faune terrestre qui renferment *Dactylius Gennevauxi* Roman, *Strophostoma præglobosum* Roman, *Ischurostoma minuta* Noulet sp. Les deux espèces citées se retrouvent à Saint-Mamert dans une position stratigraphique très nette. Toutefois le *Dactylius* se rapproche plus du *Dactylius subcylindricus* Math. du Lutétien que du *D. robiacensis* Roman, de Saint-Mamert, M. Roman trouve là une raison pour rattacher cette faune à l'extrême base du Bartonien.

Le gisement de la gare du Plan d'Orgon se rattacherait aussi au Bartonien et non à l'Infra-Tongrien, comme pensait Pellat(2).

**SYSTEME OLIGOCENE**. — L'Oligocène est représenté principalement dans deux régions du département, le bassin de l'Huveaune et la région de l'Arc, des collines d'Eguilles et de la Trevaresse. Nous le diviserons, avec Vasseur et d'autres géologues français, en trois étages, comme l'indique le tableau suivant :

$$\text{Oligocène} \begin{cases} \text{Aquitanien.} \\ \text{Rupélien (Stampien).} \\ \text{Lattorfien (Sannoisien).} \end{cases}$$

*Sannoisien.* — Cet étage est représenté par une formation calcaire associée parfois avec des argiles lignitifères et des gypses que Matheron et les géologues de son époque appelaient les calcaires marneux littoraux. D'après Depéret (3), cette formation comprend à la base des argiles noirâtres lignitifères avec *Nystia, Duchastelli* Nyst. sp. Var., *Crassilabrum* Math. *Vivipara soricinensis* Noul., etc. Au-dessus vient un calcaire lacustre blanc souvent en minces plaquettes avec la *Nystia Duchasteli*, des potamides, des fossiles d'eau douce et terrestres, des végétaux, etc., etc.

*Rupélien-Stampien.* — Cet étage est constitué par des assises argilocailloutteuses rouges jaunâtres ou grisâtres de composition assez variable suivant les points et suivant l'importance des formations détritiques grossières.

(1) Roman. *Bull. Soc. Géol. de France*, 4ᵉ série, t. XXIII, pp. 113 à 122, 1923.
(2) *Bull. Soc. Géol. de France* (3), XXVIII. p. 1000.
(3) *Bull. Serv. Carte de France*, n° 5, septembre 1889. Notes stratigraphiques sur le bassin de Marseille.

M. Depéret y signale à Saint-Henri *Anthracotherium Cuviéri* Pomel, *A. hippoïdeum Rutim* (?) *Brachyodus (Hyopotamus) Borbonicus Gerv.*, etc. Depuis la publication de la note de Depéret, on a pu préciser que les types les plus caractéristiques étaient *Acerotherium Filholi* Osborn, *Acerotherium Albigense*, Roman.

Cette formation fournit à Saint-Henri une série de couches d'argile rouge pure en bancs épais et réguliers exploitées en grand comme argile à poterie, ou à briques. On retrouve dans le bassin d'Aix ces mêmes couches argileuses renfermant aux Milles, une faune identique et qui sont également exploitées comme terre à briques. L'étage se complète par les calcaires connus sous le nom de calcaires à Potamides de la Montée d'Avignon, surmontés par les calcaires marneux, en plaquettes, célèbres par l'abondance et la belle conservation des fossiles, mollusques, insectes, arachnides, poissons, empreintes végétales, etc. Vasseur a désigné sous le nom de série calcareo-gypseuse d'Aix cet ensemble auquel il ajoutait, au sommet, les sables des Figons. On peut se demander s'il ne s'agit pas déjà de l'Aquitanien inférieur (Chattien, Haug).

*Aquitanien.* — Nous rangeons au niveau de l'Aquitanien inférieur (Chattien in Haug) (1), les argiles jaunâtres et les poudingues de Marseille, d'une part, dans la vallée de l'Huveaune, et les calcaires d'Eguilles, d'autre part, dans les environs d'Aix et de La Trevaresse. Peut-être faudrait-il y ajouter, à la base, la série calcareo-gypseuse d'Aix, qui présente déjà une zone inférieure à *Helix Ramondi* aux Mourgues, comme nous le disions précédemment. Les argiles de Marseille, plus sableuses, plus grossières, et alternant avec des bancs de gros galets de plus en plus fréquents, renferment peu de fossiles. On n'y a signalé, comme fossiles caractéristiques, que *Helix Ramondi* Brongn., *Helix Massiliensis* Math., *Cyclostoma hemiglyptum* Font., des Potamides, et, dans un lit saumâtre, *Psammobia Massiliensis* Dep., etc.

Les calcaires d'Eguilles ont fourni *Hydrobia Dubuissoni* Bouill., *Potamides Lamarcki* Brongn., *Pot. submargaritaceus*, *Pot. plicatus* Brug., *Helix Ramondi* Brongn.

Enfin, nous rangeons aussi dans l'Aquitanien inférieur les sables rougeâtres avec *Helix Ramondi* du Rouet de Carry, et dans l'Aquitanien moyen et supérieur les formations marines de la côte de Carry que nous décrirons dans les pages suivantes.

*Affleurements oligocènes.* — Environs de Carry, Bassin de Marseille, Bassin de Saint-Pierre, Région d'Aix et de la Trevaresse (Eguille, Saint-Cannat, Beaulieu, Venelles).

(1) *Traité de Géologie*, t. II, fasc. 4, pp. 1544 et suiv.

Environs de Carry (1). La Côte de la Basse Provence comprise
entre Gignac et le Cap Couronne présente une belle série de couches tertiaires allant de l'Aquitanien à l'Helvétien. Les travaux de Matheron,
de Fontannes, de Depéret ainsi que ceux de d'Orbigny, Hœrnes, Ch. Mayer,
Gourret ont fait connaître les particularités paléontologiques et stratigraphiques les plus importantes que les recherches plus récentes de J. Cottreau ont permis de préciser jusque dans le détail (1). Nous étudierons
d'abord la partie oligocène.

I. *Aquitanien inférieur.* — On rencontre en allant de l'Est à l'Ouest,
d'abord des conglomérats rougeatres, associés à des grès et à des argiles rouges reposant transgressivement sur les divers étages du Crétacé,
tantôt sur les marnes et les calcaires sénoniens, comme à Gignac, tantôt

Fig. 7.

sur les marnes aptiennes comme dans l'anse du Rouet, ou sur les calcaires urgoniens. A la partie supérieure de la formation se montrent,
comme au Cap de Faves et à la pointe de la Vierge, Est du Rouet, des
grès jaunâtres formant passage aux couches gréso-sableuses et dans lesquels on commence à trouver des fossiles marins.

Les conglomérats ne présentent que quelques moules d'Helix et de
cyclostomes. Les Helix paraissent se rapporter au type *H. Ramondi.* Ces
conglomérats correspondraient donc à la partie supérieure des dépôts détritiques de Saint-Henri. Les fossiles trouvés dans les grès sont *Ostrea
plicatula,* L., *Ostrea hyotis* Lam., *Pecten Justianus* Font., et quelques
polypiers et bryozoaires. Ils ne permettent pas de précisions, mais l'analogie de facies et la présence des Helix justifient l'assimilation.

(1) F. Fontannes. *Etudes stratigraphiques et paléontologiques pour servir à l'Histoire de la période tertiaire dans le bassin du Rhône,* IX, X. — *Les Terrains tertiaires
marins de la côte de Provence.* Mémoire posthume rédigé et complété par le D' Ch.
Depéret, 2 vol. Lyon-Paris, 1889-1892.
(2) *B. S. G. F.* (4e), t. XII, p. 331, 1912.

Au-dessus s'observe une alternance de sables jaunes ou bleuâtres et de bancs marno-gréseux caractérisés par *Pleuronectia subpleuronectes* d'Orb. (15 mètres). L'épaisseur maxima atteint 15 mètres. Cette assise peut être étudiée en détail depuis le bord occidental de l'anse du Rouet jusqu'au sommet de la haute falaise du cap de Naute. Les conglomérats rouges forment tout l'escarpement qui domine l'anse à l'Ouest. A partir du deuxième petit ravin qui descend vers la mer, on voit affleurer les GRÈS ET MARNES A P. SUBPLEURONECTES. Ce sont d'abord des sables alternant avec des grès roussâtres qui renferment des fragments de *P. subpleuronectes*, des débris d'huîtres et des empreintes de *Potamides Margaritaceus*, puis viennent des sables jaunes, puis bleus à *P. subpleuronectes* alternant avec des bancs de grès roux carriés, formant saillie. Un banc marno-gréseux plus grossier, avec cailloux roulés et renfermant des polypiers, peut servir de limite à la zone à *P. subpleuronectes* et la sépare des marnes jaunâtres à Cyrènes et Potamides qui la recouvrent.

Vers le fond du vallon de Carry, le long de l'ancienne route du Rouet, on retrouve l'assise à *P. subpleuronectes*, et à polypiers relevée vers la falaise urgonienne et constituée presque uniquement par des bancs calcareo-marneux remplis de polypiers et d'Echinides .

Au-dessus de cette assise on rencontre, en se dirigeant vers l'Ouest, d'abord une nouvelle série de sables gris bleuâtre, plus argileux, passant même vers le haut, à de véritables marnes. Cette assise est très fossilifère. La faune a un caractère saumâtre et les genres spéciaux à ce facies abondent : *Potamides, Cyrena, Corbula, Mytilus*. Ces genres vont en augmentant de la base au sommet de l'assise, en même temps que le facies devient de plus en plus marneux.

L'ensemble forme les COUCHES SAUMATRES A POT. PLICATUS, CYRENES et CORBULES Ces conditions ont permis la division en trois zones :

1° Zone à *Corbula retrosulcata* et fossiles à test blanc. Cette zone, formée de sables argileux et de grès, repose sur le banc noduleux à polypiers de l'assise précédente. On l'observe sur le flanc oriental de l'anse de Rousset. Le même niveau de fossiles à test blanc affleure sur le flanc Est du vallon de Carry, le long de l'ancienne route du Rouet.

2° Grès à *Potamides plicatus* et *P. margaritaceus*. — Cette couche remarquable n'a que 0 m. 40 d'épaisseur. Ce sont des bancs compacts grisâtres remarquables par leur richesse en potamides qui affleurent sur les deux côtés de l'anse de Rousset. Les fossiles, qui ailleurs sont à l'état de moules, se trouvent là bien conservés.

3° Marnes gréseuses à Cyrènes et Potamides. — Au-dessus de la couche à nombreux potamides s'observe une série de couches gréso-marneuses. Les grès sont remplis de moules et d'empreintes de potamides, tandis que les marnes abondent en lamellibranches et principalement des huîtres.

Cette faune a un caractère nettement aquitanien.

*Aquitanien supérieur*. — Au-dessus des derniers bancs à Cyrènes, le faciès et la nature des dépôts se modifient et la faune est plus franchement marine. Ce sont des bancs de mollasse calcareo-siliceuse dure, de couleur ferrugineuse ou rougeâtre avec alternance de lits de sables gréseux jaunes ou de bancs marneux d'une couleur gris-bleuâtre. Cette assise apparaît sur les sommets des caps de Naute et de Barqueroute où elle n'est encore représentée que par ses bancs inférieurs. Mais elle se développe à partir du bord occidental de l'anse de Rousset pour constituer les falaises presque entières du cap Rousset et de la pointe de Carry qui enferment le port de Carry. Plus à l'Ouest, les couches supérieures rougeâtres ne tardent pas à disparaître vers l'anse de la Tuilière sous les premiers bancs burdigaliens. L'assise a au minimum 25 mètres d'épaisseur et on peut, grâce à sa constance et aux variations de la faune, la diviser en zones d'une valeur locale. On distingue ainsi :

1° Banc compact ferrugineux à *Turritella quadriplicata* (1er niveau). Ce banc, de un mètre d'épaisseur repose sur des marnes à Cyrènes au-dessus desquelles il forme un entablement en surplomb d'où se détachent de gros blocs au pied des falaises de l'anse de Rousset.

2° Zone gréso-sableuse à Retepores. — Cette zone est représentée seulement par quelques bancs gréseux jaunâtres pétris de Bryozoaires que les agents atmosphériques mettent en saillie par érosion à la surface des bancs, sur les plateaux des caps de Naute et de Barqueroute. Mais plus à l'Ouest, vers l'anse de Rousset, cette zone acquiert une puissance d'une huitaine de mètres et se compose d'une série de bancs marno ou sablo-gréseux de couleur variant du bleu au jaune et au rose.

3° Banc compact calcareo-siliceux à Turritelles (2 niveau) et *Pyrula Lainei*. — Ce deuxième banc, de mollasse gréso-calcaire de 1 m. 50 à 2 mètres, diffère du banc inférieur par sa couleur plus claire et sa faune plus variée où *Turritella quadriplicata* n'est plus aussi prépondérante. Il se termine par un grès jaunâtre pétri de Bryozoaires (2° banc à Retepores).

4° Marnes bleues et jaunes avec fossiles à test blanc. — Une zone marneuse bleue à la base, plus sableuse et jaunâtre à la partie supérieure, repose sur l'entablement de la mollasse ferrugineuse et se montre sur le plateau du cap Rousset sous la forme de petites buttes côniques,

## PLANCHE XII

FɪɢᴜʀE 1. — Lophaspis Maurettei Dep. Lutétien inférieur. Palette. Fragment de mâch. supérieure. Fac. Sc. Gr. naturelle.

» 2. — Lophaspis Maurettei Dep. Lutétien inférieur. Palette. Mandibule inférieure droite. Gr. naturelle.

» 3. — Lophaspis Maurettei Dep. Lutétien inférieur. Mandibule, face supérieure.

» 4. — Strophostoma lapicida Leufroy. Lutétien moyen. Bords de l'Arc (Aix). Gr. naturelle.

» 5. — Bulimus Hopei M. de Serres. Lutétien. Calc. de Palette. Fac. Sc. Gr. naturelle.

» 6. — Limnea Michelini Desh. Lutétien supérieur. Butte de Cuques (Muséum Longchamp). Gr. naturelle.

» 7 et 8. — Dactylius subcylindricus Math. sp. Lutétien supérieur. Butte de Cuques. Fac. Sc. Gr. naturelle.

» 9 et 10. — Planorbis solidus Thomœ. Aquitanien. Environs de Venelles, vu sur les deux faces. Gr. naturelle.

» 11 et 12. — Planorbis solidus Thomœ. Aquitanien. Environs de Venelles. Autre exemplaire, vu sur les deux faces. Gr. naturelle.

» 13 et 14. — Planorbis pseudorotundatus Math. Lutétien moyen. Montaiguet. Fac. Sc. Gr. naturelle.

» 15. — Planorbis crassus M. de Serres. Ludien. Saint-Pons. Fac. Sc. Gr. naturelle.

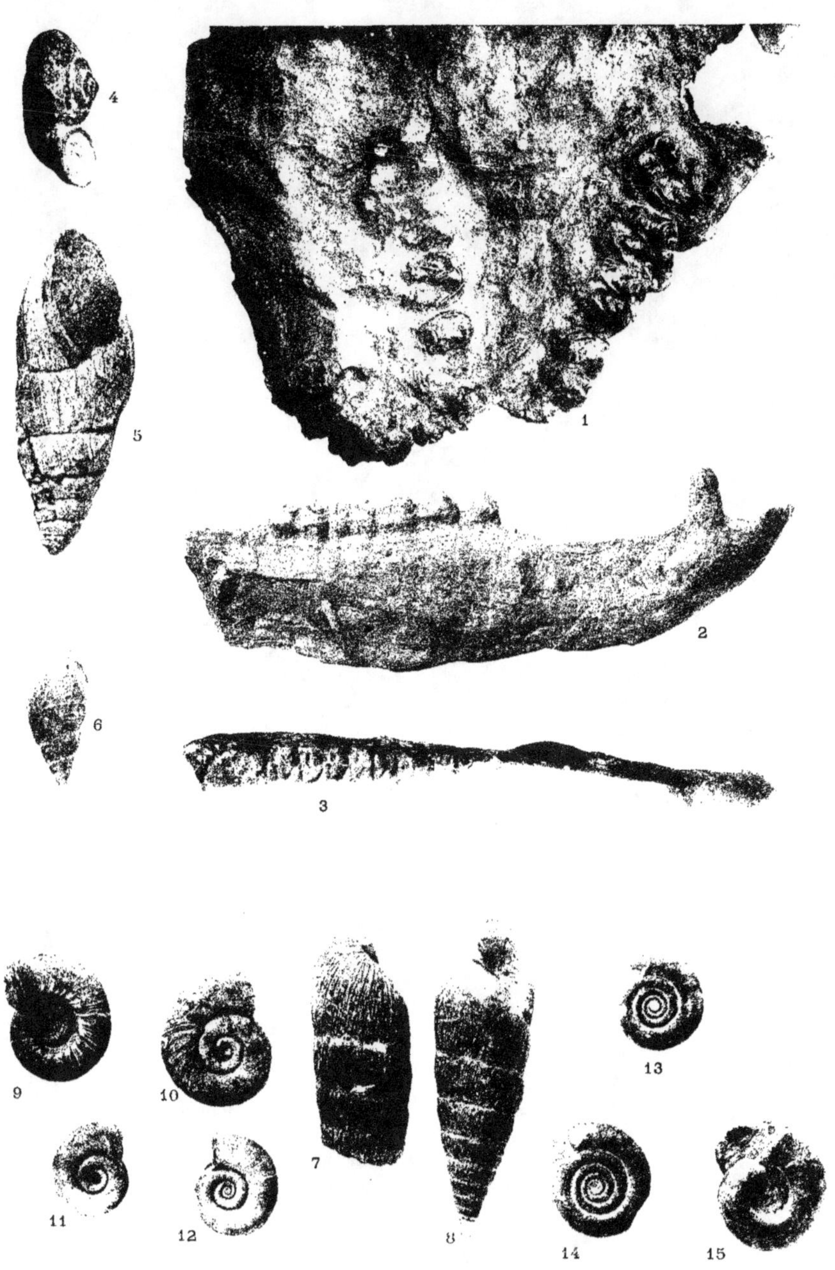

témoins épargnés par l'érosion. L'épaisseur de ces marnes, de 5 à 6 mètres au cap Rousset, est bien moindre sur les flancs de la falaise du parc de Carry.

5° *Grès sableux à Scutella paulensis* et mollasse rougeâtre à Polypiers. — Au-dessus des marnes bleues du cap Rousset viennent des bancs gréso-sableux jaunâtres à *Scutella paulensis* Ag., etc., couronnés par un nouveau banc de mollasse calcareo-siliceuse avec nombreuses turritelles, *Turritella turris* et *T. quadriplicata*. L'ensemble a 8 mètres d'épaisseur et supporte une nouvelle assise plus développée sur la falaise du parc de Carry où sa partie supérieure est composée d'une mollasse dure calcareo-siliceuse jaune et rougeâtre pétrie de polypiers qui devait

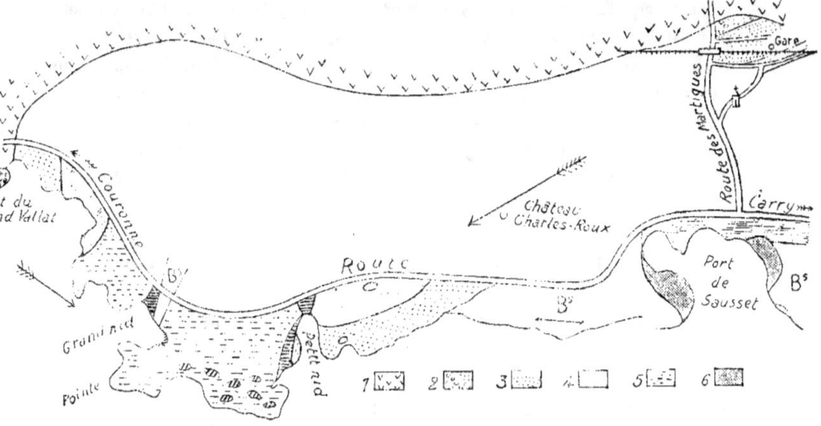


Fig. 8. — La Cote du Grand Vallat au Sausset. — Ech. : 1/20.000 env.

1, Calcaires urgoniens. — 2, Conglomérats rougeâtres à éléments de brèche attribués au Stampien. — 3, Aquitanien inférieur, couches sableuses à *Pleuronectia subpleuronectes* d'Orb., Scutelles, etc. — 4, Aquitanien moyen, couches marnogréseuses à Lépidocyclines, Echinides, etc. — 5, Aquitanien supérieur, couches gréseuses dites à Rétépores et mollasse rouge ou rosée à Lucines et Turritelles. — 6, Burdigalien, couches sableuses à *Amphiope elliptica* Desor et mollasse rose du Sausset. — B⁵, Burdigalien supérieur, poudingue à galets verdâtres à *Ostrea crassissima*. Le grisé indique les lacunes dans les observations. Les flèches indiquent le sens du prolongement des couches.

former en ce point un véritable récif de 10 à 12 mètres d'épaisseur. Les bancs supérieurs de cette mollasse, d'une teinte lie-de-vin, affleurent au niveau de la mer à la pointe de Carry et se poursuivent à ce niveau jusqu'aux anses dei Bano et de la Tuilière. Cette couche est intimement liée avec un beau banc calcareo-gréseux rose et jaune avec *Po. plicatus*

14

et *Lucina incrassata* surmonté lui-même par un banc brun jaunâtre à
faune variée qui termine l'assise à l'anse dei Bano et à la Tuilière.

En dehors de ce grand affleurement oligocène qui s'étend sur la côte
entre Gignac et la Tuilière et que nous venons de décrire, M. Cottreau
a montré qu'il existait un autre affleurement plus restreint apparaissant brusquement sous le Burdigalien supérieur sur la côte à l'Ouest de
Carry. Ce sont d'abord, à la partie supérieure, des couches sableuses à
*Ostrea hyotis* Lam. et Scutelles très fortement inclinées N. N. E.-E. S. W.,
par rapport au Burdigalien qui est au-dessus.

La série descendante depuis cette assise supérieure jusqu'au poudingue de la calanque du Grand Nid, et du côté Est de cette calanque
jusqu'à l'îlot du Grand Vallat, présente un parallélisme remarquable avec
la série aquitanienne du côté Rouet-Carry. On y trouve, de haut en bas,
la mollasse rouge à fossiles spathiques associée à des bancs gréseux avec
polypiers et rétépores à la partie supérieure correspondant à la mollasse
jaune et rouge de Barqueroute et de la Tuilière. Les couches saumâtres
font défaut, mais un ensemble de couches marno-gréseuses à *Parasalenia Fontannesi* et *Lépidocyclines* se rencontre entre le Grand Nid et
l'îlot du Grand Vallat ainsi qu'aux abords du Petit Nid, et cet ensemble
correspond bien aux couches gréso-marneuses à *Lépidocyclines* et *Parasalenia Fontannesi* Cott. de la crique de Barqueroute et de la tranchée
de la route à l'Ouest de Carry, entre le cap de Barre et les Pierres tombées.

Il y a dans les deux séries des assises correspondantes à *Pecten subpleuronectes*, et enfin les conglomérats rougeâtres inférieurs à l'îlot du
Grand Vallat et de la route de Sausset à Martigues correspondent aux
conglomérats du Rouet. J'ajoute que la carte géologique porte un affleurement sannoisien dans cette même anse du Grand Vallat, affleurement
que j'ai reporté sur la carte jointe à mon mémoire sur la Nerthe et que
j'ai vu ces mêmes calcaires sur la route de Sausset à Martigues (1).

Les dépôts oligocènes de Provence, à l'exception de ceux de Carry,
sont lagunaires ou d'eau douce. Ils forment des bassins assez indépen-
dants les uns des autres : Bassin de Marseille, Bassin de Saint-Pierre,
Bassin d'Aix.

Bassin de Marseille. — Ce bassin a été spécialement étudié par
Depéret (2). Il est limité, au Nord, par la chaîne de la Nerthe et de
l'Etoile et par le promontoire du massif d'Allauch, autour duquel sa
limite forme une courbe qui remonte ensuite vers le Nord-Est en suivant

(1) B. S. G. F. (3), t. XXVIII, p. 236.
(2) *Bull. Serv. Carte Géol. de Fr.*, n° 5, septembre 1889.

la vallée de l'Huveaune. Au Sud, ce sont les chaînons de Marseille-Veyre,
Carpiagne et les montagnes d'Aubagne qui bordent la dépression oligocène. A l'Est, les dépôts oligocènes viennent butter contre les assises
secondaires de l'extrémité occidentale de la Sainte-Baume. Nous ne
dirons rien de la formation de la dépression si ce n'est qu'elle est très
complexe et que nous traiterons cette question dans le chapitre sur la
Tectonique. La complexité du sous-sol du bassin est révélée par le bombement de Notre-Dame de la Garde et par l'îlot du Mont Redon.

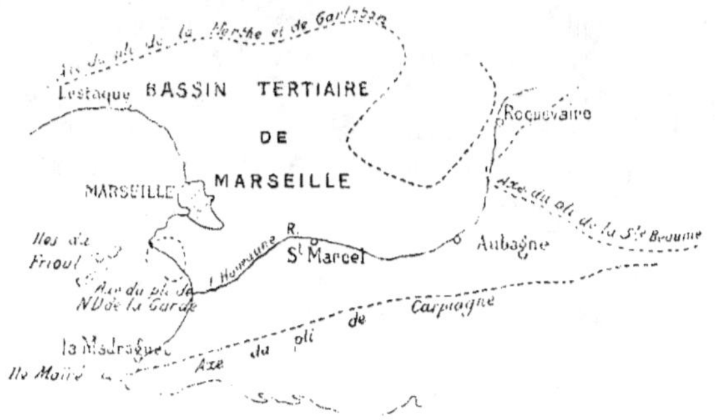


Fig. 9 — Schéma des plis anticlinaux limites
du bassin tertiaire de Marseille. — Éch. : 1/320.000.

En tous cas, les grands plissements et nappes sont assurément antérieurs aux dépôts des terrains oligocènes qui ont comblé la dépression
de la basse Huveaune ou bassin de Marseille. Ce bassin est assez nettement séparé des autres bassins oligocènes de la Provence, comme le
montre la différence qui existe au point de vue pétrographique et paléontologique entre les assises qui les constituent.

Cependant, l'activité orogénique ne s'est pas arrêtée complètement
après l'oligocène. Certains dépôts, et surtout les calcaires inférieurs, sont
parfois fortement redressés jusqu'à la verticale et même ont été parfois
étirés et plissés. Mais ces mouvements paraissent s'être bornés à des
affaissements suivis parfois de fractures, car ces calcaires inférieurs
plongent sur tout le pourtour vers le centre du bassin.

Les sédiments qui ont comblé la dépression sont tous d'origine lacustre, fluviatile ou continentale. L'étendue de cette lagune devait être plus
grande que ne le laisse supposer le tracé actuel de l'extension des dépôts.
Elle devait certainement s'étendre jusqu'à la haute vallée de l'Huveaune,
dans la région de Saint-Zacharie, peut-être au delà, et elle empiétait
notablement à l'Ouest sur le golfe de Marseille actuel. La côte, en effet,

est bordée, depuis l'Estaque jusqu'au Vieux-Port, par des falaises de terrain oligocène qui dominent la mer et qui attestent de l'ancienne extension de la lagune. En outre, on retrouve, comme nous l'avons vu, des dépôts oligocènes marins à Carry, et à leur base se montrent des conglomérats et des argiles rougeâtres comparables aux couches de Saint-Henri et de l'Estaque au Nord de Marseille. La liaison entre les eaux de la lagune et celles de la mer à Carry devait se faire insensiblement, car nous avons trouvé sur la côte de l'Estaque même, et à une grande hauteur sur les coteaux dolomitiques, des poches de calcaire aquitanien (1) tout à fait identique aux calcaires de Carry et avec des fossiles nettement marins, Trochus, Haliotis, Ostrea, Arca, Cardium, débris de scutelles, etc., associés à des formes lagunaires *Potamides margaritaceus* Broch., *Pot. submargaritaceus* Braun *var. rhodanicus* Font., etc., et même à quelques formes terrestres comme *Helix Ramondi*. Ainsi la mer empiétait sur les hauteurs de la Nerthe et communiquait certainement avec la lagune dans la région de l'Estaque. Une autre preuve de cette interpénétration nous est fournie par les fossiles marins associés à des espèces saumâtres et à des *Helix Ramondi* Brongn. *trouvés* au cap Janet, *Psammobia massiliensis* Dep., *Lucina ornata* Ag., *Corbula* sp., *Potamides submargaritaceus* Braun, *Cerithium bidentatum*, Defr.

La succession des assises est la suivante de haut en bas :

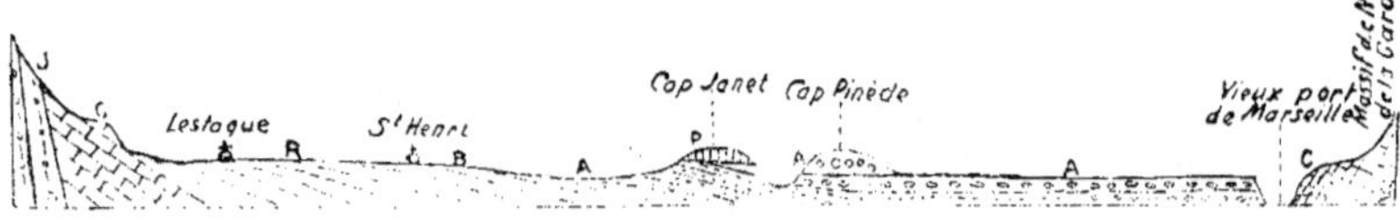


Fɪɢ. 10. — Coupe montrant la disposition des assises oligocènes du Bassin de Marseille, d'après Depéret.

A. Aquitanien. — B. Stampien. — C. Sannoisien. — U. Urgonien. — J. Jurassique. (Une faille non figurée sépare le Stampien du Sannoisien).

4. — Argiles jaunâtres de Marseille à *Helix Ramondi* Br., *H. massiliensis* Math., *Cyclostoma hemiglyptum* Font., et fossiles saumâtres cités précédemment.

3. — Argiles rouges de Saint-Henri, de l'Estaque, etc. Faune de mammifères. Cette faune, étudiée dans le chapitre Paléontologie, a dû être révisée depuis la note de Depéret. Le *Rhinoceros Minutus* de Cuvier y est cité par erreur. Il s'agit d'une espèce nouvelle décrite par Roman,

(1) *C. R. A. S.*, t. 164, p. 919, juin 1916.

*Acerotherium Albigense,* qui s'y trouve associée à une autre des plus caractéristiques, *Acerotherium Filholi.*

2. — Calcaire blanc, souvent en plaquettes, avec une faune lagunaire ou d'eau douce. *Potamides elegaus* Desh. var. *rhodanicus* Font. et autres *Nystia Duchasteli* Nyst. sp. *var. crassilabrum* Math., *Hydrobia Dubuissoni* Bouil. var. *aquisextana* Font., etc. Flore spéciale à Allauch et Saint-Jean-de-Garguier. C'est dans les calcaires de cet étage que s'intercalent les gypses de Saint-Jean-de-Garguier et des Camoins. Au-dessous se placent les poudingues d'Allauch, de La Treille, de Saint-Marcel, facies torrentiel de la base.

1. — Argiles lignitifères de Gémenos, *Nystia Duchasteli* var. *crassilabrum* Math., *Vivipara Soricinensis* Noul., etc.

Cette assise des argiles lignitifères ne se montre que dans le ravin des mines de lignite un peu au Nord de Gémenos. C'est le seul point où l'on a tenté une exploitation de lignites dans le bassin de Marseille. Cette mine était connue sous le nom de Mine de la Baume ou Mine de Gémenos. Elle a été abandonnée ainsi que des galeries de recherche creusées à travers les calcaires en plaquettes. La descenderie de La Baume a traversé les argiles à lignite sur 45 mètres sans atteindre le fond. Elle a rencontré une série d'argiles schistoïdes grisâtres ou charbonneuses avec quatre niveaux principaux de lignite impur.

BASSIN DE SAINT-PIERRE. — Matheron (1), qui, un des premiers en 1842, signala les dépôts lacustres de cette petite vallée, les avait attribués au même étage que le terrain à gypse d'Aix. Il avait été frappé par la présence du gypse qui était exploité vers la chapelle de Saint-Pierre. Il décrivit le *Cyclas pisum* des calcaires marneux qui existent près de la chapelle de Saint-Julien.

Fontannes (2) étudia cette formation autant que le permet l'isolement de ce grand affleurement par suite de l'absence de relations avec des formations connues, et, d'autre part, la pauvreté de la faune. Le bassin de Saint-Pierre est limité, au Nord et au Sud, par des collines constituées par du Crétacé inférieur, et s'allonge à l'Est et à l'Ouest sur une longueur de 10 kilomètres et une largeur de deux environ. Le gypse est à la partie supérieure, comme on peut le voir en relevant une coupe près des plâtrières. On trouve, du Sud au Nord, reposant sur l'Urgonien, des calcaires durs et des calcaires marneux schistoïdes, puis les couches

---

(1) Matheron. *Cat. méth. des corps organisés fossiles des Bouches-du-Rhône.*
(2) *Les Terrains tertiaires de la région delphino-provençale,* groupe d'Aix.

gypseuses exploitées. Les bancs sont assez inclinés et portent, en discordance complète, un lambeau miocène à peu près horizontal. Les calcaires atteignent, au Sud de Saint-Pierre, 60 mètres de puissance. Ils comprennent, de haut en bas, d'après Fontannes :

*e)* Calcaire feuilleté ;

*d)* Calcaire marneux friable à hydrobies et calcaire plus ou moins compact à Paludines ;

*c)* Calcaire à *Cyclas pisum* (vraisemblablement corbicule) ;

*b)* Calcaire plus ou moins feuilleté à petites hydrobies ;

*a)* Calcaire blond clair ou blanchâtre à *Cyclas pisum.*

Le gypse forme une lentille orientée dans le sens de la vallée. Un affleurement du même calcaire se trouve près des salines de Ponteau. La succession est la suivante :

*b)* Mollasse marine reposant en discordance presque horizontalemnt sur les calcaires lacustres très inclinés vers le Nord ;

*a)* Calcaire blanc à grain souvent très fin plus ou moins crayeux, quelquefois en plaquettes, avec des rognons de silex contenant des potamides, striatelles, corbicules, etc.

C. — Urgonien.

L'épaisseur du calcaire est de 30 mètres environ.

Les Potamides sont surtout abondants vers le tiers inférieur. Les Striatelles et les Corbicules dans la partie supérieure. Les Hydrobies un peu partout. Les fossiles sont presque partout à l'état d'empreintes. D'après Fontannes, ce sont les espèces suivantes :

| | |
|---|---|
| *Potamides Bernasensis.* | *Vivipara* cf. *Soricinensis* Noul. |
| *Striatella Ostrogallica.* | *Neritina cryptospiroides.* |
| *Limnœa acuminata* A. Brongn. | *Cyclas pisum* Math. |
| *Limnœa* var. *Euzetensis.* | *Planorbis* cf. *Cherlieri* Desh. |

Fontannes attribuait cette faunule à l'Eocène supérieur. Nous pensons qu'elle se rapporte plutôt au Sannoisien. L'analogie avec les couches des Camoins ou de Saint-Jean-de-Garguier est frappante.

Région d'Aix et de la Trévaresse. (Eguilles, Saint-Cannat, Beaulieu, Venelles). — Le bassin d'Aix a été étudié très sérieusement, et à diverses reprises, par Marcel de Serres, Lyell et Murchison, Coquand, Heer, Matheron, de Rouville, Saporta, Mayer-Eymar, Collot, Oustalet, etc. On trouvera dans Fontannes (1) un historique assez complet et un résumé

_______________

(1) *Les Terrains tertiaires de la région delphino-provençale du Bassin du Rhône,* groupe d'Aix, p. 112.

succinct de tous ces travaux. Nous nous bornerons ici à donner un résumé de la description stratigraphique de cet auteur et à exposer les modifications qui ont été apportées, au cours de ces dernières années, par les travaux de Vasseur et nos propres observations.

Les formations lacustres oligocènes occupent de grandes surfaces dans les plateaux de Saint-Cannat, d'Eguilles, de Venelles et Puyricard, masqués en partie, au Sud des hauteurs culminantes dites chaîne de La Trévaresse, par les formations miocènes. Vers la dépression de la Durance, comme vers la dépression de l'Arc, les bords du grand plateau montrent la série des couches en superposition normale. Mais les faciès des divers horizons ne sont pas identiques. Fontannes a donc examiné successivement les coupes du bord méridional puis celles du versant Nord.

1° *Environs d'Aix.* — La coupe classique est celle de la montée d'Avignon, passant par les plâtrières.

Les marnes rouges de la base avec poudingue représentent la partie supérieure d'un dépôt très puissant, les argiles et conglomérats des Milles, que Fontannes attribuait au Bartonien parce qu'il l'avait vu en superposition sur les calcaires à *Planorbis pseudo-ammonius*. Nous savons aujourd'hui qu'il s'agit de dépôts détritiques contemporains de ceux de Saint-Henri (Stampien). Un peu à l'Est de la montée d'Avignon et vers Puyricart, les séries sont les suivantes :

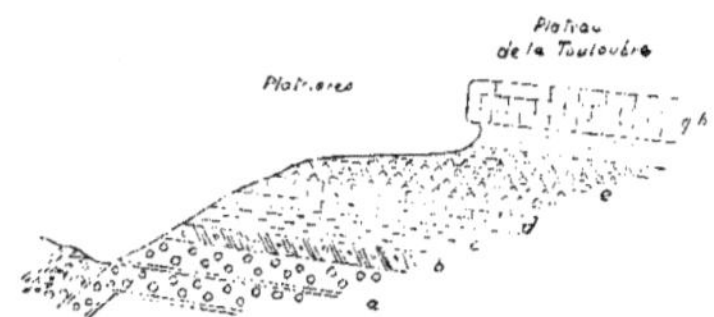


FIG. 11. — MONTÉE D'AVIGNON.

*h.* Calcaire en plaques et massif : *Potamides submargaritaceus, Hydrobia Dubuissoni.* — *g.* Calcaire compact à grain lithographique : *Sphærium gibbosum.* — *f.* Sable et marne sans fossiles. — *e.* Gypse avec calcaires marneux et schisteux subordonnés : Poissons, Insectes et Plantes. — *d.* Calcaire marneux à empreintes végétales. — *e.* Calcaire très marneux, jaunâtre, à *Potamides submargaritaceus* var. (lentilles et rognons de silex noirâtres) ; couches subordonnées de marne grise à *Cypris Colloti* (surface des lits martelée). — *b.* Marne brune ou noirâtre, ligniteuse par places, avec intercalations de couches de galets. — *a.* Marne argileuse rouge et poudingue.

Par assimilation avec les terrains de Gargas, Fontannes admettait que l'assise marno-sableuse (fig. 11) supportait des calcaires contenant, à quelques espèces près, celles que l'on trouve dans tous les calcaires lacustres de la Provence et du Dauphiné. Cette assise repose, dit-il, sur une couche calcaire qui, à Eguilles, contient les cyrènes de Gargas (?), et

PLANCHE XIII

FIGURE 1. — Acerotherium albigense Roman. Dents de la mâchoire supérieure p₁ à M₃. Saint-Henry. Fac. Sc. 7/10 gr. naturelle.

» 2. — Acerotherium albigense Roman. Mandibules p₁ à M₃. Les Milles. Env. 1/3 gr. naturelle.

» 3. — Acerotherium albigense. Roman. Mandibule droite c. p₁ à M₃. Saint-Henry. 1/2 gr. naturelle.

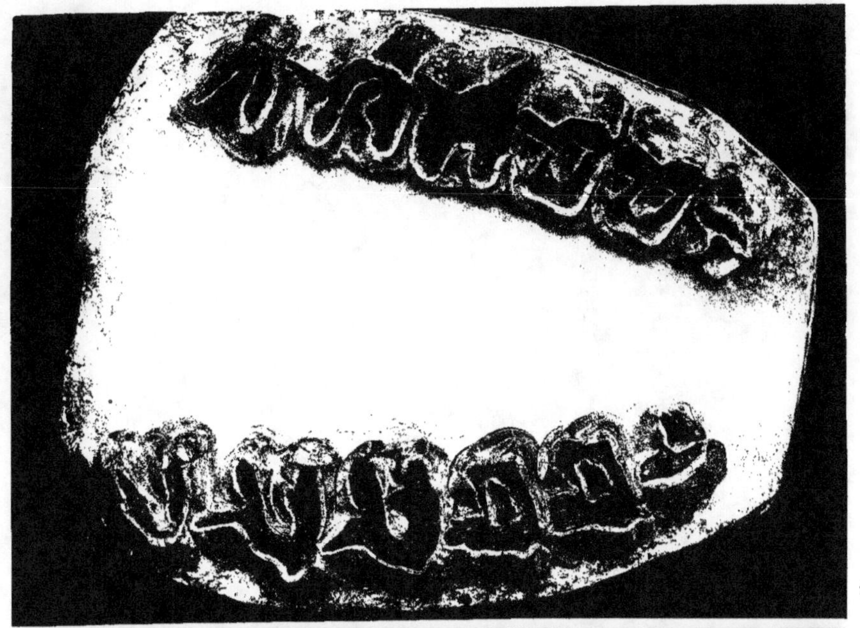

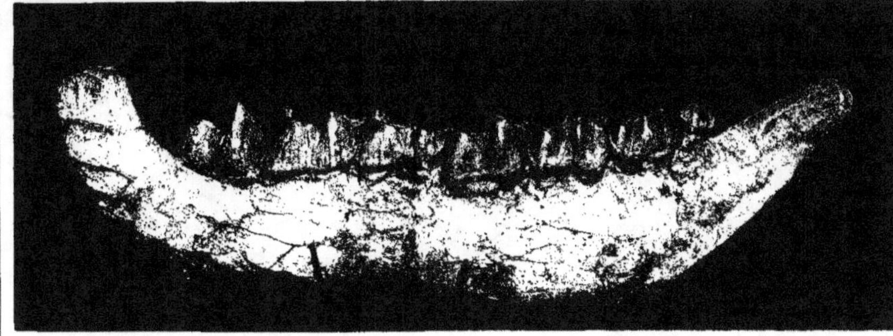

il croit pouvoir admettre que la concordance est facile à établir, mais les couches inférieures à l'horizon des cyrènes n'existent pas dans le bassin d'Apt (calcaires à Potamides et Cypris, et, au-dessus, gypse exploité). Il se demande alors s'il faut les considérer comme représentant les argiles vertes et le lignite à Palœtherium de la Débruge ou en faire du Tongrien inférieur. Il s'arrête à cette dernière opinion, qu'il modifie légèrement eu égard à la constitution des dépôts lacustres du Gard. Il considère les lignites de Barjac, de Saint-Jean-de-Marvejols, de

Fig. 12. — Chemin de Puyricart.

*j.* Calcaire très dur, siliceux, formant sur ce point le sous-sol du plateau : Limnées. — *i.* Bancs calcaires plus ou moins marneux : Potamides (plus. esp.), petits Planorbes, Limnées, Hydrobies, Sphœrium. — *h.* Banc calcaire, marneux par places ; banc vacuolaire à cannelures ferrugineuses : *Potamides submargaritaceus*, Limnées (groupe du *L. subbullata*). — *g.* Assise sablo-marneuse ; le sommet est très marneux et pétri d'*Hydrobia Dubuissoni* (12-15$^m$,00). — *f.* Calcaire compact en petits bancs et lits feuilletés. — *e.* Marne et calcaire marneux : gypse exploité. — *d.* Calcaire en petits blancs et lits feuilletés. — *c.* Marne et gypse. — *b.* Bancs calcaires alternativement durs et marneux : *Potamides submargaritaceus* var. (e), *Neritina* sp. ? — *a.* Sables et grès ferrugineux.

Célas, comme d'âge très voisin du gypse d'Aix et comme supérieur au niveau de la Débruge et de Saint-Hippolyte-de-Caton. Avec une faune appauvrie de mammifères et des gastéropodes *Melanoides albigensis, Nystia plicata, Striatella muricata et fasciata* à caractères plus récents, ils représenteraient le début du Miocène (Oligocène).

De sorte que le niveau de la Débruge ne serait pas représenté par la zone du gypse, mais par les couches grises charbonneuses qui se trouvent entre le poudingue et le calcaire à Potamides et Cypris. On voit quelle confusion existait encore à cette époque. Nous savons aujourd'hui (nous y reviendrons) que toute cette série est oligocène (miocène inférieur pour les contemporains de Fontannes).

2° *Région de Saint-Canadet.* — Il est intéressant toutefois de donner les coupes de Fontannes, quitte à rectifier leur classement. Elles montrent la diminution des dépôts gypseux et leur remplacement par des assises marno-gréseuses. A l'Ouest et près de Saint-Cannat, la succession est la suivante :

15

*g)* Alternances de bancs calcaires tufacés vacuolaires et de couches marneuses : *Hydrobia Dubuissoni*, Limnées, Planorbes ;

*f)* Alternances de calcaires durs et de calcaires marneux : *Potamides submargaritaceus*, *Hydrobia Dubuissoni* ;

*e)* Couche marneuse ;

*d)* Alternances de bancs plus ou moins calcaires ou marneux ; calcaire feuilleté ; traces de gypses, Potamides, Limnées ;

*c)* Banc gréso-calcaire gris vacuolaire ;

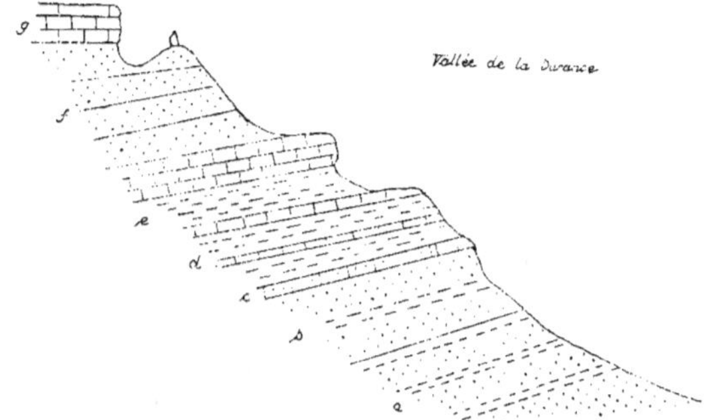


Fig. 13. — Coupe de Saint-Canadet.

*b)* Marne argileuse, gréso-sableuse, gris verdâtre, rougeâtre, rude au toucher, couches gypseuses dans le haut ;

*a)* Argile rougeâtre et banc gréseux gris.

La colline au **Sud** de **Puy-Sainte-Réparade** présente la coupe suivante :

Fig. 14. — Coupe de Puy-Sainte-Réparade.

*k)* Bancs calcaires peu épais : *Potamides submargaritaceus*, *Hydrobia Dubuissoni*, Limnées, 5 à 6 m.

*j)* Assise marno-sableuse (début des hydrobies au sommet).

*i)* Marne gréseuse foncée *Helices,* Limnées. Epaisseur de *i* et *j*, 25 à 30 m.

*h)* Calcaire en plaquette et calcaire marneux brun, planorbes de petite taille, 30 m.

*g)* Marne calcaire et calcaire à *Potamides cf. Laurœ et submargari-taceus.* Calcaire à empreintes ferrugineuses, Limnées, Planorbes, 5 m.

*f)* Calcaire très blanc bréchiforme s'effritant en nodules, parfois taché de violet et d'ocre, pas de fossiles connus, 5 m.

*e)* Calcaire concrétionné et cloisonné blanc ou jaune clair, pas de fossiles connus ; calcaire verdâtre à Potamides. 10 m.

*d)* Alternances de marnes plus ou moins sableuses et de calcaires jaunes rougeâtres avec lits d'argile noirâtre. 25 m.

*c)* Marne gréseuse grise, jaune, rouge.

*b)* Banc de gravier fin. Epaisseur de *c* et *b*, 45 m.

*a)* Marne argileuse rouge avec lits graveleux visible sur 10 m.

La formation détritique de la base de la série d'Aix est moins caillouteuse que dans la dépression des Milles, sans doute à cause de l'éloignement du rivage.

Je ne reproduis pas ici le tableau de classification de Fontannes, qui est totalement à réviser, et je le remplace par le suivant où j'ai tenu compte de tous les travaux les plus récents :

| | | |
|---|---|---|
| Aquitanien inférieur (Chattien) | Calcaire d'Eguilles | Hydrobia Dubuissoni. Pot. plicatus. Pot. submargaritaceus. Helix Ramondi. |
| | Sables des Figons. | |
| | Série calcareo-gypseuse d'Aix | Calcaires, marnes. Gypse. Poissons, insectes, plantes. Calcaire à Potamides, de la montée d'Avignon. Zone à Hélix cf. Ramondi, des Mourgues |
| Stampien | Argiles et conglomérats des Milles sur le versant N. du plateau | Alternances de calcaires. Marneux, marnes. Argiles et sables sur le versant de la Durance. |
| Sannoisien : Calcaire de Luynes. | | |

### SYSTEME MIOCENE (Néogène inférieur et moyen)

GÉNÉRALITÉS. — Les divers étages du Miocène, à l'exception du Sarmato-Pontique, sont marins dans les Bouches-du-Rhône. Ils constituent un ensemble marno-calcaire puissant connu des géologues sous le nom de *Mollasse marine* et exploité en divers points comme pierre de construction, pierre d'Arles, de Fontvieille, etc.

*Subdivisions.* — Le tableau suivant montre la division en étages et en sous-étages usités aujourd'hui.

| | |
|---|---|
| Néogène moyen (2ᵐᵉ étage méditerranéen de E. Suess) | Pontique, du Pont-Euxin. |
| | Sarmatique, des anciens Sarmates. |
| | Tortonien, de Tortone (Italie) — Vindobonien, de |
| | Helvétien, de Helvetia (Suisse) — Vindobona (Vienne). |
| Néogène inférieur (1ᵉʳ étage méditerranéen de Suess) | Burdigalien, de Burdigala (Bordeaux). |

*Burdigalien* (1). — Le Miocène inférieur, premier étage méditerranéen de E. Suess, est représenté dans les Bouches-du-Rhône par des marnes, sables, mollasses et des calcaires blancs à *Pecten præscabriusculus* et *Lithothamnium* (bords de l'Etang de Berre à l'Ouest, Fontvieille, Les Baux, Aurons, Les Taillades, sommet des collines de Lambesc), ou par des marnes à *Ostrea granensis*.

On peut le diviser, d'après Depéret, en deux termes : le premier comprend, sur la côte entre Carry et Sausset, des marnes, mollasses, sables ou calcaires, avec *Pecten vindascinus, Turritella turris, Scutella paulensis* Ag., *Amphiope elliptica* Desh. et *Pecten præscabriusculus* Font. rare, équivalent des sables à scutelles de Vaucluse et de la Drôme.

Le deuxième est une mollasse marno-calcaire caractérisée par l'abondance de *Pecten præscabriusculus* Font., *P. subbenedictus* Font., et la plupart des fossiles de la division précédente.

*Helvétien.* — Le Miocène moyen, Vindobonien, correspondant au deuxième étage méditerranéen, partie inférieure, de E. Suess, est constitué à la base par des marnes grises plus ou moins sableuses (Istres,

(1) Fontannes et Deperet, *loc. cit. ante.* — Collot. Miocène des Bouches-du-Rhône. *Bull. Soc. Géol.*, 4ᵉ série, t. XII, année 1912, pp. 48 à 104.

Pélissane, Alleins), ou par des grès jaunâtres tendres connus sous le nom de safre (Lambesc, Rognes). Au-dessus se trouvent, en général, des grès fins marneux micacés mollasse *sensu stricto* (Saint-Mitre, Istres, Saint-Chamas) ou du safre (Rognes) ; parfois la base est représentée par des sables siliceux blancs, et la partie supérieure par des calcaires coquillliers gris, Coulavery.

D'après Fontannes et Depéret, dans le groupe de Vizan, on peut distinguer les termes suivants : A la base, sables et grès à *Ostrea crassissima* Lamk., *Ost. gingensis*, *Pecten Suzensis* Font., *P. Camaretensis* Font., *P. pusio*, *L. P. sub. Holgeri* Font., passant à des argiles bleues fines micacées (Schlier autrichien).

Au-dessus, sables ferrugineux à *Amphiope perspicillata* Desh., *Pecten Fuchsi* Font., *Celestini* F., *Escoffieræ* F., puis des grès à *Cardita Michaudi*, *Pollia exsculpta*, *Conus canaliculatus*, *Turritella bicarinata*, et enfin des sables et grès à *Terebratulina calathiocus* F., *Thecidea testudinaria* M., *Pecten Celestini*, *pusio*, *Escoffieræ* du moulin à vent de Visan, de Montvendre (Drôme).

*Tortonien.* — Cet étage se présente sous deux faciès : lorsqu'il est constitué par une mollasse ou un calcaire coquillier, il n'est pas facile de le distinguer de l'Helvétien ; par contre, lorsque, comme à Cabrières d'Aigues (Vaucluse), il est constitué par des marnes bleuâtres ressemblant à celles de Tortone (Saint-Simon, Peschières), il est facile à séparer de l'Helvétien. Parfois, d'ailleurs, comme dans les environs immédiats de Rognes, le calcaire coquillier est surmonté de bancs marneux ou de grès marneux. La faune comprend : *Echinolampas hemisphœricus*, *Scutella subrotunda*, *Ostrea Boblayi* Desh., de grands *pectens*, *P. solarium* Lamk., *P. planosulcatus* Math., *P. scabriusculus* Math., dans le faciès calcaire ; *Ancillaria glaudiformis* Lamk., *Conus Mercati*, *Pleuroloma calcarata* Grat, *P. asperulata*, *P. Jouanneti* Desm., *Nassa Dujardini* Desm., *Mitra fusiformis* Desh., etc., dans le faciès marneux.

*Sarmato-Pontique.* — Les deux subdivisions supérieures du Miocène sont très inégalement représentées dans notre région ; on peut même dire que l'on ne peut distinguer réellement un étage sarmatien. Mais il est possible que la partie supérieure des couches calcaires attribuées au Tortonien soit de même âge que le Sarmatien des environs de Vienne et de l'Europe orientale, car on ne constate pas de lacune dans la sédimentation entre ces couches et les assises supérieures. Ces assises, d'abord saumâtres, puis lacustres, puis fluviatiles, sont rapportées au Pontique et sont en effet assimilables aux formations orientales. Elles ont un caractère continental. Le type existe près de Cucuron (Vaucluse), sur le flanc du Mont Léberon. On trouve là, au-dessus des marnes de Cabrières, trois horizons ponticns légèrement différents (1).

A la base, marnes et calcaires de Ratavoux, *Melanopsis Narzolina* Bon., *Helix Christoli* Math., *Hipparion gracile, Castor Jægeri*.

Le niveau moyen, marnes et sables à *Helix*, existe à Visan (Vaucluse).

Le niveau supérieur est constitué par les limons rouges de Cucuron, dont la faune, aussi célèbre que celle de Pikermi, en Grèce, étudiée comme elle par Albert Gaudry, comprend des Cheloniens, des Carnivores, des Perissodactyles (*Hipparion gracile, Aceratherium incisivum*), des Artiodactyles (*Gazella deperdita*), des Proboscidiens (*Dinotherium giganteum*)

Dans les Bouches-du-Rhône (2), l'étage est représenté par des calcaires blancs d'eau douce renfermant parfois de gros *Helix* (Peyriguiou, Mont Perrin), surmontés de limons rouges passant parfois au calcaire concrétionné ou au poudingue polygénique.

*Affleurements Miocènes*. — Bande littorale du golfe de Marseille. Environs de Saint-Mitre, Istres et Saint-Chamas. Arles à Lambesc. Lambesc à Rognes. Rognes-Trevaresse et Plateau de la Touloubre. Environs d'Aix. Environs de Jouques.

Ce qui va suivre est emprunté, pour la bande littorale et les bords de l'Etang de Berre, au mémoire de Fontannes et Déperet (3), et, pour le reste, à celui de Collot sur le Miocène des Bouches-du-Rhône. Nous reproduisons intact le texte de ces auteurs, bien qu'il y ait quelques retouches à faire. Mais un travail de mise au point est en cours, qui sera l'œuvre de M. l'abbé Combaluzier, et qui permettra à ceux qui désireront des précisions de se mettre au courant. Dans la première partie du mémoire de Fontannes et Depéret sur la bande littorale, ce qui est décrit comme helvétien doit, d'après les recherches plus récentes, être considéré comme burdigalien. De même, l'Helvétien inférieur de la région de l'Etang de Berre est, en réalité, du Burdigalien.

I. — BANDE LITTORALE DU GOLFE DE MARSEILLE. — Les terrains tertiaires marins forment sur la côte Nord du golfe de Marseille une bande étroite littorale, dans laquelle on voit se succéder, en allant de l'Est à l'Ouest, les différents étages marins tertiaires, à partir de la base de l'*Aquitanien*. Ce dernier étage constitue seul la bande tertiaire, depuis le port de Gignac jusqu'un peu à l'ouest de l'anse de Carry ; au-dessus

---

(1) Albert Gaudry. *Animaux fossiles du Mont Léberon (Vaucluse)*. Etude sur les vertébrés. Etude sur les invertébrés, par Rischer et R. Tournouer. 1 vol. in-4°, 180 p., 21 pl., Paris, 1873.

(2) Collot, *loc. cit. ante*.

(3) Terrains tertiaires de la région delphino-provençale du Bassin du Rhône, pp. 7 et suivantes.

s'étend l'étage *langhien*, jusqu'au port de Sausset. Mais déjà, plusieurs des coupes publiées dans la première partie de cette étude ont montré, au-dessus des faluns de l'étage langhien, l'existence d'un revêtement de mollasse à *Ostrea crassissima*, à partir du bord occidental de la calanque de Baumettes jusqu'à Sausset. J'ai eu, à ce propos, l'occasion de faire remarquer que l'étage helvétien affectait vis-à-vis des étages antérieurs une légère discordance qui se manifeste à la fois par un certain degré de transgressivité et par la présence à sa base d'un conglomérat grossier de galets siliceux à patine verdâtre, d'origine lointaine. Cette indépendance de la mollasse helvétienne justifie donc la séparation que j'ai faite de l'étude de cet étage d'avec les étages antérieurs.

A partir du bord occidental de l'anse de Sausset, et en se dirigeant à l'Ouest sur le cap Couronne, les étages antérieurs à l'Helvétien ne se montrent plus (sauf un ou deux lambeaux insignifiants sur les bords de l'anse du Grand-Vallat). Les différentes assises de l'Helvétien constituent seules la bande littorale, parfois un peu discontinue, qui s'étend à l'Ouest jusqu'au bord du golfe de Fos. Dans cette partie occidentale de la bande tertiaire marine, la transgressivité de l'Helvétien s'accuse d'une manière plus complète par l'existence d'un certain nombre de lambeaux de cet étage, disséminés sur les plateaux crétacés ou oligocènes du chaînon des Martigues, et qui témoignent de l'ancienne continuité de la mollasse marine par-dessus cette extrémité terminale de la chaîne de la Nerthe.

Pour se faire une idée de la composition assez complexe de l'étage helvétien dans cette bande littorale, il est nécessaire de relever les différentes coupes en général fort nettes que présentent les falaises de la côte, à partir du port de Sausset.

*Sausset. Grand-Vallat*. — Entre le bord occidental du port de Sausset et l'anse du Grand-Vallat, on relève la succession suivante :

I. Langhien : banc rose de Sausset à *Cardium Burdigalinum*, et nombreux Gastropodes ; *petits galets verdâtres* à la partie supérieure du banc.

Helvétien.

1. Banc mollassique avec *Ostrea crassissima* et galets siliceux verdâtres ; Anomies, *Pecten Vindascinus*, Balanes ; 0$^m$75.

2. Banc rose à *Ostrea crassissima* plus rare ; nombreux débris formant lumachelle. A la partie supérieure, nouveau lit d'*Ostrea crassissima*, plus épais que le n° 1, au-dessus, grosses Scutelles, Balanes énormes, *Pecten galloprovincialis*, *Anomia costata*, petites Huîtres, 1$^m$.

3. Grès dur, banc à nombreux moules de Bivalves : *Venus, Cardium*, grosse *Lucina, Pecten galloprovincialis* ; 0$^m$75.

# PLANCHE XIV

FIGURE 1. — Antracotherium magnum Cuv. Mâchoire supérieure. Stampien. Saint-Henri près Marseille. Muséum Longchamp. 1/2 gr. nat.

»   2. — Acerotherium Filholi Osborn. Mandibule. Stampien. Saint-Henri près Marseille, Fac. Sc. 1/3 gr. naturelle.

»   3. — Doliocherus sp. nov. Portion de mandibule droite avec $P_2$ $P_3$ $m_1$ $m_2$ $m_3$. Stampien. Les Milles. Côté externe. Fac. Sc. Gr. nat.

»   4. — Doliocherus sp. nov. Portion de mandibule droite, côté interne. Stampien. Les Milles. Fac. Sc. Gr. naturelle.

»   5. — Doliocherus sp. nov. Portion de mandibule droite, vue de face, Stampien. Les Milles. Fac. Sc. Gr. naturelle.

»   6. — Doliocherus sp. nov. Portion de mandibule gauche avec $P_3$ $m_1$ $m_2$ $m_3$. Stampien. Les Milles. Vues de face. Gr. naturelle.

»   7. — Doliocherus sp. nov. Portion de mandibule gauche, côté externe. Stampien. Les Milles.

»   8. — Doliocherus sp. nov. Portion de mandibule gauche, côté interne. Stampien. Les Milles.

1

2

3

4

5

6

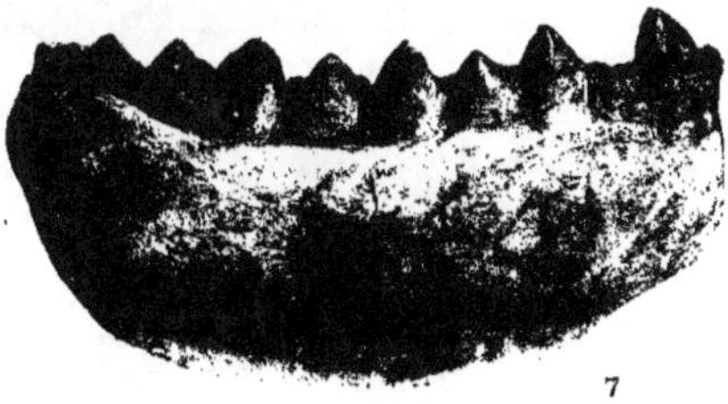

7

8

4. Marnes gréso-noduleuses jaunes en bancs durs et tendres alternants. Fossiles rares : Balanes, *Pecten Vindascinus* en débris ; 4ᵐ50.

Banc gréso-calcaire à empreintes : Polypiers, *Pecten* cf. *pusio*, *Spondylus*, *Hinnites spinosus*, Bryozoaires, Scutelle de grande taille : 0ᵐ30.

5. Couches à Bryozoaires compactes ; 5-6ᵐ.

Banc plus marneux à Bryozoaires, Nullipores, Polypiers, petites Huîtres plissées ; 1ᵐ50.

Banc à *Retepora, Pecten Vindascinus.*

6. Banc compact, gréso-calcaire, jaunâtre ou rosé, avec fossiles nombreux à test spathique : Lucines, Turritelles, Corbules, *Pecten Vindascinus*, Scutelles ; 1ᵐ.

Ce banc de mollasse gréseuse à Gastropodes forme un plateau à partir duquel les couches plongent en sens inverse et en descendant sur l'anse du Grand-Valat, on retraverse toute la série précédente dans l'ordre suivant :

5. Couches noduleuses à Bryozoaires.

4. Bancs de mollasse compacte, rosée ou blanchâtre.

Marnes gréseuses jaunâtres, parfois noduleuses : *Pecten Vindascinus, Ostrea* cf. *caudata*, Huître épineuse. Certains lits contiennent des galets disséminés ; au moins 10ᵐ.

Bancs gréseux blanchâtres à Polypiers, Bryozoaires, *Pecten pusio*, Huître épineuse, Nullipores ; 4-5ᵐ.

Marnes rosées ou jaunes avec banc d'Huître épineuse à la base.

3. Banc gréseux dur à Scutelles, *Pecten galloprovincialis.*

Marnes jaunes et rosées ; 3-4ᵐ.

Banc coralligène à Nullipores, Huître épineuse.

*c)* Brèche locale à gros éléments reposant sur l'Urgonien au fond de la calanque.

Dans cette dernière série, les couches à *Ostrea crassissima* (nᵒˢ 1-2), manquent localement pour compléter l'Helvétien inférieur. A leur place se développe un conglomérat à blocs d'origine locale, qui n'appartient pas à l'Helvétien (voir coupe suivante).

*Promontoire de Tamaris.* — De l'autre côté de l'anse du Grand-Vallat, dont le fond est formé par l'Urgonien, on voit s'avancer au loin, dans la mer, un promontoire tertiaire qui se prolonge vers l'îlot d'Aragnon, et sépare le Grand-Vallat de l'anse de Tamaris. En suivant la base de ce promontoire, sur le bord Ouest de l'anse du Grand-Vallat, on relève la succession suivante de bas en haut :

1. Urgonien.

16

2. Conglomérat bréchiforme à éléments locaux de calcaire urgonien ; blocs perforés. Ce conglomérat n'a aucun rapport avec celui qui est à la base de la zone à *Ostrea crassissima*, à sa base on observe un lit de marne sableuse ocre ; en tout 4-5 mètres.

3. Calcaire gréseux mollassique à gros *Teredo*, grande *Lucina* à l'état de moule, gros *Conus*, *Pecten subpleuroncctes*, Polypiers ; couches de grès fin friable intercalées ; 3-4 mètres.

4. Nouvelle brèche locale avec *Teredo*, Huîtres, Polypiers ; 0<sup>m</sup>75.

5. Mollasse calcaire peu ou pas caillouteuse, à faciès coralligène : Huîtres, *Pecten pusio*, Bryozoaires, Polypiers ; 1<sup>m</sup>50 à 2 mètres.

6. Couches marno-gréseuses, noduleuses jaunes ou rosées.

7. Banc calcaire gris, dur, compact, à Polypiers ; 0<sup>m</sup>60.

8. Mollasse gréseuse, sable jaune à la base ; 1 mètre.

9. Mollasse calcaire rose, sableuse au sommet : *Pecten*, Turritelles, Cérithes, Huîtres, Bryozoaires (= banc rose de Saussel) ; 2 mètres.

Ce premier ensemble de couches de 15-18 mètres d'épaisseur est *préhelvétien*, puisque la suite de la coupe montre, au-dessus du banc rose n° 9, le conglomérat à galets siliceux verdâtres de la base de l'Helvétien et les couches à *Ostrea crassissima*, intimement liées à ce conglomérat comme à Saussel. Le banc rose n° 9 représente fort probablement le banc rose à Gastropodes du port de Saussel, sommet de l'étage *langhien* et le reste de la série, y compris le conglomérat bréchoïde de la base, peut être rattaché au même étage, bien que la présence du *Pecten subpleuroncctes* rappelle l'un des horizons de l'Aquitanien de Carry (1).

Au-dessus de ce témoin de la mollasse langhienne, on voit se succéder les différentes couches de l'*Helvétien*, dans l'ordre suivant :

1. Conglomérat à petits galets verdâtres, peu développé en ce point.

2. Mollasse gréso-calcaire blanche ou rosée, avec *Ostrea crassissima* de petite taille, Scutelles, Turritelles ; quelques galets verdâtres ; 0<sup>m</sup>75.

3. Banc à *Mytilus Michelini*, *Ostrea crassissima* et *Gingensis*, énorme Scutelle, Balanes ; 0<sup>m</sup>75.

4. Série marno-gréseuse jaunâtre à bancs durs et tendres alternants ; dans les couches tendres marneuses, nombreux moules de Bivalves. *Venus*, *Cardium*, *Ostrea squarrosa*, *O. caudata*, *Pecten vindascinus*, *Anomia costata*, *Perna*, *Thracia*, Oursins, etc. ; 18-20 mètres.

5. Bancs durs gréso-noduleux à nombreux moules de Bivalves, Bryozoaires, *Pecten substriatus*, *Pecten galloprovincialis*.

6. Lits marneux jaunes à moules de Bivalves ; 0<sup>m</sup>80.

---

(1) Voir plus haut les rectifications apportées par M. Cottreau sur cette partie de la côte.

7. Mollasse calcaire rose à petits éléments, formant l'entablement du plateau ; 1 mètre. Cette couche devient plus épaisse vers la pointe du promontoire. C'est le premier rudiment de la mollasse compacte, exploitée aux environs de la Couronne, comme le montreront les coupes suivantes.

*Anse de Tamaris. Cap Sainte-Croix.* — La même série helvétienne se reproduit de deux côtés de l'anse de Tamaris, c'est-à-dire que l'on observe, au-dessous du banc dur gréso-calcaire formant l'entablement du plateau, la série marno-gréseuse jaunâtre à moules de Bivalves, surmontant elle-même au niveau du port la couche à *Ostrea squarrosa*, puis un peu plus bas les couches à scutelles et à *Ostrea crassissima*, enfin à la base du système un banc à nombreux galets verts noyé dans une mollasse rosée pétrie de *Mytilus Michelini*.

Le plateau ou promontoire de Sainte-Croix, compris entre l'anse de Tamaris et le port de Sainte-Croix, donne la coupe suivante passant par la croix qui est au sommet du plateau et par la chapelle bâtie sur le versant du port.

Le calcaire rose à *Mytilus* se montre au fond du port de Sainte-Croix reposant directement sur le Crétacé et se continue sur la rive droite du ruisseau de Sainte-Croix, sous la forme d'un entablement horizontal très régulier coupé à pic sur le bord de la mer. Au-dessous de cette table calcaire à *Mytilus, Ostrea crassissima*, Balanes, gros *Cardium*, on aperçoit sur les escarpements qui dominent le rivage une puissante couche de conglomérat emballée dans une marne ocreuse. Le tout repose en discordance sur des couches redressées, presque verticales, de marnes noires, de grès ferrugineux qui appartiennent probablement à l'*Aptien*.

*a)* Premier banc de conglomérat grossier.

*b)* Marnes noduleuses jaunes à Bryozaires, débris d'huîtres.

*c)* Deuxième banc de conglomérat ; 1 mètre.

*d)* Mollasse rose caverneuse : *Mytilus Michelini, Ostrea squarrosa* : c'est le banc à *Mytilus* de l'anse de Tamaris.

*e)* Série marno-gréseuse jaune à moules de Bivalves.

*f)* Mollasse dure de Tamaris, à *Pecten galloprovincialis*.

Au-dessus de l'entablement du calcaire à *Mytilus*, on aperçoit un peu plus loin dans l'intérieur des terres des buttes dont les talus inclinés sont constitués par la série gréso-marneuse de la chapelle Sainte-Croix, et toutes couronnées enfin par une table plus ou moins épaisse de mollasse compacte à *Pecten galloprovincialis*.

*Beaumadalier.* — Une succession semblable formée de bas en haut des 3 assises de l'Helvétien : 1 mollasse calcaire à *Ostrea crassissima* et *Mytilus Michelini*. 2° série marno-gréseuse à Bivalves ; 3° mollasse gréso-calcaire à *Pecten galloprovincialis* se montre d'une manière fort nette sur la falaise occidentale de l'anse de Sainte-Croix, connue sous le nom de *falaise de Beaumadalier.*

Le banc dur inférieur à *Ostrea* et *Mytilus* est exploité en ce point comme pierre de taille que l'on découpe à la scie pour l'embarquer sur le lieu même dans la direction de Marseille.

Il faut noter aussi l'importance des bancs mollassiques supérieurs à *Pecten-galloprovincialis*, notablement plus épais à Beaumadalier que sur les plateaux de Tamaris et de Sainte-Croix, situés plus à l'Est, et où cette assise s'était rencontrée pour la première fois sous la forme d'une simple table compacte peu puissante. C'est cette même assise à *Pecten galloprovincialis* qui se continue à l'Ouest dans la direction de la Couronne et de Carro et constitue la pierre de taille autrefois activement exploitée sous le nom de *mollasse de la Couronne.*

*La Couronne-Carro.* — En effet, par suite du plongement léger, mais régulier vers l'Ouest des différentes assises de l'Helvétien, la zone inférieure à *Ostrea crassissima* disparaît rapidement au-dessous du niveau de la mer et n'affleure plus à partir de la falaise de Beaumadalier. L'assise moyenne gréso-marneuse elle-même n'est plus mise au jour dans la région de la Couronne que par suite des creusements des petites vallées qui descendent dans les anses du littoral, telles que celles de la vieille Couronne et du Verdon.

L'assise supérieure à *Pecten galloprovincialis* forme à elle seule un plan incliné très uniforme plongeant légèrement à la fois vers le Sud et vers l'Ouest, sur lequel sont construits les villages de la Couronne et de Carro. De toutes parts, cette assise est criblée d'innombrables carrières, aujourd'hui entièrement abandonnées.

*a)* Série marno-gréseuse (assise moyenne de l'Helvétien).

*b)* Mollasse de la Couronne, autrefois exploitée, à *Pecten galloprovincialis.*

*c)* Bancs supérieurs plus minces, de la même assise.

*Pointe de Bonnieux.* — Au delà de Carro, la mollasse de la Couronne ne tarde pas à disparaître à l'Ouest sous les eaux du golfe de Fos, à la pointe de Bonnieux, où cette mollasse est très fossilifère et contient notamment : *Ostrea squarrosa* de grande taille, *Pecten solarium*, *Lutraria*, *Pectunculus*, blocs de *Teredo*.

*Le Ponteau.* — Avec la pointe de Bonnieux se termine la bande tertiaire marine du golfe de Marseille. Au Nord de cette pointe et jusqu'au port de Ponteau, le littoral du golfe de Fos est constitué uniquement par la craie inférieure, mais, à partir des salines du Ponteau, et jusqu'à l'entrée du port de Bouc, la mollasse marine reparaît sur une belle surface et pénètre même sous la forme de lambeaux aujourd'hui discontinus dans la vallée oligocène de Saint-Pierre.

Au Ponteau, le conglomérat verdâtre, substratum de l'Helvétien, affleure sur le bord des salines, et derrière le château se voient d'anciennes carrières entaillées sur 10 mètres de hauteur dans la mollasse de la Couronne avec *Pecten, Cardium, Pectunculus, Turritella, Murex.*

L'Helvétien repose horizontalement en ce point sur les strates redressées de la craie inférieure et du calcaire lacustre, prolongement du bassin oligocène de Saint-Pierre-les-Martigues.

2. Région de l'étang de Berre. — Les plateaux mollassiques qui couronnent entre l'étang de Berre et la plaine de la Crau les couches rouges de l'étage de Rognac se relient aux affleurements helvétiens du littoral par l'intermédiaire de quelques lambeaux (Port-de-Bouc, Fos) attestant l'ancienne continuité de ces couches.

A Port-de-Bouc, l'Helvétien constitue entre la ville et la mer un relief dont la composition est facile à étudier dans les petites falaises abruptement entaillées du sémaphore.

D. Couches rouges redressées de l'étage de Rognac (Danien).

1. Conglomérat à gros galets verdâtres.

2. Mollasse calcaire compacte à *Ostrea crassissima, O.* aff. *Boblayei* (= *squarrosa*), *Pecten galloprovincialis* (c. c.), P. *solarium,* balanes, énormes Turritelles, Polypiers, Bryozoaires, Nullipores. L'ensemble des Polypiers et Bryozoaires est identique à celui de la mollasse à *Pecten præscabriusculus,* du Comtat. Epaisseur 5-6 mètres.

3. Bancs jaunâtres plus marneux à *Pecten galloprovincialis* et *scabriusculus ;* moules de Bivalves et de Gastropodes ; 8-10 mètres.

4. Banc compact à *Pecten galloprovincialis, Clypeaster,* moules de Panopées, formant le plateau du sémaphore.

L'ensemble de la mollasse de Bouc, malgré sa faible épaisseur, qui n'atteint pas 20 mètres, correspond probablement à l'ensemble de la mollasse de la Couronne et de Beaumadalier : les bancs compacts inférieurs représentent la zone à *Ostrea crassissima,* les bancs jaunâtres moyens la zone marneuse à moules de bivalves et la table calcaire du plateau du sémaphore la mollasse exploitée du cap Couronne, caractérisée dans les deux points par l'extrême abondance du *Pecten galloprovincialis.*

A Fos, le lambeau mollassique, qui porte le village et repose sur les marnes bigarrées de l'étage de Rognac, montre le long de la tranchée de la route la succession suivante de bas en haut.

1. Sable fin, quelques galets peu volumineux : Huîtres, Anomies ; 3 mètres.

2. Calcaire coquillier blanchâtre ; énormes *Ostrea squarrosa*, *Pecten latissimus*, *P. solarium var.*, *Pectunculus*, dents de Squales, grosses Balanes, Bryozoaires ; 5-6 mètres.

Dans l'épaisseur de cette mollasse, banc de poudingue à galets verts. Ici, de même qu'à Crest, le conglomérat verdâtre ne se montre pas à la base de l'Helvétien, mais bien avec la mollasse marneuse.

3. Sable et grès plus ou moins grossiers : nombreux débris fossiles ; 8-10 mètres.

La composition de cet Helvétien inférieur se rapproche beaucoup de celle du Comtat, avec ses trois assises : 1° mollasse sableuse, 2° mollasse calcaire, 3° sable et grès.

*La Valduc. Saint-Blaise.* — Entre le golfe de Fos et l'étang de Berre s'étend une curieuse région de collines, toute parsemée de dépressions marécageuses occupées par des étangs saumâtres à *Cardium edule*. Ces cuvettes lacustres, qui portent les noms d'étangs d'Engrenier, du Pourra, de la Valduc, de Citis, etc., sont constitués, en général, par les couches rouges du Danien supérieur dont l'affleurement s'élève même jusqu'à moitié hauteur des collines plates qui séparent ces diverses dépressions lacustres. La moitié supérieure de ces collines appartient seule à l'*Helvétien*, qui forme des plateaux réguliers aux couches horizontales, et dont les flancs assez abrupts montrent des coupes en général d'une netteté parfaite.

L'une des coupes les plus intéressantes par sa richesse en fossiles se voit vers l'angle S.-E. de l'étang de la Valduc, un peu au Nord du hameau de Plan-d'Aren.

D. Marnes rouges et poudingues du Danien supérieur, visibles sur 40 mètres.

1. Banc gréseux compact ; 0ᵐ80.
2. Sable jaunâtre fin à petites huîtres plissées et *Pecten* ; 0ᵐ50.
3. Mollasse calcaire à Nullipores et Polypiers ; 17 mètres.

Cette couche peut se décomposer en :

*a*) Mollasse blanche marneuse avec *Pecten Tournali*, *Ostrea squarrosa*, *Lima squamosa* ; quelques galets verts rares et isolés.

*b)* Banc continu d'*Ostrea squarrosa* et de *Perna soldani*, moules de gros *Pectunculus*. Ce banc forme surplomb en certains points.

*c)* Couches grumeleuses blanches à nombreux Nullipores.

4. Alternances de sable gris marneux à taches crayeuses et de lits gréseux 15-20 mètres.

5. Banc gréso-calcaire pétri de Balanes ; dents de *Myliobates* ; 1$^m$50.

6. Sable jaune sans fossiles ; 0$^m$50.

7. Lit gréso-calcaire dur formant plateau : nombreuses Balanes, petits *Pecten*, *Ostrea*, moules de Gastropodes ; 0$^m$60.

Il faut remarquer dans cette coupe : l'atrophie de la mollasse sableuse inférieure réduite ici à quelques décimètres ; 2° l'absence du conglomérat verdâtre si commun partout à la base de l'Helvétien ; il est représenté ici par quelques galets isolés disséminés dans toute la hauteur de la mollasse calcaire ; 3° la richesse en fossiles de la mollasse blanche à Nullipores où les grands *Pecten* (*P. Tournali, latissimus*), les Huîtres (*Ostreo squarrosa* et *Boblayei*), les *Perna soldani*, munies de leur test, constituent de véritables bancs qui ont rendu célèbres les localités de Plan-d'Aren et de la chapelle Saint-Blaise.

La même coupe se poursuit au Nord, sur une longueur de plus d'un kilomètre, le long de l'escarpement de la Valduc, jusqu'à la hauteur de la chapelle Saint-Blaise construite sur les couches sablo-gréseuses du plateau mollassique.

A la hauteur de cette chapelle, la coupe, des plus nettes, est la suivante, de bas en haut :

D. Marnes rouges crétacées.

1. Mollasse calcaire à *Pecten Tournali*, Bryozoaires, Polypiers, Nullipores ; quelques petits galets verts. La base est souvent jaunâtre, à ciment calcaire avec nodules crayeux. L'ensemble rappelle le facies de Darboux, près de Suze ; 2 mètres.

2. Sable fin, marneux, grande *Pinna*, visible sur 0$^m$90.

3. Banc d'*Ostrea squarrosa* ; 0$^m$15.

4. Lumachelle très riche : *Pecten* du groupe de *P. scabriusculus, P. substriatus*. Limes, dents de Squales, *Cidaris Avenionensis*, énormes Balanes ; 0$^m$90.

5. Même Lumachelle calcaire plus blanche : *Pecten Tournali, Ostrea squarrosa*, très grosses ; 1$^m$50.

6. *Huîtres et Pernes en bancs* ; sable compact au sommet du plateau 3$^m$75 ; au-dessus on trouve :

7. Mollasse sableuse jaune micacée : débris de *Pecten, Ostrea*, Bryozoaires ; 15-20 mètres.

## PLANCHE XV

Figure 1. — Elephas Meridionalis Nesti. Pliocène supérieur. La Viste. Musée
Longchamp. 6/10° gr. naturelle.

» 2. — Strophostoma Golfieri Vass. Lutétien moyen. Montaiguet. Fac. Sc.
Gr. naturelle.

» 3 et 4. — Helix Ramondi Brongn. Aquitanien inférieur. Chattien. Marseille. (Muséum). Gr. naturelle.

» 5 et 6. — Ancillaria glandiformis Lmk. Tortonien. Cabrières-d'Aigues.
Fac. Sc. Gr. naturelle.

» 7 et 8. — Helix Christotii Math. Sarmato-Pontique. Cabrières d'Aigues.
Gr. naturelle.

» 9. — Cerithium margaritaceum Brocchi. Aquitanien. Carry-le-Rouet.
Fac. Sc. Gr. naturelle.

» 10. — Autre exemplaire avec un Cerithium plicatum accolé. Gr. nat.

» 11. — Ostrea crassissima Lmk. Helvétien. Environs d'Aix. Fac. Sc.
1/2 gr. nat.

» 12. — Helix galloprovincialis. Tortonien. Montagne des Pauvres. Fac. Sc.
Gr. naturelle.

» 13. — Potamides rhodanicus Sap. Aquitanien. Venelles. Muséum Longchamp. Gr. naturelle.

» 14. — Pot. submargaritaceus var. rhodanicus Font. Muséum Longchamp.
Grandeur naturelle.

8. Bancs gréso-calcaires formant le plateau supérieur ; petite faune rappelant les bancs supérieurs de Suze, de Lourmarin, d'Autichamp ; 1<sup>m</sup>25.

La couche la plus intéressante de cette coupe est le banc d'Huîtres (*O. squarrosa*) et de Pernes (*Perna soldani*) qui affleure à moitié hauteur ; les Pernes, placées côte à côte dans leur position de vie, ont conservé leur test dont les sections tranchantes font saillie sur l'escarpement de sable durci qui les contient ; mais il est difficile de les extraire en bon état. Il est plus facile de recueillir des moules internes de ces coquilles, dont les innombrables individus jonchent le flanc de la colline de Saint-Blaise, avec de gigantesques spécimens d'*Ostrea squarrosa*.

*Rassuen*. — Au Nord de la chapelle Saint-Blaise, le facies et la faune de la mollasse calcaire se modifient sensiblement. Les masses argileuses grises de la base se développent beaucoup aux dépens de l'élément calcaire ; elles contiennent des petits *Pecten* du groupe du *scabriusculus*, de nombreux moules de Bivalves (*Cytherea, Tapes, Panopœa*) ; le banc à Huîtres et à Pernes de la chapelle Saint-Blaise ne contient plus de Pernes, mais seulement des *Ostrea squarrosa* et des Bivalves de grande taille (*Pectunculus*, etc.). Le système supérieur des sables jaunâtres et des grès se continue sans modification.

Ainsi, à la Pinède, entre les salines de Rassuen et l'étang de Berre, l'Helvétien inférieur, puissant de 25 mètres, présente de bas en haut la coupe suivante :

D. Argile grise et rouge crétacée ; 15-20 mètres.

*a*) Banc à Panopées, Pectoncles, Turritelles ; conglomérat vert à la base ; 1 mètre.

*b*) Marne et sable : au milieu, banc riche en *Venus, Tapes*, Turritelles.

*c*) Couche de sable : banc d'huîtres ; 0<sup>m</sup>20 à 0<sup>m</sup>40.

*d*) Banc à Anomies, *Pecten præscabriusculus* ; 2-4 mètres.

*e*) Marne sableuse à débris de coquilles.

*f*) Banc de mollasse calcaire exploité ; 1-2 mètres.

Au Nord-Ouest des salines de Rassuen, en se dirigeant sur Istres, les escarpements qui bordent la dépression des salines montrent aussi des coupes de l'Helvétien inférieur analogues à la précédente, On observe de bas en haut :

*a*) Marnes argileuses grises avec débris de *Pecten* du groupe de *præscabriusculus*, visibles seulement dans les champs.

17

*b)* Marnes sableuses jaunâtres contenant vers le haut : *Pecten præs-cabriusculus, P. Tournali,* petites huîtres plissées.

*c)* Banc dur à grosses *Ostrea squarrosa,* Turritelles, moules de Bivalves.

*Saint-Mitre. Istres.* — Ce dernier banc forme le plateau sur lequel est tracée la route de Saint-Mitre à Istres : il est couronné à droite et à gauche de cette route par des témoins ou buttes de marnes sableuses jaunâtres sans fossiles, consolidées à leur partie supérieure en grès grossier formant des entablements horizontaux ; c'est le système des couches supérieures de l'étang de la Valduc. Dans la région, ces alternances de lits sablo-gréseux spérieurs sont désignées sous le nom de *safre.*

Ce dernier système de couches se développe beaucoup en marchant au Nord dans la direction d'Istres, où il forme des collines élevées qui enferment cette petite ville d'une sorte de demi-croissant au Nord, à l'Est et à l'Ouest.

Un peu au Sud des premières maisons d'Istres, se voit au bord de la route, à droite, une butte qui donne une bonne coupe de ces couches sablo-gréseuses supérieures ; on observe de bas en haut, sur une épaisseur de 30 mètres :

*a)* Sable marneux gris, micacé, à Nullipores.

*b)* Sable jaune, plus marneux à la base.

*c)* Argile sableuse à concrétions blanches.

*d)* Sables et grès alternants, grosses *Ostrea* sporadiques.

*e)* Mollasse gréseuse ferrugineuse en bancs durs : débris de Balanes et autres fossiles roulés.

*Istres. Etang de l'Olivier.* — Au Nord de la petite ville d'Istres, pittoresquement encadrée entre les promontoires abrupts qui s'avancent dans la belle nappe saumâtre de l'étang de l'Olivier, il est facile de relever, grâce aux berges escarpées qui encaissent cet étang, des coupes excellentes et complètes de l'étage *helvétien,* dont les assises supérieures vont présenter ici un développement considérable, que nous ne leur avions pas vu acquérir dans les coupes précédentes.

En suivant, à partir d'Istres, la côte orientale de l'étang de l'Olivier, on observe, avant d'atteindre la rive, la *mollasse calcaire inférieure* dans laquelle se trouvent entaillées quelques carrières peu importantes et aujourd'hui abandonnées. Cet helvétien inférieur présente la succession suivante de bas en haut :

*a)* Marne à nombreux moules et empreintes de Bivalves ; débris de *Pecten præscabriusculus, subbenedictus* ; 0ᵐ50.

*b)* Banc d'*Ostrea squarrosa,* gros *Pecten* ; 0ᵐ50.

*c)* Mollasse calcaire dure exploitée à Nullipores, Bryozoaires en débris ; *Pecten præscabriusculus, Tournali, Huîtres,* etc. ; 1ᵐ50.

La base de l'Helvétien n'est pas visible en ce point, mais Fontannes signale dans ses Notes la présence non loin de là du *Conglomérat vert siliceux* habituel, reposant lui-même sur une masse sableuse visible sur 2 mètres, rudiment de la mollasse sableuse inférieure du Comtat.

Sur le bord même de l'étang, on retrouve, grâce à un léger plongement des couches sur le Nord, l'Helvétien inférieur avec ses bancs compacts à Nullipores exploités en carrières et surmontés par un banc pétri de grosses *Ostrea squarrosa,* dont les valves jonchent la rive de l'étang, où elles remplissent le rôle de galets de rivage. On peut recueillir des échantilons de taille monstrueuse de cette espèce d'huître.

Au-dessus, on recoupe, en s'élevant sur le flanc de la falaise dans la direction du Nord, la série suivante :

1. Mollasse calcaire à Nullipores et Bryozoaires.

2. Banc à *Ostrea squarrosa.*

3. Marne sableuse gris-bleuâtre ; 15-20 mètres.

4. Sable marneux ocre et jaune clair.

5. Alternance de bancs durs gréseux pétris de Balanes, petits *Pecten* en débris, et de sable marneux jaune vif (safre).

6. Grès coquillier grossier en lits minces, fossiles, stratification tourmentée ; débris d'Huîtres, quelques galets.

Les zones 1-2 appartiennent à l'*Helvétien inférieur* ; l'ensemble des couches superposées 3-6 forme le *système du safre,* alternance de sables et de grès coquilliers que nous avons déjà vu surmonter l'Helvétien inférieur sur les bords de l'étang de la Valduc et à Saint-Blaise, mais avec une épaisseur moindre ; ce système répond à l'Helvétien moyen.

*Saint-Étienne.* — Les grès grossiers qui terminent le système du *safre* dans la coupe précédente forment un large plateau horizontal étendu entre l'étang de l'Olivier à l'Ouest, et l'étang de Berre à l'Est. Sur ce plateau s'élève, lorsqu'on marche vers le Nord, un nouveau système de collines qui vont nous donner des couches de l'étage helvétien, superposées aux couches précédentes, et par conséquent d'un horizon encore plus élevé.

Une bonne coupe se voit dans les flancs de la colline qui porte à son sommet la chapelle de Saint-Étienne (marquée à tort Saint-Michel, sur la carte d'état-major), lieu de **pèlerinage** vénéré dans tout le pays.

La coupe passant par cette chapelle et prolongée jusqu'au bord de l'étang est la suivante :

*a*) Mollasse tendre vacuolaire avec débris de Balanes, petits *Pecten* du groupe de *P. ventilabrum, Celestini* ; 6-8 mètres.

*b*) Argile sableuse grise micacée, feuilletée, à surfaces ferrugineuses hydroxydées, plus sableuse en haut ; 15-20 mètres.

*c*) 
1. Grès mollassique ocreux ; débris d'Huîtres, *Pecten*, Balanes, *Amphiope* ; 3 mètres.
2. Sable argileux fin, jaune clair ; 1 mètre.
3. Grès mollassique ; 2-3 mètres.

*d*) Marne grise ; 1-2 mètres.

*e*) Sable ocreux avec *Pecten scabriusculus*

*f*) Grès marneux mollassique à nodules calcaires    12-15 mètres.

*g*) Sable marneux fin

Le dernier banc mollassique est pétri surtout à sa base de *Pecten scabriusculus* de grande taille.

*Sulauze. Miramas.* — Au Nord de l'étang de l'Olivier, les sables et grès à *Pecten scabriusculus*, que nous avons vu se montrer pour la première fois à l'ermitage de Saint-Etienne, constituent tous les plateaux assez uniformes qui inclinent doucement au Nord dans la direction de Sulauze et de Miramas.

On peut recueillir en abondance sur tous ces plateaux le *Pecten scabriusculus* de grande taille, conforme au type de Cucuron, et associé à plusieurs autres espèces de petits *Pecten*. Par suite de l'inclinaison au Nord des couches helvétiennes, le niveau à *Pecten scabriusculus* s'abaisse régulièrement vers la plaine de la Crau et finit par disparaître bientôt sous les alluvions de la station de Miramas.

*a*) Helvétien inférieur.

*b*) Marne grise.

*c*) Grès et sables à débris de Balanes (safre).

*d-e*) Helvétien supérieur à *Pecten scabriusculus*.

Les berges de l'étang de Berre et les collines qui supportent le vieux village de Miramas montrent encore de belles coupes de l'Helvétien depuis le niveau à *P. scabriusculus* qui constitue les sommets jusqu'à la marne bleue (safre bleu de Saint-Chamas) que nous avons vu aux environs d'Istres directement superposée à l'Helvétien inférieur.

Après que la mer eut séjourné pendant l'époque aquitanienne à Montpellier et à Carry près Marseille, elle s'avança vers le Nord pour envahir le bassin du Rhône. A l'Ouest de l'étang de Berre (1), elle forma une mollasse calcaire, blanche, à Bryozoaires *Lithothamnium, Ostrea squamosa* M. de S. Ce dépôt est l'amorce d'une assise remarquable par la constance de ses caractères minéralogiques, par son épaisseur et l'importance de l'exploitation à laquelle il donne lieu, comme pierre de taille tendre, à Cartries (Hérault), Beaucaire (Gard), Saint-Paul-Trois-Châteaux (Vaucluse), Fontvieille près Arles et les Taillades près Lambesc (Bouches-du-Rhône). C'est la mollasse à Nullipores de Fontannes, plus correctement mollasse à *Lithothamnium*, caractérisée par *Pecten præscabriusculus* ; c'est la mollasse marnocalcaire de Depéret (1893). Elle appartient à l'étage burdigalien.

A Montmajor, près Arles, le Burdigalien marin surmonte le calcaire blanc d'eau douce en petits bancs plissés, du groupe d'Aix (Stampien-Aquitanien). Il est nettement discordant avec lui.

A Fontvieille, où les carriers lui attribuent l'épaisseur, peut-être exagérée, de 40 m., il est formé d'une masse homogène, sans bancs séparés, comme dans les carrières de Saint-Paul-Trois-Châteaux. J'y ai recueilli *Pecten præscabriusculus, P. restitutensis, Retepora* et autres Bryozoaires, un grand *Euspatangus, Cidaris avenionensis, Lithothamnium*. Il repose indéfféremment sur les couches d'eau douce du Crétacé supérieur. Il est vers la cote 30 m. d'où il s'élève graduellement sur l'extrémité orientale des Alpilles, jusque vers 240 m. Il repose sur les mêmes terrains qu'autour de Fontvieille. Il borde la chaîne de façon plus ou moins continue au Nord (Saint-Remy) et au Sud, à la lisière de la Crau (Mouriès, Aureille). Des deux côtés il plonge de la montagne vers la plaine, montrant que l'orogénie du pays est, au moins partiellement, postérieure au Miocène. A Aureille il est même vertical, comme le Crétacé supérieur d'eau douce, auquel il s'applique. Il existe d'ailleurs dans le milieu de la chaîne, aux Baux, sur les calcaires de l'horizon de Rognac à Cyclostomidés (*Leptopoma, Bauxia*). C'est toujours un calcaire blanc, formé de débris grossiers d'organismes, parmi lesquels on distingue des *Pecten præscabrisculus* et des *Lithothamnium* entiers.

Le massif de Deffend (309 m.), qui prolonge à l'E. la chaîne des Alpilles, entre Eyguières et Lamanon, est formé de Miocène marin qui occupe à lui seul, du N. au S., toute la largeur de la chaîne. Il est fortement replié en anticlinal. Ce Miocène paraît en rapport, vers Eyguières, avec un dépôt du groupe d'Aix. Grâce à des puits creusés pour la recherche de l'eau, puis pour celle du charbon, à 40 m. de profondeur, dans le valon de Vou redouno, on a pu reconnaître, au-dessous d'un poudingue de cailloux secondaires, quelquefois volumineux, des lits de calcaires

(1) Fontannes et Depéret, X.

rubannnés, tantôt blancs et crayeux, tantôt gris ou même noirs, renfermant des plantes et même des feuillets de lignite. Il y a aussi des silex brun foncé. Certaines plaquettes calcaires contiennent des Planorbes, des Lymnées, des Bythinies, à test aplati. Ces couches d'eau douce ne peuvent appartenir qu'à l'Oligocène.

Dans l'anticlinal du Deffend, que j'ai d'ailleurs visité rapidement, je n'ai pas retrouvé le calcaire blanc de Fontvieille, mais seulement des couches qui paraissent plus récentes ; à la base, de l'argile, puis un grès fin argileux, ensuite un lit de poudingue, et, sur le tout, une carapace de calcaire coquillier et jaune. Celui-ci passe sous les cailloux de la Crau et va reparaître au Sud, entre Salon et Miramas, plongeant en sens inverse.

Le col de Lamanon est un passage de la plaine de la Crau à la vallée de la Durance : il est à 107 m., c'est-à-dire seulement une dizaine de mètres au-dessus du cours actuel de cette rivière. Il est compris entre le Miocène du Deffend et un mur oriental de Néocomien et d'Urgonien orienté du N. au S. Ces calcaires infracrétacés plongeant vers le N. N. O. dominent le col de plus de 200 m., car ils atteignent au signal de Roquerousse 326 m. Ils forment, en s'étendant vers l'E., un plateau que je désignerai sous le nom de Plateau d'Aurons. La brusque apparition de ce massif est évidemment liée à une faille N.-S., que masquent les éboulis au pied de la muraille.

Les bancs de l'Infracrétacé à l'E. du port de Lamanon, plongeant généralement au Nord, sont arasés en une pénéplaine sur laquelle subsistent des témoins quelquefois étendus des dépôts miocènes qui l'ont recouverte. Sur la surface perforée repose un calcaire blanc constitué en grande partie par des *Lithothamnium* à rameaux courts, formant ensemble un thalle globuleux (*Lith. ramosissimum* du Miocène de Vienne). A la Reynaude (O. de Vernègues), les Algues calcaires remplissent un banc qui repose sur l'Urgonien blanc marmoréen perforé et ce banc est lui-même perforé par les lithophages. Aux Sonaillers un calcaire blanchâtre, coquillier, de ce niveau, m'a fourni *Tapes sallomacensis* Font. (Crest., pl. IV).

Au Vernègues le substratum du Miocène est formé par les calcaires néocomiens gris et par l'Urgonien oolithique blanc se succédant régulièrement et plongeant au N. Il n'y a certainement pas de couches du groupe d'Aix (1). Le Miocène s'élève au-dessus du plateau en colline de 110 m. environ, le sommet étant à 389 m. et la base, à l'aplomb de ce point, pouvant se trouver vers 280 m. Les couches inférieures sont des grès ten-

---

(1) Le colonel Jullien en a parlé dubitativement. *B. S. G. F.*, (4), IV, p. 301. 21 juin 1909.

dres un peu marneux (safre) (1), avec quelques Bryozoaires, petites Huîtres, Peignes et autres Lamellibranches. Au sommet, c'est le calcaire grossier jaune.

Au N. O. d'Alleins, vers la Giotte, sous d'anciennes alluvions de la Durance, affleure une mollasse qui s'appuie contre les tranches d'un îlot de calcaire d'eau douce danien, tandis qu'à Alleins elle a l'Urgonien pour support. La discordance est manifeste. Le village est sur l'Urgonien ; à lO. et à l'E., on voit les bancs de la mollasse se relever légèrement comme pour monter sur le plateau.

Du côté est, d'ailleurs, la continuité subsiste entre le Miocène de la plaine et celui de Vernègues. Les bancs miocènes ont une pente modérée, à peine inférieure à celle de l'Infracrétacé. Cette pente a au moins pour une part une origine non tectonique, mais sédimentaire, car un peu plus loin, en suivant le chemin d'Alleins à Saint-Symphorien et à la Maison basse, la surface de contact des deux terrains est presque horizontale tandis que les lits miocènes ont encore une inclinaison très marquée vers la région nord. De même à l'O. de Vernègues, sur la surface subhorizontale du plateau, le Miocène a ses couches nettement inclinées vers le N. O. Les courants marins poussaient les sables vers la région nord et tendaient à combler la dépression durancienne qui était déjà légèrement esquissée. Un peu plus loin, on observe, dans le Néocomien, des vallonnets qui ne sont pas des synclinaux, mais proviennent d'érosions antémiocènes et qui sont remplis de mollasse ou l'ont été, car on y retrouve les perforations de lithophages. Lorsqu'il y a des silex, ceux-ci sont déchaussés et, dans la rainure qui les entoure, les perforations sont bien conservées.

A la Maison basse, aux Carlats, le Miocène est bien encore de la mollasse marno-sableuse, assez argileuse pour alimenter une tuilerie aux Carlats. Elle a fourni aux Taillades le *Pecten Fuchsi* Font. (²) (valve bombée), de l'Helvétien à *Amphiope perspicillata*.

Le plateau s'abaisse assez doucement dans la partie S. O., vers la direction de Salon et la mollasse forme un revêtement continu d'Aurons (300 m.), à Salon (100 m.). Un anticlinal se dessine dans cette surface, et, à une distance à peu près égale de Salon et de Pélissanc, le manteau

---

(1) Le *safre* est une mollasse plus facile à désagréger, quelquefois aussi plus argileuse. Le mot de *mollasse* qu'il conviendrait de ne pas étendre à des formations purement calcaires et employer dans un sens stratigraphique, est originellement, suivant la définition donnée par M. Brongniart, un macigno, c'est-à-dire une roche essentiellement composée de petits grains de quartz sableux distincts mêlés avec du calcaire, du mica, de l'argile et se distingue des autres macignos par sa nature grenue lâche, presque friable : exemples à Genève, Lausanne, Avignon.

(2) Depéret et Roman, I, 5.

de mollasse se fond sur l'anticlinal et laisse apparaître le Jurassique supérieur, les couches de Berrias à *Hoplites occitanicus* et *H. Malbosi* et le
Valanginien, séparant la mollasse du plateau de celle de la plaine. L'allure
de la mollasse enveloppant ce promontoire de terrains secondaires est
bien visible sous N.-D. de Val de Cuech.

Le développement d'argiles bleuâtres marneuses et finement sableuses dans la moitié inférieure du Miocène de ce quartier est remarquable.
C'est un relai entre Istres et Avignon, où M. Depéret a signalé l'existence
de ce faciès « schlier ».

La partie sud du plateau d'Aurons est dépouillée de mollasse à partir de ce village, et de l'anticlinal de mollasse dont j'ai parlé, il ne reste
que la branche sud, de sorte qu'en avant du plateau, la mollasse de la
plaine débute brusquement par des couches presque verticales qui s'al-
longent de l'Ouest à l'Est. Les couches inférieures argilo-sableuses forment un fossé au pied du plateau secondaire, tandis que les calcaires
roux supérieurs alignent parallèlement une crête pittoresque visibe sur
la carte. Au moyen âge on en avait choisi un point pour bâtir le château
de la Pène, dont quelques pans subsistent encore.

A partir de là, la ligne de séparation entre le Secondaire du plateau
et le Miocène qui est au Sud cesse d'être l'affleurement d'une surface
sédimentaire : c'est une faille qui se poursuit jusqu'à la route, vers
Bidaine au Nord-Ouest de Lambesc. Mais en même temps l'accident se
dédouble de la manière suivante.

La ligne d'affleurement des bancs fortement redressés s'infléchit un
peu au Sud pour passer au pied Sud des îlots néocomiens des Ribons et
des Fédons.

Au Nord de ces îlots, on la retrouve en pente douce vers le Nord et
c'est avec cette pente qu'elle vient buter contre le Néocomien du pied du
plateau. Il y a donc deux failles, ou plutôt une faille accompagnée, au
Sud, par un anticlinal le long duquel perce le Néocomien d'une manière
intermittente. En ces derniers points, l'anticlinal dégénère en faille. Cet
anticlinal est visible le long de la grande route, puis au Nord de Lambesc,
il passe au Calvaire, et est encore visible au Petit Saint-Paul.

Il résulte des faits précédemment exposés que la mer miocène a eu
pour fond, autour du plateau d'Aurons et sur ce plateau lui-même, une
pénéplaine qui coupait en biseau les bancs néocomiens relevés par un
mouvement antérieur. Le plateau avait déjà un certain relief. Ainsi
s'explique la rapide dénivellation du Miocène en allant vers Alleins, car
ce terrain ne paraît pas avoir subi de ce côté un mouvement capable de
le porter du niveau du village à celui du plateau : il semble s'être accu-
mulé au pied de celui-ci et n'avoir guère obéi ensuite qu'à des mouve-

ments d'ensemble de la région. Ainsi s'expliquerait peut-être aussi l'absence des Algues calcaires en dehors du plateau, soit au Nord soit au Sud. La surface du plateau située moins profondément sous la surface de la mer recevait la lumière nécessaire aux Algues, tandis que dans les parties les plus profondes les rayons étaient trop atténués. Dans ces parties plus profondes s'accumulaient les sables et les argiles qui ne pouvaient pas remonter sur le plateau, et ce n'est que lorsque ceux-ci eurent à peu près comblé les dépressions que le dépôt sableux put se faire aussi sur le plateau par-dessus le calcaire blanc à *Lithothamnium*.

Les courants devaient porter vers la région Nord, d'après deux cas que j'ai observés d'inclinaison des lits miocènes sur une surface horizontale.

Les mouvements postmiocènes sont attestés par la brusque élévation du plateau du côté de Lamanon et par la double ligne d'anticlinaux et de failles qui sont au Sud et vont de Salon à Lambesc.

La mollasse entre Pélissane et Lambesc est sableuse. J'ai reconnu la présence d'*Ostrea crassissima*, de *Pecten scabriusculus*, d'*Ostrea Bablayei*.

La mollasse de Salon s'avance vers le Sud par Saint-Chamas, Istres, jusqu'à la mer, pour rejoindre celle de la Couronne et de Carry, dans le golfe de Marseille. Elle s'appuie sur les terrains crétacés et, plongeant à l'Ouest, disparaît, tout le long de cette bande, sous les poudingues de la Crau, où elle va rejoindre souterrainement celle d'Arles qui plonge au Sud.

### COLLINES DE LAMBESC : LAMBESC A ROGNES

La dépression des Taillades, où passe la route nationale de Paris à Nice, sépare le plateau d'Aurons des collines de Lambesc. Le sol est généralement formé par la mollasse tendre ou safre qui repose sur les têtes des bancs néocomiens avec une inclinaison légère, indépendante de celle du Néocomien et quelquefois inverse (1). La surface de séparation est perforée et les crêtes formées par les bancs durs sous les délits schisteux sont arrondies. L'inclinaison des lits de mollasse résulte en général du simple déversement des sables fins en forme de talus au fur et à mesure de leur apport. La mollasse est parfois assez argileuse pour alimenter des tuileries (aux *Carlats*). Quelquefois des cailloux à surface verte sont épars dans le sable. Certains lits sont semés de grains de chlorite. J'ai recueilli : *Pholas (Aspidopholas) Lamarcki* Math. (X, 8, 9 ; *Pecten (Æquipecten) operculare* Linn., cf. v. *tauroelongata* Sacc. (XXIV, III, 23), mais avec des côtes un peu moins serrées, costule visible entre les

(1) *A. F. A. S.*, 1885, fig. 65, 66, 67.

côtes principales, *P. Fuschi*, aux Taillades, conforme à un échantillon du Plan d'Aren et au type de Fontannes. Cette mollasse au Nord de Lambesc est donc helvétienne. Il y a toutefois, sur certains points, des couches plus anciennes, de faciès différent : vers le château des Taillades, le calcaire blanc grossier à *Lithothamnium* est exploité. Le calcaire blanc se retrouve au-dessus des Taillades, à Binet (416 m.) et au Castelas (479 m.), avec *Lithothamnium*, *Pecten præscabriusculus* Font., *Spondylus gœderopus* (Linn.) var. *Deshayesi* Sacco (r. 8-13). La partie supérieure des deux derniers îlots est un grès grossier, de couleur bise, formé de menus débris de coquilles, avec petits cailloux de quartz blanc. Ces cailloux deviennent libres à la surface du petit plateau de Binet (1).

L'îlot de Binet est transgressif sur le Néocomien et sur un poudingue calcaire qu'on retrouve à l'Ouest jusqu'au delà de la route nationale. J'ai rapporté ce poudingue au groupe oligocène d'Aix. L'îlot du Castelas ne repose pas sur le Néocomien, comme je l'avais remarqué sur la feuille d'Aix, mais sur un lambeau d'Oligocène, comprenant des marnes et du calcaire qui, amorcé sur la feuille d'Aix, s'étend largement sur celle de Forcalquier, jusqu'à la Roque-d'Anthéron. Il y a en outre, entre l'Oligocène et le Néocomien qui forme la crête de la montagne, un peu de calcaire et de marne rouge du Danien d'eau douce. J'y ai trouvé *Bauxia*, *Cyclophorus*, *Palæostoa*.

Le Miocène de Binet incline vers l'Ouest comme pour se joindre à celui des Taillades, et il forme avec le Castelas, la chapelle Sainte-Anne et au delà, une chaîne presque continue jusqu'à la Roque, sur la Durance. Les calcaires d'eau douce qui supportent le Miocène sont en contact par faille avec le Néocomien. Ces failles se sont produites entre l'Oligocène et l'invasion marine, comme l'indique l'îlot de Binet, à cheval sur les deux terrains, et je ne doute pas que le Néocomien, qui forme la partie Nord-Ouest des collines de Lambesc, ne fût recouvert par le Miocène qui y montait doucement depuis la vallée de la Durance. D'autre part, l'altitude de Binet et surtout celle du Castelas (479 m.) est si voisine de celle du point le plus élevé de la crête néocomienne qui est au Sud (482 m.) qu'on aurait mauvaise grâce à refuser à celle-ci la même couverture miocène. Les collines de Lambesc, tout en ayant une élévation certainement moindre qu'aujourd'hui, pouvaient posséder dès le Miocène un certain relief qui a favorisé au début le développement des *Lithothamnium*, à l'exclusion de la sédimentation détritique.

Ici, comme au plateau d'Aurons, le Miocène se retrouve au Sud de la région élevée, dans une position verticale dénotant un mouvement postmiocène qui a produit une brusque dénivellation entre les deux

(1) Cf. D. Martin. C. R. Collaborat. Carte géol., pour 1906, p. 155.

régions. La ligne d'affleurement de la surface séparative du Néocomien et du Miocène court, un peu brisée, de Libran à Caire, mais ses éléments principaux sont orientés, comme au Sud d'Aurons. E.-1/4 N. E. La mollasse est à peu près concordante, suivant cette ligne, avec le Néocomien et en aucun point le contact ne se fait par faille (1).

En descendant de Caire vers Lambesc, dans la direction du Nord-Est, on peut établir la série suivante, très complète, des couches miocènes, dans l'ordre descendant.

10. — Terre rouge noduleuse, avec cailloux néocomiens anguleux dans la partie supérieure...................... 8 m.

9. — Calcaire blanc tantôt travertineux, tantôt crayeux.. 10 m.

Au Nord du Petit Saint-Paul : *Helix, Planorbis incrassatus* Rambur = *P. præcorneus* F. et T. Ce dernier est plus petit, plus ramassé, plus ombiliqué, mais ce sont des caractères qui s'effacent avec l'âge.

8. — Marne jaune panachée de gris................. 2 m.

7. — Safre scintillant, piqueté de points rouges, d'autres fois gris, avec marne à la base...................... 7 m.

6. — Calcaire jaunâtre semé de quelques grains de glauconie, plein de coquilles brunes (*Cardita Jouanneti*, etc., voir la liste plus loin) ...................... 1 m.

5. — Grès jaune marneux, tendre ................... 1 m. 60

4. — Banc de grands Peignes : *P. scabriusculus* Math., *P. improvisus* F. et T., *P. Cavarum* Font., *P. planosulcatus* Math., *P. subholgeri* var. *cucuronensis* Font.............. 0 m. 50

3. — Calcaire grossier, jaune, formé de menus débris de coquilles, alternant avec des lits de sable glauconieux : pierre de taille. Bel exemple de stratification entrecroisée dans la traverse à l'Est de l'église de Lambesc..................... 15 m.

2. — Safre argilo-sableux ......................... 50 m.

1. — Mollasse caillouteuse, dure, pouvant être le prolongement des couches à *Lithothamnium* des hauteurs........ 10 m.

0. — Néocomien.

Fontannes a indiqué ainsi qu'il suit la composition des « terrains néogènes du plateau de Cucuron ». Je numérote de même les couches qui correspondent à celles de la série ci-dessus :

10. — Limon rouge à *Hipparion.*

9. — Calcaire blanc à *Helix Christoli.*

(1) Contrairement à ce que dit Paul Lemoine qui étend la faille de Pélissanne jusqu'au delà de Rognes : *C. R. Acad. Sc.*, 21 juin 1909.

8. — Marne à lignite.

8. — Marne et sable fin, sans fossiles, dépôt très constant. 12-14 m. — Marne argileuse à *Eastonia rugosa, Ostrea crassissima*, 7-8 m.

6. — Marne grise à *Proto rotifera, Cardita Jouanneti*.

5 à 3. — Calcaire à *Pecten planosulcatus*, grands *P. scabriusculus*, en 3 bancs.

2. — Marne sableuse jaunâtre (2 de la coupe de Lourmarin à Cadenet).

1. — Calcaire grossier à Nullipores.

On voit que les deux séries se correspondent parfaitement et généralement sans différence pétrographique notable pour les représentants d'un même terme pris dans les deux localités. La valeur homotaxique des termes de la série de Lambesc se trouve ainsi nettement établie.

A La Couelle, au milieu de l'assise 2 particulièrement argileuse, un banc vertical m'a fourni :

*Turritella terebralis* Lamk. in Bast., I, 14 ; Grat. Turril., I, 1, 2, var. à tours arrondis et var. à tours plats, à peine carénés, suture peu profonde, angle apical aigu : cf. var. *turritissima* Sacc., XIX, I, 17.

*Pleurotoma (Clavatula) Jouanneti* in Bell., VI, 25, mais moins effilé et à carène plus obtuse — *Pl. semimarginata* var. D. Grat. Pleur. I, 15.

*Arca Okeni* May. *Journ. Conch.*, VI, XIV, 7, 8 ; 1857.

*Ostrea crassissima.*

Le n° 6 m'a fourni, principalement près de Boisvert, une faune assez riche qui justifie pleinement l'assimilation de cette couche aux marnes à *Cardita Jouanneti* de Cucuron.

### ROGNES

Entre Caire et Rognes, la limite du Néocomien et du Miocène, qui courait jusque-là vers l'Est le long des collines de Lambesc, tourne vers le S.-E., et les couches miocènes, cessant d'être fortement relevées, prennent un léger plongement vers l'Ouest, au pied de la colline néocomienne située au N.-E. de Rognes, dont le relief paraît complètement antérieur au Miocène. Entre Rognes et Caire, on peut, grâce à d'importants ravinements, bien observer le safre très développé dans cette région. Quelques petits cailloux roulés y sont disséminés. J'y ai recueilli, vers la Chapelle-Saint-Marcellin et Ribes :

*Scutella paulensis* Lamk., Gautier.

*Ostrea gryphoides* Schl.

*O. granensis* Font.

*O. tegulata Goldf.*

*O.* cf. *crispata* Goldf., LXXVII, 1 *bc* ; cf. *gigensis* Schl.

*Anomia.*

*Pecten nimius* Font.

*Glycimeris Menardi* Desh. sp. (*Panapæa*), Hoernes, II, II.

Au pied Nord-Est du village de Rognes, la base du système est moins développée, parce que le dépôt, effectué sur une pente du Néocomien, n'a commencé que plus tard, à cause du niveau plus élevé du fond. La coupe qu'on peut relever en partant de là pour aboutir au sommet du monticule du vieux Rognes, couronné par les ruines d'un château du XIV⁰ siècle, est très intéressante.

La partie orientale de la coupe est formée par le calcaire néocomien blond clair, en bancs de 30 cm. en moyenne, plongeant de 40° vers le Sud. On voit la superposition du Miocène 6 m. au-dessus de la route, là où débouche le siphon du canal du Verdon. Cette formation débute sur le Néocomien par 5 m. de sable *e* de couleur bise, que surmonte brusquement un calcaire tout formé de coquilles littorales triturées *d*. Des blocs plus gros que la tête, de calcaire néocomien peu roulé, toujours percé d'*Aspidopholas,* y sont pris. Sous l'école, on voit aussi des cailloux roulés dans la mollasse ou safre. Celle-ci augmente d'épaisseur dans cette direction qui est celle de l'Ouest, et aussi vers le Nord. Le calcaire coquillier *d* supporte les aires. Il a environ 2 m. et plonge de 10 à 15° vers le Sud, tandis qu'au Sud du village le plongement Nord est très marqué. La formation des dépôts sur les pentes sous-marines suffit à expliquer ces différences de plongement.

En montant des aires (*d* de la coupe) et de l'école communale de Rognes vers la ruine du château située à l'Ouest, on traverse des alternances de grès tendre semé de grains glauconieux et de calcaire tout formé de débris de coquilles, *c*. Cet ensemble a environ 50 m. Les grains de glauconie sont vert-foncé, lustrés, donnent, en s'écrasant, une teinte vert-jaunâtre et fournissent les réactions du fer et de la potasse. Environ 6 m. au-dessous de la plate-forme terminale, un banc de calcaire coquillier, compact, homogène, *b*, repose sur une mollasse à grain fin dont la surface est usée, corrodée, durcie et brunie. Quelques coquilles moins brisées, notamment des Peignes associés avec des fragments remaniés des lits inférieurs, forment le premier revêtement du lit décapé. J'y ai reconnu : *Conus turricula* Brocc., II, 7. *Turritella terebralis* (Lamk.) Bast., I, 14. *Chlamys substriata* d'Orb., valve droite. Le bord antérieur montre le commencement de la courbure du *Pecten nimius* Font. De même, entre les côtes géminées commencent à se dessiner les côtes intercalaires de cette espèce. Mais le bord supérieur de l'oreillette antérieure est côtelé radialement, ce qui n'a pas lieu dans l'espèce de Fontannes. Valve gauche à côtes de force alternée, la côte faible plus rapprochée de la côte forte qui la suit que de celle qui la précède, du moins dans le milieu de la coquille. *Chl. multistriata* Sacco XXIV, 1, 16 var. *elongata* et 17 *binicostata*, sont les figures qui donnent le mieux une idée de cette forme. *Chl. gloria maris* (Dubois) Ugolini, x, 2, a l'angle apical plus grand et les côtes principales de la valve gauche plus fortes que dans mes Peignes de Provence.

Au-dessus de la plate-forme, un témoin *a* de bancs plus élevés subsiste sous la forme d'un bloc de quelques mètres cubes, où l'on peut observer un joli exemple de stratification entrecroisée. La partie inférieure est une mollasse fine plongeant légèrement au Sud. Sur ses lits coupés en biseau, s'applique une masse de calcaire coquillier plongeant fortement vers le Nord. Cette forte discordance, produite sous l'action du courant pendant la stratification et indépendante du mouvement du sol, montre combien il faut être réservé dans l'interprétation des plongemens de la mollasse lorsqu'on ne peut pas l'observer sur une étendue suffisante.

A peu près au niveau du vieux château de Rognes correspondent les bancs exploités au Sud du village. C'est une agglutination de menus débris de coquilles triturées par les vagues, constituant une pierre de couleur jaune, poreuse, assez facile à tailler, connue dans la région sous le nom de pierre de Rognes. On n'y trouve guère d'autres fossiles un peu entiers que des dents de Squales. J'y ai reconnu de petits *Pecten cavarum, P. substriatus, Ostr. crassissima*. Un débris d'Hippopotame au Musée de Marseille, un fragment de mâchoire de Ruminant dans la collection de M^lle Rostan, actuellement au Musée d'Aix, en proviennent. C'est l'équivalent des bancs 4 à 6 de la coupe de Lambesc.

Au Sud de Rognes, on passe à travers de multiples carrières de calcaire coquillier jaune, sous lequel on observe le safre glauconieux signalé sous le château de Rognes, puis un calcaire blanchâtre celluleux, à moules de coquilles, avec beaucoup de petits galets, par lequel le système repose sur le calcaire blanc d'eau douce, oligocène, dans la vallée de Concernade. Au Nord de Fontmarine et des Mauvarres, le calcaire blanc est recouvert par une marne argileuse de couleur claire qui se développe à l'Est, avec *Ostrea crassissima*, en même temps qu'au-dessus de ce calcaire apparaît un grès fin, gris clair ou même verdâtre, qui renferme des *Helix* et des Cyclostomes. Ce safre est le premier dépôt formé au moulin de Saint-Julien, à l'Est de Rognes, en discordance et transgression sur

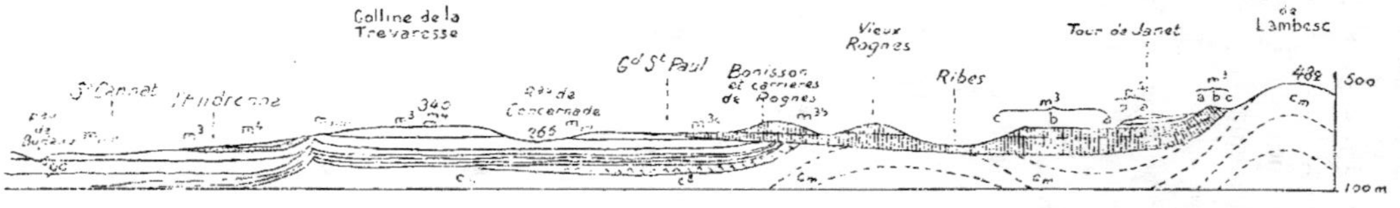



Fig. 15. — Coupe par Saint-Cannat, Rognes, la colline de Lambesc.

M₁₋₁ₙ. Oligocène (groupe d'Aix de Fontannes) : calc. banc d'eau douce et saumâtre, et, à la base, marne rouge et poudingue. — C⁷, Calcaire à *Lychnus* et marne rouge ; Danien (étage de Rognac). — Cm, Calcaire néomien. — M₂, de l'Andronne et de la Trévaresse : Calcaire coquillier surmonté de marne grise. — M¹, de l'Andronne : Marne blanche et débris de calcaire blanc lacustre, surmontés de terre rouge et cailloux roulés. — M¹, sur la Trévaresse : 1° Pondingue roussâtre ; Calcaire brun concrétionné ou blanc et crayeux, parfois fisuleux ou carié ; *Planorbis præcorneus*. — M²ᶜ, Calcaire blanchâtre rempli de moules de coquilles marines (le grand Saint-Paul), safre à mica blanc et glauconie, avec lits graveleux plus durs, à la base, contre la colline de Lambesc : 80 m. — M²b, 1° Calcaire coquillier ordinairement jaune quelquefois entremêlé de mollasse, exploité dans les carrières de Rognes ; 25 m. ; 2° Mollasse grise à grand Peignes (*P. scabriusculus, P. planosulcatus*) du chemin de Junet, au-dessus de Bois-Vert, et en allant vers Lambesc : 0 m. 50. — M²ᵃ, 1° Mollasse tendre : 1 m.; 2° Mollasse moduleuse, jaune : 0 m. 60 ; 3° Banc dur à coquilles brunes dans une marne blanchâtre ; *Ancillaria glandiformis, Cardita Jouanneti*, mêmes Peignes : 0 m. 50 ; 4° Sables très fins entre deux lits de marne : 8 m. — M¹b, Calcaire blanc, un peu caverneux, à grand *Planorbis præcorneus* : 10 m. — M¹ᵃ, Marne rouge et poudingue : 10 m le calcaire et les marnes rouges inférieures de l'Oligocène, sur le Danien à *Lychnus ellipticus* et *Leptoloma Baylei*, et enfin sur le Néocomien, les uns et les autres redressés. Il renferme des galets néocomiens.

Ce n'est pas seulement à la limite des dépôts qu'on peut constater la discordance de la mollasse avec l'Oligocène. Peu à l'Est de Tournefort, il y a sous les aires des bancs de calcaire blanc oligocène fortement relevés vers le N. N. O., dont les têtes sont arrondies et percées, sur toute leur surface, de trous de lithophages.

Le safre du moulin de Saint-Julien s'amincit et disparaît aux Mauvarres, où le dépôt inférieur du Miocène est un calcaire blanc marneux rempli d'*Ostrea granensis* Font., espèce burdigalienne dans la Drôme, attribuée au même niveau par Roman (1) dans le Bas-Languedoc. En Algérie, d'après Savornin (2), cette espèce est encore dans le Burdigalien, à Sidi Aïssa, avec *Pecten Beudanti* et *Chlamys Davidi*. Les figures de Fontannes, VI, iv, 1-3, conviennent parfaitement aux échantillons d'*O. granensis* des Mauvarres par tous leurs caractères, notamment par l'intercalation de côtes d'abord faibles, qui deviennent graduellement égales aux autres, simulant une dichotomie. La forme dominante dans nos échantillons est au moins aussi allongée et acuminée que la figure 2 de Fontannes et atteint 11 cm. de longueur.

Le présent travail rectifie la coupe donnée par Fontannes (3) pour Rognes que cet auteur représente comme posé sur la molasse à *Pecten præscabriusculus*, en concordance avec les sables et argiles bigarrés reposant sur le calcaire crétacé. Il dit même que « la molasse à *P. præscabriusculus* faiblement inclinée couronne les plateaux de Rognes ».

Il n'y a pas de mollasse à *P. præscabrinsculus* à Rognes, et il a méconnu les étages supérieurs se complétant près de là par le Tortonien et les couches d'eau douce. En outre, le Miocène n'est pas concordant avec les terrains inférieurs, parmi lesquels ne se trouvent pas de sables et argiles bigarrés équivalents de ceux des feuilles d'Avignon et de Forcalquier.

Rognes apporte d'ailleurs des documents intéressants sur l'Helvétien par son importante faune de Gastropodes des aires.

(1) Recherches géologiques sur le Bas-Languedoc, thèse de Lyon, 1897.
(2) *CR. Acad. Sc.*, 1er juin 1907, 1300.
(3) *B. S. G. F.*, 1878, pl. (3), VI, iv, coupe 1, et « Terrains tertiaires de la région delphino-provençale du bassin du Rhône », 1881, p. 39.

Trévaresse et plateau de la Touloubre

Le Miocène de Rognes s'amincit vers le Sud, ainsi que cela résulte des indications déjà données. C'est encore plus apparent sur les îlots qui jonchent le revers nord de la Trévaresse, car le mamelon marqué 340 m. au S. de Mandin et celui au S. de Ventre, malgré la faible épaisseur de Miocène qui s'y trouve, 20 m. au plus, sont déjà couronnés par le calcaire travertineux d'eau douce (niveau d'*H. Cristoli*). Outre les îlots que j'ai marqués sur la feuille d'Aix à 1/80000, j'en ai reconnu postérieurement un au jas d'Amour, le long de la route de la Calade à Rognes, dans un petit synclinal de l'Oligocène, allongé vers l'Est ; un autre vers Félines. L'îlot de Cabanes près Beaulieu est formé de sable blanchâtre à *Pecten rotundatus* (Lamk). Font. ; *Anomia* ; petite *Ostrea granensis* Font. Tout le revers nord de cette chaîne de la Trévaresse, qui court de Venelles à Saint-Cannat, a été visiblement recouvert, ainsi que son sommet lui-même.

Ici, comme au plateau d'Aurons et aux collines de Lambesc, la chute vers le Sud est brusque, quoique moins profonde. Sur le revers sud de la chaîne, nous trouvons en effet le Miocène relevé jusqu'à la verticale, la dépassant même quelquefois, comme au km. 4 de la route de la Calade à Rognes, où le canal du Verdon traverse la route. Il y a ordinairement deux anticlinaux très rapprochés et le Miocène a plus ou moins persisté dans le synclinal intermédiaire (l'Arnaude, le Suy, Rians, Marin). Quelquefois même on la retrouve sur l'anticlinal méridional, et en tous cas elle reparaît plus au Sud. Le Miocène s'étend ainsi en un long plateau continu de Saint-Cannat à la Font dou Teoulé, au N.-E. d'Aix. C'est le bassin supérieur de la Touloubre.

La coupe 5 montre la situation près de Saint-Cannat, à la terminaison de la Trévaresse. On y observe de bas en haut :

1. - Calcaire blanc d'eau douce, oligocène.
2. - Calcaire coquillier marin.
3. - Marne grise.
4. - Marne blanche et calcaire lacustres.
5. - Terre rouge et cailloux roulés.

Sur la Trévarèse, au point 340 m., la série reprend :

1. — Calcaire blanc oligocène.
2. — Calcaire grossier coquillier.
3. — Marne grise et poudingue roussâtre.

13

4. — Calcaire travertineux, fistuleux, et même carié comme une cargneule, tantôt brun, tantôt blanc, crayeux, finement pointillé de noir.
*Planorbis præcorneus* F. et T.


Vers la Magdeleine, l'Arnaude, la Pile, les Décanis, on peut
observer plus ou moins complètement, selon les points, la série suivante,
de haut en bas :

6. — Calcaire d'eau douce carié ou tuberculeux, jaune et brun.

5. — Molasse jaune et brune, à tests de Mollusques, prolongeant le
calcaire grosier jaune exploité à Rognes.

4. — Marne grise, verte, parfois rouge, avec nodules de calcaire
bacillaire ; environ 10 mètres.

3. — Safre grossier blanchâtre.

2. — Calcaire grossier gris, blanchâtre, caverneux par suite de la
dissolution de tests nombreux de Lamellibranches entre les moules internes et externes, 4 m. Il forme aux Décanis un petit anticlinal allongé
vers l'Est, qui supporte les maisons du hameau ; *Panopæa, Tapes.*

1. — Friable à la base, le calcaire précédent passe aux Décanis à
un sable planc peu épais, à la Pile à une marne blanche. Ce niveau paraît
être la suite du calcaire des Mauvarres, peut-être en même temps que
le précédent.

0. — Calcaire blanc oligocène.


A Coulavery la série est la suivante, de haut en bas :

6. — Graviers siliceux, cailloux mal roulés, dans une terre rouge,
nettement séparés de :

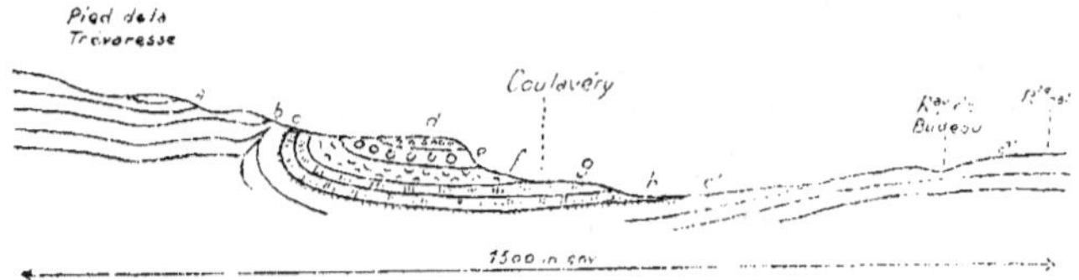


Fig. 16. — Coupe a Coulavery. — Long. de la coupe, 1.500 m. env.


*a, a',* Calcaire d'eau douce et saumâtre (Groupe d'Aix de Fontannes) formant la
Trévaresse. — *b.* Petit anticlinal brisé, dans le même calcaire. — *c.* Surface renversée,
perforée par les litophages. — *d.* Travertin et terre rouge, avec cailloux peu roulés.
— *e.* Terre rouge avec rognons calcaires. — *f.* Calcaire grossier à *Ostrea Boblayei* et
moules de bivalves divers. — *g.* Marne à concrétions calcaires fibreuses. — *h.* Grès
blanc à débris de coquilles et sable fin siliceux, Anomies. — *c'.* Surface perforée.

5.	Terre rouge avec rognons calcaires.

4.	Calcaire marneux brun à Huîtres et moules de bivalves divers. moules de coquilles perforantes. Dans les parties peu altérées, le test des Mollusques se détache en blanc.

3. — Marne à concrétions calcaires bacillaires.

2. — Grès blanc friable, à débris de coquilles, 5 mètres.

1. — Sable siliceux blanc, fin, avec Anomies.

0. — Calcaire oligocène.

A l'est de la route de la Calade à Rognes il n'y a plus de bancs de calcaire coquillier et la puissance des dépôts marins déjà réduite à Saint-Cannat paraît s'atténuer encore, surtout par suite de la disparition des couches inférieures. Voici la succession qu'on peut observer à Saint-Simon (1) :

5. — Limon rouge et calcaire concrétionné, roux.

4. — Calcaire blanc, d'eau douce.

3. — Marne jaunâtre ou grise, parfois sableuse, avec farine fossile : *Ostrea crassissima* variété à canal étroit, 5 mètres.

2. —Marne dure avec un peu de glauconie, cailloux perforés par des Mollusques et des Annélides spionidiens déjà signalés en 1880. Riche faune. Ce petit banc s'observe déjà vers Rians.

1. — Marne et sable gris ou verdâtre reposant sur le calcaire oligocène.

Sur le plateau autour de la Calade le calcaire rougeâtre travertineux qui termine là le poudingue renferme des cailloux plus ou moins roulés, d'origines diverses, entre autres des quartzites bruns. Certains bancs rouges de la formation pontique, à ossements, de Cucuron, passent aussi à la brèche ou au poudingue.

A PESCHIÈRE, près de Saint-Simon, la marne cailloutcuse n° 2 renferme des coquilles marines ayant conservé leur test et souvent se dégageant bien. Elle rappelle tout à fait par son aspect, comme par la nature des espèces fossiles, la marne à *Cardita Jouanneti* de Cabrières-Cucuron. J'ai donné (2) la liste des fossiles de ce gisement. Depuis lors j'ai retrouvé des échantillons que je n'avais pas déterminés, j'ai revu toutes mes déterminations, j'ai profité aussi d'une liste, que m'a communiquée M. Depéret, de fossiles recueillis par MM. Curet et Çaziot. Aussi la nomenclature que nous donnons plus loin est-elle plus copieuse que la première.

(1) Descr. géol. env. Aix, 1880, p. 124.
(2) *Id.*, p. 122.

Vers Puyricard, la Calade, le Miocène marin est tout à fait réduit. Il consiste seulement en quelques mètres de marnes, avec nodules de calcaires farineux et sables très fins, le tout de couleur grise, avec *Ostrea crassissima* dans la marne. C'est la suite du lot 3 de la coupe de Saint-Simon. Par-dessus viennent les calcaires d'eau douce, qui se teintent généralement de rose et cimentent souvent à leur partie supérieure des cailloux variés : calcaires gris et blancs du Jurassique supérieur, silex, quartzites bruns, quartz blancs, et même Huîtres remaniées de la mollasse. Nous avons déjà des cailloux semblables dans la couche 6 de Coulavery. Les quartzites et quartz blancs proviennent très vraisemblablement du remaniement du Crétacé supérieur d'eau douce, où ces roches sont déjà à l'état de cailloux roulés. Entre le Grand Saint-Jean et le point 303 m., le travertin compact, gris ou blond, m'a donné :

*Bithynia leberonensis* F. et T.

*Limnea heriacensis* Font., Dep. et S., 1. 87, 88.

*Planorbis Matheroni* F. et T., Dep. et S., 1, 19-25.

*Hydrobia (Belgrandia) Deydieri* Dep. et S., 1, 12-14.

A partir de Fontrousse, dont le nom est caractéristique, le Miocène est envahi par les sables rouges, et à la limite orientale du dépôt, vers Saint-Hippolyte, la Chapelle-Sainte-Anne, la Font doù Teùlé, c'est la masse entière du Miocène qui est rouge et sableuse. Des lits plus grossiers passent même au poudingue. C'est donc un cours d'eau venu de l'Est qui apportait ces matériaux arrachés au Crétacé supérieur d'eau douce, étendu alors au delà de ses limites actuelles, **par** exemple au Nord de la vallée de Vauvenargues.

Tandis que les couches supérieures de la formation rouge de l'Est du plateau de la Touloubre correspondent à l'horizon d'eau douce que nous avons déjà vu se colorer vers Puyricard, la partie inférieure, de teinte moins vive, est d'origine marine, comme l'attestent quelques fossiles (1) :

*Hinnites Leufroyi* M. de Ser. Ter. tert., v. 1 ; Sacco., XXIV, II, 9-18. Plus large que long (73 contre 68), avec un grand nombre de côtes rayonnantes presque égales, les principales étant beaucoup moins marquées que dans les figures de Sacco.

*Ostrea Boblayei* Dfsh., de taille médiocre.

*Modiola cf. lithophaga, Parapholas ?* représentés par des perforations dans le grès fin et le calcaire de l'Oligocène vers Saint-Hippolyte.

(1) **Voir pour plus de détail** : Collot, Descr. géol. Aix, 1880, p. 122.

Cette formation littorale déborde l'Oligocène et vient actuellement expirer, presque horizontale, sur le Jurassique supérieur, vers la cote 430 m.

### ENVIRONS IMMÉDIATS D'AIX

Le plateau de la Touloubre aboutit au Sud, entre Eguilles et Aix, à des pentes assez raides formées par les affleurements des couches superposées du groupe oligocène d'Aix, contre lesquelles sont ouvertes les galeries d'extraction du gypse. Le bord méridional du plateau est dépourvu de Miocène, celui-ci a été enlevé par les érosions. Mais on le retrouve plus au Sud, l'Oligocène et le Miocène ayant été abaissés ensemble par une flexion, ou pli monoclinal, qui les amène vers le niveau de la ville d'Aix. Cet accident E.W. est bien visible au Nord de la ville auprès de l'Ecole normale (quartier Saint-Europe), au pont des Rosses, qui est à droite de la montée d'Avignon, et dans les tranchées du chemin de fer d'Aix à Pertuis. Pour les détails relatifs à ces gisements, je renvoie à ma description géologique des environs d'Aix (pp. 118 et suiv.). J'ajouterai quelques remarques (1).

Dans la tranchée du chemin de fer, à Saint-Mitre, le Miocène supérieur d'eau douce renferme :

*Neritina grasiana* Font., V, ɪ, 5, VI, ɪɪ, 9-12. Par leur spire presque sans saillie et leur forme transverse, mes échantillons appartiennent généralement à la variété *Escoffieræ*, fig. 12. Le réseau de lignes brunes est très serré, les taches blanches ainsi limitées, très petites.

*Bithynia leberonensis* F. et T., xxɪ, 1, 2. Dep. et S., ɪ, 58 (typique).

*Bithynella Benoisti* D. et D., de Bossée, me paraît différente de la fig. 56 de la pl. ɪ de Dep. et Sayn.

*Hydrobia (Belgrandia) Deydieri* D. et S., ɪ, 12-14.

### AU PONT DES ROSES

*Cyclostoma Serresi* Math., xxxv, 24, 25, a les côtes un peu plus serrées, plus nombreuses partout que celui de Rognes (12 au lieu de 8 entre deux sutures) ; fine striation transversale visible dans les sillons ; péristome continu, à peine évasé.

*Cycl. Draparnaudi* Dep. et Sayn, (, 83, 84, répond à notre fossile ; il est moins régulièrement conique, a les côtes moins larges et plates que celui du même nom de Matheron.

(1) **Dans la coupe du Mont Perrin**, au n° 1, il faut lire pour l'épaisseur du sable : 0 m. 40 et non 9 m. 40.

*Helix Christoli* Math.

*H. Dufresnoyi Math.*, xxxiii, 21-26.

*H. pseudocompurcata* Math., xxxiii, 27-29.

Dans le calcaire sableux rose du Rocher du Dragon (propriété Pontier) à *Tragocerus amaltheus* :

*Helix Gualineri* Font., des sables à *Nassa Michaudi* du bas Dauphiné.

Au quartier de Saint-Eutrope (Ecole normale, ancien établissement des Frères Gris, butte des 3 moulins), j'ai indiqué la succession suivante (1), contre l'Infralias perforé :

1. Poudingue et grès roux, *Ostrea digitalina*. Les cailloux du poudingue ne dépassent guère 4 cm. de long (et non 4 m., comme on a imprimé).

2. Marne à *Ostr. crassissima*, correspondant à celles de la gare et du Mont Perrin, de la Calade, tandis que *O. digitalina*, dans la couche précédente, paraît indiquer le niveau de Saint-Simon ou des marnes fossilifères de Cabrières, qui sont également surmontées par des marnes à *O. crassissima*. Toutes ces *O. crassissima* diffèrent de celles du premier niveau par un canal et des bourrelets ligamentaires plus étroits.

3. Poudingue lacustre.

4. Safre rouge. L'assimilation de ce safre avec celui des quartiers hauts de la ville, du cimetière, donnée avec quelque réserve en 1880, doit être pleinement affirmée.

Il est à remarquer que le gisement de la gare et du Mont Perrin, au Sud de la ville, se présente sous le même aspect lithologique que celui de la Calade, tandis qu'au pont des Rosses et dans les tranchées du chemin de fer de Pertuis le sable siliceux et la couleur rouge envahissent même les couches d'eau douce. La courbe limitant le delta sableux, dont la colline Sainte-Anne représente à peu près le sommet, allait donc du Sud de la ville vers les plâtrières et à l'Est de la Calade, pour se diriger vers Puyricard.

Au Nord de la ville on peut suivre le Miocène vers l'Est d'une manière à peu près continue, en se dirigeant vers Saint-Marc et la Keyrié. Il repose sur une surface inégale formée par les divers étages jurassiques depuis le Lias inférieur jusqu'au Séquanien, qui occupaient déjà, à l'époque miocène, leurs positions actuelles et avaient subi des érosions considérables. On peut suivre dans cette direction l'ascension du Miocène sans trace de faille postérieure, du niveau 220 m. (porte Plate-forme à Aix) jusqu'à 400 m. vers Saint-Marc. C'est un sable siliceux mêlé de gra-

(1) Descr. géol. Aix. p. 121. V. aussi Golfier, *B. S. G. F.*, (3), XXV, p. 188.

viers, près de la ville, plutôt uniformément très fin, autour de Saint-Marc. Dans celui-ci j'ai recueilli :

*Balanus tulipiformis* (Ellis), *B.* cf. *perforatus* (Brug.) selon M. de Alessandri.

*Myriozoum truncatum* (Linn.) selon M. Canu.

*Pecten (Chlamys) substriatum* d'Orb.

La crête formée de Jurassique supérieur, qui domine au Nord la vallée de Saint-Marc, reste constamment au-dessus de ces dépôts : émergée ou plutôt balayée par les vagues, elle n'a pas été couverte de sédiments ; ceux-ci se terminent en biseau sur les tranches du Jurassique. La légère dépression qui les a reçus s'était formée grâce à la moindre résistance à l'érosion des couches allant du Lias supérieur à l'Argovien, qui sont pour la plupart des marnes.

Au sud de la vallée de Saint-Marc, le plateau de PEYRIGUIOU dominait aussi, mais très faiblement, la dépression précédente. La mer y a laissé un épais amoncellement de débris de coquilles triturées par la vague, qui ont été cimentées ensuite par un peu de calcaire cristallin, tandis que les fragments de coquilles sont parfois eux-mêmes dissous. Ainsi s'est formé le calcaire jaune, poreux, de ce plateau. Dans la partie inférieure on trouve quelques coquilles marines roulées :

*Lithoconus antiqus* (Lamk.) ? de forte taille.

*Arca turonica* (Duj.).

*A. Noæ* (Linn.) Hœrn., XLII, 4 ; Sacco, XXVI, I, 1, d'Astigiana ; un peu plus haute que la figure de Hœrnes.

*Ostrea* sp.

La partie supérieure du calcaire grossier de Peyriguiou est plus rougeâtre et ne renferme que des coquilles terrestres.

Sur le calcaire grossier du plateau de Peyriguiou je n'ai pas observé le calcaire travertineux d'eau douce, mais celui-ci se montre nettement, au-dessus de quelques couches marines, sur le prolongement de ce plateau séparé par la gorge profonde de l'Infernet, au nord de Roqueshautes, vers 400 mètres. Il existe aussi aux Bonfillons, près **Saint-Marc**.

Le POINT 376, marqué au nord de la ville, est un mamelon de travertins que j'ai désigné sur la feuille d'Aix de la Carte de France par A$^t$ et qui devrait être noté m$^{3-4}$. Le travertin compact, avec pisolithes irréguliers et petits cailloux dans le haut, renferme des Phryganes, des *Typha*, dans le bas. Il repose sur un grès jaune, tendre avec poudingue de cailloux bien roulés, plats, en partie perforés, qui représente le Miocène marin. Le tout repose sur une faible épaisseur de conglomérat et de marne blanche, de l'Oligocène, et finalement sur le Jurassique supérieur.

Si la molasse du N. O. du plateau de Peyriguiou se raccorde avec celle de la ville par quelques dépôts situés à des altitudes croissantes, il n'en est pas de même entre son bord S. O., à 320 m., et les dépôts qui sont au sud de la ville, à 190 m. Je n'ai pas pu voir au pied du plateau de faille nette, dont l'ouverture serait postérieure au Miocène. La conception d'une dénivellation pré-existante s'accorderait assez bien avec la différence de composition du Miocène de part et d'autre. Il y a des deux côtés des couches marines à la base, d'eau douce au sommet, mais sur le plateau c'est uniquement un grès calcaire résultant de la trituration des coquilles sur une plage, au niveau du déferlement des vagues, tandis que du côté de la ville ce sont des sables siliceux avec galets apportés par les cours d'eau dans les parties basses, puis des argiles déposées dans un fond calme.

Les cailloux roulés de plage se montrent à la sortie de la ville le long de la route d'Antibes et le long de la route de Marseille, sur les premières pentes du Montaiguet. Ils sont emballés dans un sable que l'eau d'infiltration a traversé en les oxydant, et ils sont jaunes.

Au Moulin Saint-Jérôme (1) (îlot m³ isolé au sud de la ville) on observe une sucession analogue à celle du Mont Perrin, mais avec admission des cailloux dont il vient d'être question, seulement plus usés, plus petits. Sur la brèche rouge et le calcaire blanc du Lutécien à *Planorbis pseudoammonius*, inclinés, on trouve en stratification horizontale :

1. Grès fin, de couleur fauve, avec beaucoup de cailloux roulés et quelques débris de coquilles marines.

2. Marne grise avec *Hélix* écrasés, quelques débris mutilés de plantes, très petits cristaux de gypse.

3. Traces de calcaire blanc, d'eau douce.

Au Sud de la rivière du Lar il existe divers lambeaux miocènes superposés à l'Oligocène et à l'Eocène du Montaiguet. Ce sont les sables siliceux mêlés de beaucoup de cailloux roulés, parfois aussi des calcaires à menus débris de coquilles. Le fond sur lequel ils reposent est perforé par les Lithophages. Une terrasse horizontale de cette nature porte le nom caractéristique de plaine des dés (plan dei dédaou). Vers la chapelle de Fonscuberte le Miocène peut atteindre la cote 260 m.

Trois îlots en avant-garde vers l'Est ont été signalés par Golfier (2), le principal à Tirasse, ver la cote 260 m., consistant en gravier et pou-

---

(1) M. de Serres (Not. s. Provence, p. 46) a donné, dès 1843, une coupe géologique du moulin Saint-Jérôme ; elle diffère assez de la mienne, mais l'auteur a remarqué la discordance du Miocène sur le calcaire d'eau douce inférieur.

(2) *B. S. G. F.* (3), XXV. p. 188.

dingue avec débris de coquilles. Nous trouvons encore plus au Sud un îlot que j'ai figuré à Violet, près de Cabriès, où il renferme *O. Crassissima* et *Helix galloprovincialis*, vers la cote 150 m., sur un lambeau d'Oligocène affaissé entre deux failles. Au delà encore ce sont les témoins signalés par M. Fournier au Moulin Berthet et au Pavillon Clapier, au sud de Bouc, à 190 m. d'altitude et à Sioublanc près Cossimond de la Carte, à 260 m., près du milieu du tunnel de la Nerthe et du *sommet de la chaine*, reposant horizontalement sur le Valanginien vertical (1). Dans la partie W. de la chaîne, sur la feuille d'Arles, l'îlot des Valletons découvert par M. Repelin (2) sert à relier les précédents avec le Miocène de la Couronne. Si ces deux derniers lambeaux sont logés dans des dépressions, et c'est grâce à cela qu'ils se sont conservés, cela tient à ce que les marnes du Valanginien et de l'Hauterivien, qui les supportent, avaient été érodées avant leur dépôt un peu plus profondément que les calcaires voisins. C'est ce qui s'est passé, sur une plus grande échelle, à Saint-Marc.

### NORD-EST DU DÉPARTEMENT ET AU-DELA

Je ne reviendrai pas sur ce que j'ai dit (3) du Miocène du bassin de la Durance en amont de Pertuis, sauf pour préciser quelques fossiles.

Au sud de Jouques le Miocène qui s'appuie sur le pied de Concors rappelle beaucoup celui de Peyriguiou. C'est aussi un dépôt de coquilles triturées, fait au niveau du battement des vagues. Quelques coquilles marines ont résisté, par exemple *Arca (Anadara) diluvii* (Lamk.) Sacco, XXV, iv, 5, que j'ai cité antérieurement sous le nom de *A. Fichteli*. Les coquilles terrestres y venaient directement des pentes voisines par le ruissellement des eaux. Outre des *Helix*, qui sont ceux de Peyriguiou, il y a *Glandina aquensis* Math., *Cyclostoma Draparnaudi* Math.

Il est intéressant de noter la transgressivité de la formation d'eau douce par rapport à la mollasse marine de Jouques. Au nord-est du village on voit la première déborder la seconde pour former le plateau de Bèdes à l'Adaouste en s'appuyant directement sur les tranches du Néocomien et du Jurassique nivelés et atteignant la côte 433 m. Au Sud le travertin vient reposer directement sur le Danien et l'Eocène lacustres à Chantemerle, à la Grande Bastide, jusque vers l'altitude de 380 m.

La mer miocène, qui a envahi le Vaucluse en même temps que les Bouches-du-Rhône, recevait du côté de l'Est un cours d'eau analogue à

---

(1) Fournier. *Flle Jeun. Nat.*, 1ᵉʳ déc. 1892 ,p. 29 ; *B. S. G. F.*, (3), XXVIII, p. 938. Jacquemet. *An. Soc. Nat. Prov.*, I, 19 (1907).
(2) *B. S. G. F.*, (3), XXVIII. p. 247.
(3) Descr. géol. Aix. p. 126.

la Durance. En effet j'ai signalé à Cucuron, dans les marnes à *Cardita Jouanneti*, des graviers de variolite, roche caractéristique exclusivement du bassin de cette rivière (1). Les eaux descendues des Basses-Alpes ont formé le vaste delta caillouteux du S. O., du département (poudingue des Mées). Des couches à *Ostrea crassissima*, alternant avec des lits à coquilles terrestres, le supportent en concordance dans les environs de Digne (2), et au nord de Mirabeau on le voit relevé par les mouvements alpins. Il n'est donc pas pliocène, comme je l'avais jadis estimé. Sa formation doit avoir commencé d'assez bonne heure vers Digne, tandis que ses parties récentes débordent dans la direction du S. O. par la progression normale du delta, et se superposent près de Jouques (Pey de Durance), au calcaire à *Helix Christoli* et aux limons rouges supérieurs à celui-ci. Elles atteignent ainsi le sommet du Pontique. Les limons rouges peuvent être considérés comme l'avant-garde des galets charriés par les mêmes courants.

L'influence de la terre émergée se fait quelquefois sentir par l'intercalation de lits à coquilles terrestres dans les sédiments marins. A Baury, entre Pertuis et la Bastidonne, j'ai recueilli :

*Helix carryensis* d'Orb. == *H. Orbignyana* Math.

*H. exereta* Bourg. Sansan, ii, 29, forme peu élevée, à dernier tour ample.

*H. Leymeriei* Bourg. Sansan, ii, 50 ?

*H. Michelini* Math., à rapprocher de *H. sansaniensis* Dup. in Bourg., comme les échantillons de Rognes, mais surtout pour un échantillon haut et de taille plus forte.

*H. pisum* Math.

*Cyclostoma Serresi* Math.

Aux Auquiers, au Suyet, à Rafinel, près Mirabeau, il y a deux de ces intercalations, la supérieure à l'état de calcaire blanc. J'y ai trouvé :

*Helix carryensis* d'Orb. == *H. Orbignyana* Math.

*H. pisum* Math.

*H.* cf. *galloprovincialis* Math. avec tours un peu plus ronds et, par suite, sutures un peu plus profondes. Un autre *Helix*, globuleux, diffère par les mêmes caractères et en outre par la taille sensiblement plus forte, etc.

Ces lits à coquilles terrestres de Pertuis et de Mirabeau nous reportent à un niveau analogue à celui où nous avons trouvé partiellement la même faune à Rognes.

(1) Descr. géol. Aix, p. 131.
(2) Depéret et Douxami. *B. S. G. F.*, (3), XXIII, 1895, p. 874.

En remontant le Verdon jusqu'à Aiguines on retrouve la transgressivité des formations supérieures d'eau douce, sur les terrains secondaires de sa rive gauche. Au sud du village de Montpezat, une marne ligniteuse, située au-dessous du cailloutis, renferme :

*Helix Christoli* Math., etc.

A Bauduen, dans une situation analogue :

*Bithynia leberonensis* F. et T., XXI, 1, 2 type et surtout var. *Veneria* Font., VI, I, 17, 18 : var. *elongata* Dep. et Sayn., I, 56-60.


### STRATIGRAPHIE RÉSUMÉE ET COMPARATIVE

J'ai fait ressortir dans le temps le parallélisme du dépôt à *Cardita Jouanneti* de Peschière et celui des couches d'eau douce qui terminent le Miocène des Bouches-du-Rhône respectivement avec les dernières couches marines et avec des dépôts d'eau douce de Cucuron. Mais les calcaires exploités à Rognes, les sables marneux inférieurs, la faune des aires de ce village, restaient comme un grand ensemble confus.

Le tableau ci-après, qui synthétise les documents que je viens de détailler, montre qu'on peut distinguer dans le Miocène du nord des Bouches-du-Rhône toute la série des étages du Burdigalien au Pontique. Ces assises, de faciès variable selon les lieux, sont définies soit par leurs positions relatives, soit par des faunes caractéristiques. C'est ainsi que les fossiles des aires de Rognes accusent nettement un niveau helvétien. Les espèces qui y viennent d'horizons inférieurs y sont représentées par des variétés dont l'identification se fait spécialement avec celles de l'Helvétien des collines de Turin figurées par Sacco et non avec celles d'autres niveaux. De même pour les couches que j'ai attribuées au Tortonien, leurs fossiles ont généralement leur représentation la plus précise dans les figures que le même auteur donne du Tortonien typique d'Italie, parfois du Pliocène d'Astigiana. Cette concordance précise d'un certain nombre de formes donne plus de certitude au parallélisme que telles longues listes de noms spécifiques semblables. Au nom de l'espèce on accolait le nom de son auteur, mais cela n'a qu'un intérêt historique et on ne disait pas le degré de conformité des échantillons avec le type ; souvent même ce n'est qu'à une figure d'un auteur intermédiaire, très différente de la figure primitive, que les échantillons avaient été comparés, sans qu'on en fût averti. Dans ces conditions les listes de fossiles sont des trompe-l'œil. Pour avoir de la précision il faut renvoyer à de bonnes figures et signaler les différences qui peuvent exister avec celles-ci.

Dans le tableau ci-joint j'ai laissé de côté la région littorale des Bouches-du-Rhône qui a été bien étudiée par Fontannes et Depéret.

| | ARLES, W. DE LA FEUILLE D'AIX. | LAMBESC, ROGNES. | SAINT-CANNAT. | PUYRICARD. | AIX. | CHAPELLE SAINTE-ANNE |
|---|---|---|---|---|---|---|
| SARMATIQUE ET PONTIQUE | | Limon rouge avec cailloux disséminés.<br>Calcaire blanc d'eau douce. | Limon rouge avec cailloux.<br>Calcaire blanc ou brun e, d, ou terre rouge avec rognons calcaires à Coulavery. | Limon rouge passant au calc. concrétionné et au poudingue polygénique.<br>Calcaire blanc, d'eau douce. | Calcaire marneux rouge du rocher du Dragon ; grès fin. tendre, rougeâtre à l'E. de la ville (La Torse).<br>Calc. à *Hel. Gualinoi* du Mont-Perrin; calc. sableux à *H.* du pont des Rosses ; calc. travertineux sur Roqueshautes.<br>Grès calcaire à *Helix* de Peyriguiou. | Grès principalement siliceux, rouge. |
| TORTONIEN | Calcaire coquillier jaune d'Istres, Miramas, Pélissanne, le sommet du Vernègues. | Grès marneux sans fossiles.<br>Banc brun à **Card. Jouanneti** et **Ancil. glandiformis.**<br>Banc à *Pecten scabriusculus.*<br>Calc. jaune coquillier du château et des carrières de Rognes, de Caire. | Banc calcaire à fossiles bruns de Coulavery.<br>Marne quelquefois rouge, à nodules de calcaire fibreux. | Marne et sable fin à *O. crassissima.*<br>Marne dure à petits cailloux, faune de Cabrières, à Saint-Simon, Peschières. | Marne à Potamides et *O. crassis.* de la gare et du Mont Perrin.<br>Calcaire grossier à coquilles marin. du Peyriguiou=grès de Saint-Marc. | Grès rouge ou jaunâtre à fossiles marins. |
| HELVETIEN | Grès fin marneux, micacé (mollasse sens. str.) : Saint-Mitre, Istres, Saint-Chamas.<br>Marne grise sableuse : Istres, Pélissanne, Alleins. | Safre glauconieux sur Rognes.<br>Lit à Gastropodes des aires de Rognes.<br>Safre de Lambesc et du N. de Rognes : *Helix* de Rognes. | Calcaire coquillier gris ou blanchâtre.<br>Quelques lits sableux, siliceux blancs (Decanis, Coulavery). | | | |
| BURDIGALIEN | Calcaire blanc à *P. præscabriusculus* et *Lithothamnium* : W. de l'étang de Berre, Fontvieille, les Baux, Aurons. | Lit à *O. granensis* des Mauvares.<br>Calc. à *P. præscabriusculus, Lithoth.,* des Taillades, du sommet des collines de Lambesc. | Marne de la Pile à *O. granensis* et *P. vedasensis.* | | | |

La comparaison du tableau avec ceux qui ont été dressés pour le Vaucluse et une partie des Bouches-du-Rhône par Fontannes, Depéret, pour l'Hérault par Roman (1), permet de saisir l'unité de sédimentation pour chaque âge successif du Miocène, dans le grand triangle qui comprend le sud de l'Hérault, une bonne partie du Gard, les Bouches-du-Rhône, le Vaucluse et se prolonge dans la Drôme. Après l'époque où la mer, faisant une avancée timide jusque dans la Drôme avait reçu les sables à *Pecten Davidi* Font., le calcaire blanc à *Pecten præscabriusculus* s'étendit d'une manière continue des environs de Montpellier jusqu'à Lambesc et du rivage actuel jusque dans la Drôme. La mer gagna même bien au delà, puisque nous retrouvons le *P. præscabriusculus* aux Verrières près Pontarlier, reposant immédiatement sur le Néocomien.

Sur le calcaire blanc se déposèrent ensuite les marnes bleues et les molasses (2) de l'Helvétien. Le Tortonien et les couches d'eau douce qui terminent le Miocène présentent des faciès moins uniformes dans le Vaucluse et les Bouches-du-Rhône. Nous les retrouvons dans l'Hérault et si elles manquent dans l'est de ce département et dans le Gard, cela tient probablement à ce qu'elles ont été enlevées par les érosions.

TRANSGRESSION. — Dans les Bouches-du-Rhône la série n'est pas complète partout. L'invasion s'est faite dans le nord du département en allant de l'O. à l'E. Si l'assise à *Pecten præscabriusculus*, qui ne dépasse guère le méridien de Lambesc, est représentée encore par la couche à *Otrea granensis* des Mauvarres et de la Pile, du moins au delà on ne trouve plus rien qui paraisse correspondre à cet âge. Aux aires de Rognes les premiers fossiles, recueillis très près de la base des dépôts, constituent une faune helvétienne. Cet étage est encore représenté à l'est de Saint-Cannat par quelques minces lits de marnes et de calcaire coquillier grossier à Lamellibranches, qu'on retrouve même à Cabannes sur le revers nord de la Trévaresse. Vers Puyricard (Peschière, Saint-Simon, il n'y a aucun dépôt antérieur à l'assise à *Cardita Jouanneti*, elle-même peu épaisse. A la Calade et à Aix ce dépôt fait lui-même défaut et la série, très réduite, commence seulement avec le lit à *Ostrea crassissima* supérieur, dernier vestige du régime marin. Les étapes d'invasion graduelle de la mer miocène se dessinent donc nettement dans les Bouches-du-Rhône. Nous pourrions d'ailleurs allonger la série des transgressions par la base, si nous voulions embrasser tout le département, en rappelant que la mer aquitanienne était confinée sur la côte de Carry ou envahissait tout au plus le Vaucluse en franchissant notre département

(1) Roman. Rech. stratigraph. et pal. dans le bas Languedoc, pp. 201 et suiv.
(2) Dans le sens minéralogique défini par Brongniart : grès tendre renfermant du calcaire, de l'argile, du mica.

par un étroit chenal sur l'axe actuel de la vallée du Rhône (1). Le long de la côte, les dépôts helvétiens de la Couronne sont de mer plus profonde que les sédiments aquitaniens de Carry. Cela tient pour une part à ce que la mer était toujours plus profonde à l'Ouest qu'à l'Est, mais il y a sans doute encore dans cette différence une part qui provient de l'inégal affaissement depuis l'Aquitanien.

La transgression s'est poursuivie encore après les formations marines (2), puisque autour de Jouques le Miocène d'eau douce déborde les couches marines pour s'appuyer directement sur les terrains secondaires et qu'il en est de même au sud du cours inférieur du Verdon. Le passage du régime marin au régime lacustre ne s'est donc pas fait par un exhaussement général de la région qui aurait circonscrit les eaux dans une cuvette lacustre, à un niveau supérieur à celui de la mer. La séparation des eaux douces et salées a dû se faire par un mouvement de bascule, qui a permis à de nouvelles surfaces de recevoir des dépôts. Le même phénomène s'était déjà produit en Provence à la fin des temps crétacés, où les dépôts d'eau douce de l'âge des calcaires de Rognac débordent largement au nord des couches à Hippurites.

Le régime fluviatile a succédé au régime lacustre, mais avant que le niveau de base se fût sensiblement abaissé, les cailloux pontiques de la Durance ont non seulement occupé la vallée de cette rivière mais sont arrivés dans l'ouest des Bouches-du-Rhône, à l'état de simples graviers. Ils paraissent avoir contourné les collines de Lambesc par l'Ouest et se sont répandus du Nord au Sud suivant une ligne qui va des environs d'Alleins à l'étang de Berre. M. David Martin (3) a constaté leur présence à Casan, au sud-est d'Alleins, vers 200 m. d'altitude, et au sud-ouest, près du sommet de la montagne du Deffend à 256 m. (le sommet est à 309 m. ; on les y trouverait peut-être aussi). J'ai indiqué (4) leur existence sur le plateau au nord de l'étang de Berre, et aussi au sud, vers 200 m.

M. Martin suppose ces graviers étalés par une mer pléistocène à la suite d'un mouvement positif. Comme l'a remarqué M. L. Joleaud (5) cette immersion aurait eu une amplitude invraisemblable pour une trans-

---

(1) Joleaud. Découverte de l'Aquitanien marin. — L'Aquitanien dans le Vaucluse.

(2) Je ne vois nulle part sur le terrain une indication de mouvements entre le Tortonien et le Pontien, contrairement à ce que dit M. Joleaud (terrains néogènes du Comtat, p. 91) : « L'une des conséquences finales des derniers plissements miocènes était aussi de refaire de la dépression du Sud-Est une grande vallée que les eaux continentales pontiennes ne tardaient pas à approfondir et à élargir, surtout aux dépens des formations tortoniennes et helvétiennes ». Où est la trace de ce ravinement à la base du Pontien ?

(3) *Bull. Serv. Cart. géol.*, n° 115, p. 151.

(4) *B. S. G. F.*, (4), IV, 1904, p. 402.

(5) **Descript. des terrains quatern. de la plaine du Comtat.** *Soc. linn. de Provence*, 1910.

gression quaternaire. Je m'en tiens à ce que j'ai admis précédemment, qu'il s'agit là d'alluvions d'âge pontique ayant formé une nappe continue sur le Miocène, avant la dislocation, et descendues la plupart du temps sur les pentes et dans les fonds, sous l'influence du ruissellement. Ce qui a amené M. Martin à attribuer à la mer la dissémination des graviers duranciens, c'est qu'en certains points le quartz laiteux, étranger à la Durance, se mêle abondamment aux éléments dus à cette rivière. Je ne vois dans ces amandes de quartz que le résultat de la destruction de bancs de mollasse qui les renfermaient. Pour s'en convaincre il n'y a qu'à visiter l'îlot de Binet (416 m.) au nord de Lambesc, où la molasse renferme des dragées de quartz blanc et est recouverte d'un petit lit de gravier où ces quartz se sont visiblement concentrés par la destruction partielle du calcaire qui les englobait. La molasse du Deffend, vers Eyguières, en renferme aussi.

### EXISTENCE D'UNE PÉNÉPLAINE MIOCÈNE. — RIVAGE

La formation d'une pénéplaine par l'érosion subaérienne et par l'action des vagues, avant et pendant le Miocène, a contribué beaucoup à constituer la physionomie orographique des Bouches-du-Rhône. Depuis longtemps j'avais été frappé par les lignes horizontales du paysage qu'on découvre lorsqu'on regarde, des points élevés des environs d'Aix, vers le Sud ou vers l'Ouest. Dans l'Ouest la silhouette anguleuse des Alpilles contraste avec cet aspect de plateau. On pourrait croire que cette orographie est due à l'abondance des terrains tertiaires dont l'horizontalité se retrouverait dans la forme du terrain. Il n'en est rien. Toutes les formations antérieures au Miocène, aussi bien les tertiaires que les secondaires, se relèvent çà et là, quelquefois jusqu'à la verticale, et sont arasées de telle façon que les anticlinaux ne se traduisent souvent par aucun relief à la surface du sol. Des masses importantes ont disparu sur les anticlinaux, par exemple tout le Crétacé supérieur sur la chaîne de la Nerthe. Les racines, souvent verticales, du pli, subsistent seules et cependant, vue du Nord, cette chaîne profile sur le ciel une ligne droite à peu près horizontale, remarquablement exempte, de Septèmes à sa terminaison occidentale, de ces dentelures que présentent ailleurs les couches verticales.

Le Valanginien et même le Jurassique supérieur apparaissent près de Lançon et de Pélissane fortement redressés et entourés d'Infracrétacé plus jeune, et le tout affleure sur une plaine uniforme. Le pentes raides des ravins, que l'eau a plus tard creusés au-dessous de cette surface usée et régulière, contrastent par la raideur de leurs pentes avec l'aplanissement général.

En résumé, l'horizontalité si nette de tant de lignes de notre paysage résulte de l'existence d'une pénéplaine qui a servi de fond à la mer miocène. Cette surface est privée aujourd'hui, en grande partie, des dépôts qui l'avaient recouverte.

A l'Est, on retrouve un plateau, celui de Peyriguiou, dont la ligne contraste avec la haute falaise de Sainte-Victoire qui la domine ; ce plateau a gardé son manteau miocène. De ce côté, d'ailleurs, ce n'est pas seulement Sainte-Victoire qui coupe la ligne horizontale : la barre du Cengle, les hauteurs de Trets, le Pilon du Roi, l'Etoile, les hauteurs de Vauvenargues, Concors, ne présentent à l'horizon que lignes montantes et descendantes. Ces saillies appartiennent à la région qui n'a pas été occupée par la mer miocène.

La séparation des deux régions s'établit assez bien suivant une ligne qui se maintient vers 400 mètres, des environs de Jouques jusqu'à l'Est d'Aix, puis s'abaisse aux environs de 300 m. vers Septèmes. La ligne laisse à l'O. tous les gisements conservés du terrain miocène. Pour tenir compte de la disparition d'une partie des dépôts qui pouvaient s'étendre encore plus à l'Est et aussi de la profondeur de l'eau sous laquelle les dépôts se sont formés, il y a lieu d'imaginer la ligne du rivage comme un peu plus élevée et reportée plus à l'Est que la courbe de 400-300 m. La mer venait battre le pied des falaises par lesquelles se terminent vers l'O. les chaînons montagneux de la région.

Le pli de Lingouste se dirige vers l'O., est coupé par la Durance au pertuis de Mirabeau et se retrouve de l'autre côté dans le sommet jurassique de Saint-Sépulcre, à 570 m. La région de Mirabeau constitue un ensellement du pli, par lequel les eaux miocènes ont passé. La crête jurassique de Lingouste est tronquée à l'O. et descend brusquement de 605 m. sur 400 m. où elle se perd dans le plateau de Bèdes. Il y a là le fait non seulement de l'ensellement, mais celui de la démolition d'une partie de la crête par les eaux miocènes. La mer a balayé le plateau, voisin de 400 m., sans y fixer de sédiments, mais les eaux douces qui ont succédé aux eaux marines y ont déposé du calcaire. Ce calcaire est en continuité avec celui qui, tout près de là, recouvre les dépôts marins du Miocène formés sur les fonds moins élevés. Saint-Sépulcre et Lingouste dominaient le détroit.

Au Sud de Jouques, le sommet de Sainte-Confosse (780 m.) s'élève rapidement en prolongement d'une crête abaissée et aplanie à l'O. Sur sa pente Nord, le Miocène, marin et d'eau douce, monte vers 400 m.

La crête jurassique uniforme qui domine au Nord la valllée de Vauvenargues s'élève depuis l'O. vers le Gros Baou (600 m.) d'une façon qui, sur le terrain, paraît très brusque. Je dois remarquer toutefois que, pour mettre toute la crête sous les eaux jusqu'au point où se fait la rupture de profil, il faudrait reporter celle-ci, non à la cote 400 m., mais jusque vers 500.

La crête aiguë de Sainte-Victoire se maintient sur plusieurs kilomères aux environs de 1.000 m. avant d'être tronquée à l'O. en une muraille de plus de 500 m. Au pied de celle-ci, le plateau de Peyriguiou s'étend, vers 400 m. d'altitude, entre la vallée de Saint-Marc et la gorge de l'Infernet. Et cette brusque dénivellation n'est pas la conséquence d'une faille. Les couches se prolongent de la crête au plateau, à nu ou recouvertes par le Miocène. Il y a eu 400 à 500 m. de hauteur de roches démolies jusqu'à la falaise actuelle.

Le massif de l'Etoile présente des formes hardies, avec le Pilon du Roi (710 m.), l'Etoile (652 m.), le signal de Septèmes (542 m.), et c'est sur un espace restreint que nous passons de ce massif déchiqueté aux profils nivelés de Simiane, Septèmes et l'ensemble de la chaîne de la Nerthe.

En un mot, les chaînes des Bouches-du-Rhône sont telles que si la mer les avait usées et réduites à un niveau moindre dans leur partie occidentale et si leur région élevée s'était avancée en cap et en falaise vers la mer. Celle-ci aurait d'ailleurs pénétré en golfes entre les plaines. Il a dû ainsi y avoir un golfe de Jouques, un à l'O. de Concors, un dans la vallée de Saint-Marc et Vauvenargues, un autre dans la vallée du Lar, un golfe de l'Huveaune. L'érosion a fait généralement disparaître les dépôts formés dans ces golfes.

La transgressivité des dépôts miocènes au voisinage de la ligne de rivage que je viens d'esquisser, sur les têtes de couches diverses, leur passage même sur certaines failles, montrent l'antériorité des mouvements les plus importants qui ont affecté cette région par rapport à la période miocène (1). C'est en vertu de ces mouvements que s'était constitué le relief limitant et dominant la mer miocène.

Le long de la ligne sinueuse que nous venons de définir, des environs de Jouques à ceux de Septèmes, divers caractères des dépôts confirment que cette ligne est voisine de celle du rivage. Les calcaires grossiers, dépourvus de marne, formés de coquilles triturées par la vague, du pied de Concors, de Peyriguiou, sont des formations de plage sous-marine. Les coquilles terrestres de Mirabeau, du pied de Concors, de Peyriguiou,

_________

(1) Voir les coupes données dans : Descr. géol. Aix, II, 1, 2, 3, 4 ; III, 1, 2, 3 ; IV. 2, 4, 6 ; Descript. mioc. Aix ; Diversité mioc.

19

sont en rapport avec l'existence d'une terre à l'Est. L'invasion des sédiments par des sables siliceux et des graviers au Nord et à l'Est d'Aix, par des galets de plage au Sud de la ville et sur les pentes du Montaiguet, témoignent encore de la proximité du rivage. Dans la vallée de la Durance, nous voyons aussi venir des régions orientales les galets des Mées, précédés par le limon rouge du Léberon. Les limons ont été portés au loin, soit sur les formations marines, soit directement sur les terrains secondaires de la région littorale, puis à mesure que le delta caillouteux progresse, ils sont eux-mêmes recouverts par le poudingue.

Ainsi la ligne de rivage, de l'époque miocène à nos jours, paraît s'être abaissée de 400 m. pour Jouques, de 300 m. par rapport à la Nerthe et aux environs de Septèmes. La vallée du Lar occupe une position intermédiaire et nous devrions nous attendre à y rencontre le Miocène entre 400 et 300 m. Les lambeaux les plus élevés qui y sont connus n'atteignent pourtant que 260 m. à Tirasse et à Fontcuberte. Mais le golfe s'avançait peut-être assez loin à l'Est et les grandes érosions qui se sont produites dans le bassin ont fait disparaître les témoins extrêmes. L'idée d'un affaissement local post-miocène au Sud de la rivière du Lar paraît devoir être écartée. On aurait pu penser que l'îlot situé au Nord de Cabriès est descendu avec l'Oligocène qui le porte, entre deux failles, à une époque postérieure au Miocène. Mais les îlots peu éloignés, de Violèsi et du moulin Berthet, à l'Est de Cabriès, sont à peu près à la même altitude de 190 m. et reposent sur l'Eocène inférieur et sur le Danien supérieur. L'affaissement de l'Oligocène au niveau de ces derniers terrains et le nivellement du sol sont donc antérieurs.

**SYSTEME PLIOCENE**. — La classification actuelle est la suivante :

Pliocène { Supérieur, Villafranchien, Calabrien.
{ Inférieur, Plaisancien (Astien).

*Plaisancien*. — Cet étage montre des affleurements très rares et très restreints dans les Bouches-du-Rhône. Il offre deux facies très distincts, le facies marin et le facies détritique et continental (1).

Le premier se présente sous la forme d'argiles, bleues à la base, jaunâtres au sommet, renfermant des fossiles plaisanciens tels que *Turritella subangulata, Nassa semistriata, Corbula gibba, Venus multilamella, Ostrea Cochear, Arca Diluvii.*

(1) Fontannes. Note sur la constitution du sous-sol de la Crau et de la plaine d'Avignon. *B. S. G. F.*, 3ᵉ série, t. XII, nᵒ 7, 1884. — Collot. Pliocène et Quaternaire de la vallée du Bas-Rhône. *Bull. S. G. F.*, 4ᵉ série, t. IV, p. 401, année 1904.

*Villafranchien*. — Le second est une formation alluviale, poudingues ou cailloux roulés, ou encore une assise de tufs passant au poudingue latéralement et que l'on classe dans le Villafranchien.

*Affleurements pliocènes*. — Environs de Saint-Christophe ; environs d'Eyguières, La Crau, Bassin de Marseille, Vallée de la Durance, Meyrargues.

*Environs de Saint-Christophe*. — Le lambeau pliocène de Saint-Christophe a été découvert et signalé par Fontanne (1), qui a figuré sa situation dans une coupe de son mémoire sur le plateau de Cucuron. Il figure sur la carte géologique à 1/80.000ᵉ, feuille de Forcalquier, près du bassin d'épuration, sur la rive gauche de la Durance, en face de Cadenet. Il repose directement sur le Crétacé inférieur. Fontannes le rangeait dans son étage Plaisancien et à la base dans l'assise dite « Sables à *Ostrea barriensis* et marne *à Nassa semistriata*. »

Une autre assise pliocène de même date a été rencontrée à 10 mètres environ de profondeur, aux environs de l'usine à dynamite de Saint-Martin-de-Crau, en examinant les déblais d'un puits creusé pour trouver de l'eau. Les fossiles caractéristiques sont *Nassa crypsigona* Font., *Nassa Bollenensis* Tournouer, *Venus multilamella* Lamk (2).

*Défilé de Roquemartine*. — Des affleurements un peu plus importants et dont la situation est particulièrement intéressante se rencontrent près du château de Roquemartine, au débouché Nord du couloir qui sépare la colline jurassique du Mont-Menu du chaînon montagneux jurassique également, qui porte le principal sommet de la chaîne des Baux, signal des Aupies, et l'observatoire avec T. S. F. récemment édifié. Un de ces lambeaux est à l'Est du château et butte contre le crétacé inférieur du Mas de Loque, deux autres séparés par une petite vallée se trouvent l'un près du Mas de Gras, l'autre près de Saint-Hubert. Nous avons pu recueillir là un certain nombre de fossiles caractéristiques : *Cerithium vulgatum* Brug., *Cerith. multigranulatum* de Serres, *Nassa limata* Chemnitz.

Les couches à *Nassa semistriata* se retrouvent dans le même défilé, mais au débouché Sud près du point coté 163 sur la carte d'Etat-Major. La signification de ces lambeaux témoins d'un ancien état de choses est évidente. La mer pliocène, qui couvrait toute la plaine entre Avignon et la chaîne des Baux, couvrait également la plus grande partie de la Crau, et la communication entre ces deux bassins se faisait par le défilé de Roquemartine.

(1) *Loc. cit. ante*, p. 72.
(2) Repelin. Etude géologique et hydrologique de la Crau, Congrès de l'Eau, Marseille, 30 juin 1930, et C. R. A. S., janvier 1931.

*La Crau* (1). — Lorsque la mer, qui remontait dans la vallée de la Durance au moins jusqu'à Saint-Christophe, s'est retirée, le régime détritique a débuté à une altitude de 163 m. au moins, comme en témoignent les alluvions qui constituent la butte portant cette cote dans la partie Sud du défilé et qui sont incontestablement d'origine rhodanienne. Les mêmes apports rhodaniens ont pu se faire à travers les défilés d'Eyguières et de Lamanon. Plus tard s'est formée la partie la plus élevée de la Crau, à laquelle appartient tout le grand plan incliné compris entre Mouriès et Eyguières et peut-être la partie la plus haute du couloir de Lamanon. On peut attribuer encore ces formations au Pliocène le plus supérieur, Villafranchien, réservant les alluvions du grand delta qui sont franchement duranciennes, qui sont arrivées par Lamanon et qui renferment les galets de variolite et de serpentine des massifs briançonnais pour le quaternaire le plus ancien. La limite entre ces deux formations est d'ailleurs à peu près impossible. Il faut interprétr les faits en disant que le régime détritique a commencé dès le Pliocène supérieur et s'est continué pendant le quaternaire.

On doit encore attribuer au Pliocène supérieur la plus grande partie des tufs et travertins qui se trouvent à une altitude de plus de 100 m. aux environs de Marseille et dans la vallée de l'Huveaune, car on a trouvé dans les conglomérats de base de cette formation de 10 à 12 m. de puissance une dent d'*Elephas meridionalis*. Les principaux lambeaux sont : celui de La Viste, qui a fourni cette dent ainsi que de nombreux végétaux ; celui de Saint-Julien, le plus étendu, couronnant tous les reliefs tertiaires entre Marseille et les collines des Romans, d'une part, le Jarret et l'Huveaune, de l'autre ; ceux des environs de Saint-Marcel et de la Valentine, qui ont fourni de nombreux végétaux (2) et une dent d'*Elephas meridionalis*. On peut encore classer dans le Pliocène des galets de quartzite alpins et de granite qui sont à 385 m. d'altitude à La Caume, dans les Alpines, au-dessus de Saint-Remy, et qui sont les restes d'une ancienne nappe alluviale démantelée. Les cailloutis, qui, à 80 m. environ d'altitude au-dessus des alluvions anciennes a', se montrent en divers points dans la vallée de la Durance, peuvent aussi, en raison de leur grande altitude et de leur profonde altération, être rapportés au Pliocène.

(1) Voir *Les Bouches-du-Rhône*, t. XII, vol. « Le Sol ».
(2) La reconstitution de ces végétaux et des insectes qui vivaient à cette époque a été obtenue par moulage des cavités du tuf qui ne sont que des moules externes de ces êtres. Ces moulages se trouvent soit au Musée Longchamp, soit à la Faculté des Sciences.

Terrain quaternaire et récent :

Récent
{ Age du Fer.
{ Age du Bronze.
{ Néolithique.

Quaternaire
{ Wurmien, Monastirien. Terrasses de 15-20 m.
{ Rissien, Tyrrhenien. Terrasses de 30-35 m.
{ Milazzien, Mindelien. Terrasses de 55-60 m.
{ Sicilien, Cromérien. Terrasses de 90-100 m.

Les dépôts quaternaires comprennent les alluvions des basses plaines, formations plus récentes que le Wurmien et caractérisées par leur niveau et par leur faune qui ne diffère pas de la faune actuelle ; des terrasses wurmiennes à 15-20 m. au-dessus des rivières actuelles et des terrasses beaucoup plus anciennes d'une altitude de plus de 80 m.

Affleurements quaternaires. — Vallée de l'Huveaune (alluvions, sables de plage et dunes). Vallée de l'Arc. Vallée de la Durance en amont de Sénas (alluvions anciennes et récentes). Basse vallée de la Durance, région comprise entre Sénas, Châteaurenard et Tarascon. La Camargue et ses abords. Littoral entre Fos et la petite Camargue.

Les alluvions très anciennes se rattachant à la terrasse de 90 à 100 m. (Sicilien) sont très rares dans les Bouches-du-Rhône. On ne peut guère leur attribuer que la formation qui couronne le Miocène des collines de la petite Crau entre Châteaurenard et Saint-Remy, qui font suite vraisemblablement à celles qui occupent le sommet des plateaux de Châteauneuf-de-Gadagne et représentent un ancien lit du Rhône antérieur à la formation de la trouée de Cheval-Blanc entre les collines d'Orgon et l'extrémité occidentale du Luberon. La Durance, àcette époque, se jetait dans ce Rhône quaternaire et donnait encore probablement un bras méridional qui, par le couloir de Lamanon, continuait à combler la dépression de La Crau.

*Vallée de l'Huveaune.* — L'Huveaune prend sa source dans le Var (1). La plaine alluvionnaire, peu importante dans la haute vallée, est assez profondément creusée par le fleuve actuel, et l'on ne trouve pas de dépôts récents dans cette partie. A l'Ouest de Saint-Zacharie, la formation alluviale a¹ de la Carte se rattache, comme celle des environs d'Auriol, au Quaternaire ancien Wurmien. Elle est peu étendue et discontinue. Il en est de même au Sud de Roquevaire. Mais elle se développe énormément entre Pont-de-l'Etoile, Aubagne et Gémenos, où le fleuve a formé autre-

(1) Voir *Les Bouches-du-Rhône*, t. XII. « Le Sol ». p. 186.

fois de grands marais et où des alluvions récentes se mêlent aux anciennes, justifiant la notation a ²⁻¹ de la Carte géologique à 1/80.000°, feuille de Marseille. Pour toute la plaine, depuis Aubagne jusqu'au débouché de l'Huveaune dans la mer, la délimitation précise des alluvions anciennes (Mazargues, Sainte-Marguerite) et des alluvions récentes est impossible ou du moins n'a pas été tentée. Sur le rivage de Bonneveine, de véritables petites dunes s'élèvent sur le bord de la mer et vers Mazargues des formations éoliennes sont exploitées comme sable pour bâtir.

*Vallée de l'Arc* (1). — La haute vallée de l'Arc ne présente, pour ainsi dire, pas d'alluvions. Vers Pourcieux et entre Trets et Pourrières, des éboulis parfois très épais masquent probablement les apports anciens ou récents de la rivière, et ce n'est que vers Palette, au Nord du Montaiguet, que l'on voit apparaître une bande d'abord étroite mais qui s'élargit rapidement vers Les Milles et Saint-Pons et qui représente un lit ancien du cours d'eau. Ces alluvions, profondément entamées par le cours d'eau actuel, sont vraisemblablement wurmiennes, en tous cas elles ont été figurées sur la feuille d'Aix comme alluvions anciennes. Après une interruption correspondant aux cluses de Roquefavour, du Moulin de Velaux et du Moulin du Pont, les alluvions reparaissent au Sud de Coudoux et se développent entre La Fare et Berre en un véritable delta caillouteux de l'Arc.

Cette plaine, formée d'alluvions anciennes de l'Arc, présente vers l'Est l'allure d'une sorte de cône de déjection assez plat. Vers Ferry, le Grand Gaillargue, La Bosque, les cailloux roulés sont de nature siliceuse, grès rouges permiens, melaphyres, quartzites, lydiennes, etc. Sur le bord de la rivière, des alluvions récentes, et même actuelles, occupent les parties basses. Il est très difficile de les séparer des alluvions anciennes dans lesquelles l'Arc a installé son lit actuel. Dans le Nord, sur les rives de la Durançole, les alluvions ne présentent plus le caractère torrentiel : elles sont limoneuses, noirâtres et ont dû se former dans des marécages. Toute la partie inférieure à la cote + 9 peut être considérée comme formation de delta. Elle date des derniers temps quaternaires. Elle est de l'âge de la terrasse qui, aux Martigues, s'élève à cette altitude et contient les cardium et des coquilles terrestres ou d'eau douce. Les limons noirs peuvent être très anciens. Ils sont par places recouverts par les galets de la grande plaine.

*Vallée de la Durance en amont de Sénas* (2). — Des lambeaux d'alluvions anciennes se rencontrent à Meyrargues, Peyrolles et dans d'autres

<hr>

(1) *Les Bouches-du-Rhône*, t. XII. « Le Sol », p. 193.
(2) *Les Bouches-du-Rhône*, t. XII. « Le Sol », p. 199.

parties de la vallée à 15-20 m. au-dessus du lit actuel. On peut les observer entre Meyrargues et le Puy-Sainte-Réparade, aux abords de Saint-Estève-Janson, sur la rive gauche, comme aux environs de Pertuis, sur la rive droite ; puis plus en aval, entre Mallemort et Alleins, ainsi qu'au Sud-Est de Sénas.

*Basse vallée de la Durance.* — La partie basse de la vallée, à l'exception du plateau de la petite Crau formé d'alluvions très anciennes, est formée d'alluvions wurmiennes ou récentes. Sur la Carte géologique, ancienne feuille d'Avignon, les auteurs avaient cru pouvoir séparer les alluvions anciennes $a^1$ des récentes $a^2$. Cette distinction n'a pas été maintenue sur la nouvelle édition, où l'ensemble des deux formations figure sous la même teinte et la notation conmpréhensive $a^{2-1}$.

*La Camargue et ses abords.* — Une description détaillée de cette région figure dans le volume « Le Sol ». Je me bornerai donc à dire que toute la grande région comprise sous cette dénomination est formée d'alluvions récentes notées $a^2$ sur la feuille d'Arles. De véritables dunes existent en différents points sur le bord de la mer.

# CHAPITRE III

## PALÉONTOLOGIE

Nous avons cité, au cours de la description stratigraphique, la plupart des fossiles les plus caractéristiques. Nous nous bornerons ici, pour ne pas nous répéter, à indiquer les particularités les plus importantes de la faune de chaque période, sans insister sur la valeur stratigraphique des types.

Nous allons donc passer rapidement en revue les faunes triasiques, liasiques, celles des divers sous-étages de l'Oolithique, du Crétacé inférieur et supérieur et des divers termes du Tertiaire.

**Trias.** — Les fossiles sont surtout abondants dans le Trias moyen, c'est la faune du Trias de l'Europe occidentale (Trias germanique, Trias lorrain, Trias vosgien), par opposition à celle du Trias alpin, surtout composée de céphalopodes spéciaux. Ici, les céphalopodes sont plus rares et la faune a un caractère néritique.

On cite, en particulier, dans les environs de Toulon :

ECHINODERMES : *Encrinus liliiformis.*
BRACHIOPODES : *Cœnothyris vulgaris* Schloth. sp. Pl. III, fig. 1.

| | |
|---|---|
| *Myophoria,* nombreuses espèces. | *Gervilleia crispata* Math. |
| *Pecten telonensis* Math. | *Pleuromya musculoides.* |
| *Avicula lœvigata* d'Orb. | *Mytilus eduliformis* Schloth. |
| *Lima regularis* d'Orb. | *Ostrea subspondyloides* d'Orb. |
| *Gervilleia socialis* Wissmann. | *.Lima telonensis* Math. |

et de gros lamellibranches indéterminés (1).

Quant aux céphalopodes, on peut citer des Nautiles et des Cératites, et en particulier *Ceratites nodosus* Haan. Pl. III, fig. 1.

---

(1) Matheron figure dans ses « Recherches paléontologiques dans le Midi de la France » : *Terebr. communis.* Bosc. (*Cœnothyris vulgaris*), *T. Potieri* Math., *Ter. Falsani* Math., *Ter. Dumortieri* Math., *Ter. telonensis* Math., *Lima Terquemi* Math., *Lima telonensis* Math., *L. provincialis, L. Jauberti* Math., *Lima Renevieri* Math., *Gervillia socialis* Wissmann sp., *Pecten telonensis* Math., *Avicula Dollfusi* Math., *Av. Terquemi* Math., *Av. telonensis* Math., *Av. Jauberti* Math., *Av. obesa* Math., *Myophoria provincialis* Math., *M. affinis* Math., *M. Kefersteini* Munst. sp., *M. vulgaris* Schloth. sp.

Les principaux gisements sont Lagoubran, les carrières du Faron et divers points aux environs de Toulon. Les gisements de la région de Marseille et d'Aix sont assez pauvres.

**Jurassique.** — LIAS. — *Rhétien.* — Les fossiles n'existent que dans la zone calcaire en plaquettes. Avec *Avicula contorta* Portl., le fossile le plus caractéristique de la zone, on trouve *Plicatula intusstriata* Emmerich in Dum., *Mytilus minutus* Goldf. (1). Pl. III, fig. 4.

Les étages *Hettangien* et *Sinémurien* ne sont pas caractérisés par des fossiles, sauf dans les environs d'Aix, où la faune est riche. On trouve d'abord vers la base, près de Vauvenargues, *Serpula quinquesulcata, Pholadomya idea* d'Orb., *Monotis interlœvigata* Quenst., *Terebratula subovoïdes, Pentacrinus scalaris.* Puis, à la Colline des Pauvres, près d'Aix (2) :

*Belemnites acutus* Miller, *Bel. elegans* Simpson in Phill., *Polymorphites Jamesoni* Sow., *Am. Salisburgensis. Arietites nodoti* d'Orb., *Schlotheimia lacunata* Buck., *Ægoceras planicosta* Sow., *Arietites Bonnardi* d'Orb., *Ariet. Conybeari* Sow., *Pholadomya idea* d'Orb. in Mœsch., *Ph. ambigua* Sow., *Ph. Voltzi* Ag., *Ph. Fortunata* Dum., *Pleuromya Toucasi* Dum., *Pl. striatula* Ag., *Lucina liasina* Ag., *Mytilus Morrisi* Op., *Pecten textorius* Schloth., *Gryphœa obliquata* Sow., *Gryphœa arcuata v. striata* Goldf., *G. obliqua, Gryph. cymbium var. elongata* Goldf, *G. Mac-Cullochii* Sow., *G. cymbium var. ventricosa* Goldf.

*Terebratula subovoides* Rœmer, *Ter. Jauberti* Desl., *T. subnumismalis* Dav., *Waldheimia cornuta* Sow., *Wald. sarthacensis* d'Orb., *Wald. indentata* Sow., *Rhynchonella tetraedra* Sow., *Pentacrinus tuberculatus* Miller, *Pent. scalaris* Goldf.

L'ensemble de la faune montre qu'il s'agit d'un niveau supérieur du Sinémurien bien que les brachiopodes soient plutôt ceux du Lias moyen.

*Lias moyen.* — Une faune appartenant certainement au Lias moyen se rencontre dans les calcaires de la tranchée de Collongues à l'Est de la ville d'Aix. On y trouve *Belemnites umbilicatus* Blainv., *Bel. (Hybolites) clavatus* Blainv., *B. virgatus* Mayer, *B. araris* Dum., *B. breviformis,* v. *B. Voltz, B. elongatus* Miller, *B. niger* Lister, *B. apicicurvatus,* Blainv., *B. crassus, Nautilus striatus* Sow., *Liparoceras Bechei* Sow. sp., *Grammoceras Mariani* Fuc. sp., *G. celebratum* Fuc. sp., *Seguensiceras retrorsicosta* Opp. sp., *Seg. algovianum* Opp. sp., *S. Colloti* Lanq., *Lytoceras fimbriatum* Sow. sp., *Amaltheus margaritatus* Brug. sp., *Dumortieria Kurriana*

---

(1) Dieulafait. *Bull. S. G. F.* (2) XIX, p. 610.

(2) Voir Louis Collot. — Thèse de doctorat, Montpellier, typographie Grollier, boulevard du Peyrou. Garnier. *B. S. G. F.* (2) XXIX, p. 630. — Lanquine. Thèse de doctorat. *B. S. C. G.,* n° 173, t. XXXII, 1929.

Opp. sp., *Dumortieria normanniana* d'Orb. sp., *A. difformis* Emmerich in Hauer, *Hildoceras Mercati* Hauer sp., *Terebratula punctata* Sow., *Spiriferina Hartmanni* Ziét., *Spirif. pinguis* in Ziét., *Spiriferina tumida* v. Buch. (Est de Roquevaire), *Rhynchonella variabilis* Schl., *Rh. boscensis* Reyn.

On trouve déjà à ce niveau des algues du genre cancellophycus, mais d'espèces plus petites et à réseau plus riche que celles de lOolithe.

A un niveau supérieur du Lias moyen dans des marnes schisteuses on trouve *Amaltheus margaritatus* Brug., *Ter. subpunctata* Davidson, *Rhynch. tetraedra, Cidaris Amalthei* Quenst., *Pentacrinus punctiferus* Qu., et plus haut dans les calcaires *Pachyteuthis breviformis*, Voltz, *Megateuthis (Bel.) elongatus* Mill., *Meg. niger*, Bel. *Apicicurvatus* Blainv., *Amaltheus spinatus* Brug., *Seguensiceras Algovianum* Opp. sp., *Cycloceras Actæon., Seguenziceras boscense* Reyn. sp.., *Pleurotomaria Amalthei* Quenst., *Pholadomya Rœmeri* Ag., *Arca secans* Dum., *Pinna inflata* Ch. et Dew., *Mitylus scalprum* Goldf., *Mytilus decoratus* Munst., *Lima Juliana* Dum., *Pecten æquivalvis* Sow., *Pecten strionatis* Quenst., *Pecten textorius* Schulth., *Pecten aculicosta* Lamk., *Harpax lœvigatus* d'Orb., *Ostrea sportella* Dum., *Gryphœa gigantea* Sow., *Terebratula subnumismalis, Rhynch. variabilis* Schl., *Rh. cynocephala* (?), *Rh. tetraedra* Sow.

C'est cette faune de la partie supérieure du Lias moyen que l'on rencontre dans les affleurements si importants du massif de la Sainte-Baume. On y trouve en plus *Rhynchonella meridionalis* Desl., *Rh. serrata* Sow., *Rh. curviceps* Qu., *Rh. Bouchardi* Sow., *Ter. Edwardsi* Davids., *Ter. sarthacensis* Sow., *Ter. Verneuili* Desl., *Ter. cornuta* Sow., *Ter. curvifrons* Oppel, *Spiriferina pinguis, Spiriferina rostrata* Desl., *Pleuromya Jauberti* Dum., *Pholadomya ambigua* Sow., *Gryphœa regularis* Sow., Pl. III, fig. 5, *Mytilus hillanus* d'Orb., *Pleurotomaria inopsa, Nautilus cf. toarcensis, Hibolites clavatus.* Pl. III, fig. 8 et 9.

*Lias supérieur* (1). — A un niveau supérieur à ces couches dites à *Pecten œquivalvis* se développe une série marneuse qui a fourni dans les parties inférieures une faune du Lias supérieur *Megateuthis (Bel.) tripartitus sulcatus* Quenst. sp., *Cœloceras annulatum* Sow. sp., *Hildoceras Levisoni* Dum. sp., *Hildoceras bifrons* Brug. sp., *Hammatoceras insigne*, Schubl. sp., *Hildoceras crassifalcatus* Dum. sp., *Amm. mactra*, Dum. sp., *Harp. aalense* Zieten sp., *Lytoceras cornucopiæ* Sow., *Mactromya bollensis. Plagiostoma semilunare* Lk. Dans la Sainte-Baume, le niveau supérieur contient avec *Ter. perovalis* et des Harpoceras voisins de *II. Murchisonœ* des restes de gros rhabdocidaris, en particulier d'énormes radioles.

(1) Voir **Repelin**, *loco citato ante*, p. 13.

On peut citer encore dans la partie du Var voisine des **B.-du-Rhône** les gisements de Signes (*Ter. uniplicata* Math. in collect. *Ter. punctata*, etc.) du Puget (*Pholadomya ambigua*, *Ter. subpunctata* Davids., *Ceromya prisca*, etc.), de Toucas, de Mazaugues, de Belgentier, etc.

L'horizon supérieur du Lias de la vallée de Vauvenargues a fourni *Harpoceras Murchisonæ* Sow. sp., *H. Concavum* Sow. sp., *H. deltafalcatum* Quenst.

*Bajocien*. — La faune, assez riche dans la vallée de Vauvenargues, est très réduite dans les autres affleurements oolithiques. Elle comprend surtout des céphalopodes.

CÉPHALOPODES. — *Belemnites Blainvillei* Voltz, *Belemnopsis unicanaliculatus* Hartm., *Bel. sulcatus* Miller, *Belemnopsis canaliculatus*, Quenst. sp., *Bel longus Voltz = Megaleuthis giganteus* d'Orb. sp., *Cosmoceras Garanti* d'Orb. sp., *Parkinsonia Niortensis* d'Orb. sp., *Stepheoceras Brocchi* Sow. sp., *Cadomites Braikenridgei* Sow. sp., *Cadomites Humphriesi* Sow. sp. (Pl. IV, fig. 2), *Steph. Freycineti* Bayle, *Perisphinctes Martiusi* d'Orb. sp., *Oppelia subradiata* Sow. sp., *Sonninia propinquans* Bayle, *Emileia Sauzei* d'Orb. sp. (Pl. IV, fig. 8 et 9).

GASTÉROPODES, indéterminés. Pleurotomaria, Pseudomelania.

LAMELLIBRANCHES, indéterminés. Modiola ind. *Æquipecten barbatus.* Sow. sp., *Myoconcha crassa* Sow. sp.

BRACHIOPODES. — *Terebratula ventricosa.* Ziet. *Rhync. lacunosa* Ziet. *Terebratula Oppeli* Roll. sp.

ALGUES. — *Cancellophycus scoparius* Thiollière sp. *Chondrites vermicularis Sap.* (1) de Saint-Marc.

*Bathonien*. — La faune est assez riche et composée de gastéropodes, lamellibranches, brachiopodes et de beaucoup de céphalopodes (2). On trouve des dents de *squalides sphenodus.*

CÉPHALOPODES : *Belemnites Jacquoti* Terq. et Jourdy, *Bel privassensis* Mayer, *Rhynchoteuthis Fischeri* Ooster, Aptychus sp., *Hecticoceras lunula* Rein. sp., *Oppelia Aspidoïdes* Opp. sp., *Amm. Vaschaldi* Reyn., *Morphoceras polymorphum* d'Orb. sp., *Parkinsonia Parkinsoni.* Sow. sp., *Stepheoceras linguiferum* d'Orb. sp., *Perisphinctes Quercinus* Terq. et Jourdy. Pl. IV., fig. 4. *Perisphinctes zig-zag arbustigerus* d'Orb. sp., *P. tri-*

---

(1) Collot (thèse), *loc. cit. ante,* et Saporta. Pal. fr. veg. Jur, pl. 23, fig. 1. — Zurcher. *B. S. G. F.*, XII (2), p. 685, et Douville, *B. S. G. F.* (3), XIII, p. 12.

(2) Collot, *loc. cit. ante* (thèse) et Repelin, *Bull. Soc. Géol. France,* 3ᵉ série, t. XXVI, p. 517. Année 1898.

*plicatus* Quenst. sp., *P. Wagneri* Opp., *Per. convolutus parabolis* Quenst.
sp., *Per. Martiusii* d'Orb. sp., *P. procerus* Seebach sp., *P. subobtusus* Kud.
sp., *Phylloceras Kudernatchi* Hauer sp., *Ph. euphyllum* Reyn. sp., *Lissoceras Ooliticum* d'Orb. sp., *Lytoceras tripartitum* Rasp. (Pl. IV, fig. 6),
*Lytoceras Adeloïdes* Kud. sp.

GASTÉROPODES et LAMELLIBRANCHES: *Neritopsis Baugieri* d'Orb., *Lima
punctata* Sow.

BRACHIOPODES : *Rhynchonella acutiloba* Desl., *Rh. contraversa* Op.,
*Rh. triplicata* Quenst, *Rh. cf. trigona.*

SPONGIAIRES : Tragos. *Scyphia obliqua* Goldf., *Scyphia cylindrica*
Goldf. Les algues sont encore nombreuses, *Cancellophycus Marioni* Sap.,
*Chondrites filicinus* Sap., et, dans la Nerthe, des troncs d'équisétites et un
fragment de tige montrant le caractère mixte de ce Bathonien mi-bathyal,
mi-néritique.

On trouve encore dans la Nerthe *Per. Backeriæ* Sow. sp., *Phyl. mediterraneum* Neum. sp., *Sphæroceras microstoma* Qu. sp., *Perisph. colubri-
nus* Rein. sp., *Rhacophyllites Hommairei* d'Orb. sp., *Phyll. Zignodianum*
d'Orb., *Hecticoceras hecticum* Hartm., *Pecten silenus.*

*Callovien.* — La faune est assez importante. Collot cite les espèces
suivantes dans la zone à Macrocephalites macrocephalus (Pl. IV, fig. 5).
Serpula planorbiformis C. (1).

CÉPHALOPODES. — *Belemnites sauvaneausus* d'Orb. var. déprimée,
*B. privasensis*, C., *Ancyloceras callovieuse* Morris in d'Orb., C., *Amm.
subcostatus* Opp., *Hecticoceras hecticum* d'Orb. sp., *Hect. lunula* d'Orb.
sp., M. C., *Oppelia subdiscus* d'Orb. sp., C., *Reineckia anceps* d'Orb
sp., C. *Peltoceras athleta* Sow. sp. M., *Normannites linguiferum* d'Orb
sp., M., *Perisphinctes planulatus* Ziet. sp., M., *Perisphinctes convolutus*
(parabolis (?) Quenst. sp., C., *Perisphinctes convolutus ornati* Quenst. sp.,
M., *Perisphinctes subbackeriæ* d'Orb. sp., C., *Perisphinctes sulciferus* Opp.
sp., C., *Macrocephalites macrocephalus* Schloth. sp., C., *Sphæroceras microstoma* d'Orb. sp., M., *Phylloceras Zignodianum* d'Orb. sp., M., *Phylloceras Delettrei* Mun Chalmas, M. C., *A. inversus.* M., *Phylloceras Chantrei* Mun. Chalmas, C., *Lissoceras Erato* d'Orb. sp. *Lytoceras Adelæ*
d'Orb. sp., C.

BRACHIOPODES. — *Terebratula carinata alveata* Qu. Jura. *Rhynchonella personata.*

(1) C désigne les fossiles trouvés à Claps, M ceux trouvés à Saint-Marc et aux
Lambert.

Le même auteur cite dans la zone à *Reineckeia anceps, Belemnites Sauvaneausus* d'Orb., *Hibolites hastatus* Blainv. sp., *Hecticoceras hecticum* Hartm. sp., *Hect. lunula* d'Orb. sp., *Am. punctatus Reyneckia Fraasi* Opp. sp. *Rein. anceps* d'Orb. sp., *Perisphinctes Convolutus ornati* Qu., *Rhacophyllites tortisulcatum* d'Orb. sp., *P. triplicatus* Qu. sp., *sulciferus, Phylloc. Delettrei, Phylloceras Hommairei*. Nous avons signalé nous-même dans la zone à *M. Macrocephalus* de la Nerthe et de l'Etoile, au Sud des Bastidonnes, en particulier, les formes suivantes : *M. macrocephalus rotundus* Quenst, sp., et *M. macrocephalus compressus* Quenst. sp., *Perisphinctes Backeriæ* Sow., *P. Wagneri* Opp. sp., *P. curvicosta* Opp., *sulciferus* Opp. sp. *P. triplicatus* Quenst. sp., *P. curvicosta* Opp. in Neum., *Sphæroceras bullatum* d'Orb. sp., *P. convolutus* Quenst. sp., *Sphæroceras microstoma* Quenst. sp. *Æcoptychius refractus* Rein. sp. *Oppelia biflexuosa* d'Orb. sp., *Phylloceras Hommairei* d'Orb sp., *Hecticoceras lunula* Reyn. sp., *Parkinsonia Parkinsoni planulata* Quenst. sp., *Oppelia auritula* Opp., *Ancyloceras distans* Baugier et Sauzé sp., des belemnites type *hastatus, Bel. Sauvaneausus* d'Orb. et autres, des lamellibranches, pectinides, *P.* cf. *silenus, Lima furstembergensis* Rœm., des gastéropodes, Trochus, Rostellaria des articles de Crinoïdes, etc.

*Oxfordien.* — La faune oxfordienne n'est bien représentée que dans la partie Nord du département. M. Collot a cité, de cette région, dans la zone à *Quenstedticeras Lamberti* :

CÉPHALOPODES. — *Bel. enigmaticus* d'Orb., *B. Coquandi* d'Orb., *Bel. Sauvaneausus* d'Orb., *Hibolites hastatus* Blain., *Ryncholites Quenstedti, Rhynchoteuthis Fischeri* Oost., *Rh. Brunneri* Oost. Aptychus divers : *Apt. lamellosus* Park., *Apt. dentatus Oppelia flexuosa inflata*. Qu. sp., *Quenstedticeras Lamberti* Sow. sp., *Hecticoceras hecticum* Rein sp., *Peltoceras athleta* Sow. sp., *Perisphinctes convolutus ornati* Quenst. sp., *Rhacophyllites tortisulcatum* d'Orb. sp., *A. ardechicus* Mun. ch., *Phylloceras Chantrei* M. ch., *Phylloceras zignodianum Lissoceras Erato* d'Orb. sp.

ÉCHINODERMES. — *Cidaris Marioni* Gaut., *Cidaris spinosa*.

Dans les zones à *Cardioceras cordatum* et *C. Mariæ* : *Belemn. Sauvaneausus* d'Orb., *Hibolites hastatus* Blainv., *Cardioceras cordatum* Sow. sp., *Cardioceras Goliathus* d'Orb. sp., *Hecticoceras Henrici* Oppel sp., *Pachyceras Lalandei* d'Orb. sp., *Œcoptychius Christoli* Beaud. sp., *Aspidoceras perarmatum* Sow. sp., *Peltoceras arduennense* d'Orb. sp., *Pelt. Toucasi* d'Orb..., *Pelt. annulare* (Rein) Quenst. sp., *Aspidoceras Edwarsi* d'Orb. sp., *Perisphinctes plicatilis* Sow. sp., *Per. randenensis* Mœsch, *Per. Martelli* Opp. sp., *Phylloceras* cf. *semisulcatum* d'Orb. sp., *Phyll. mediterraneum* Neum. sp., *Phyll. tatricum* Pusch. sp., *Ochetoceras rauracum*

May. sp., *Peltoceras Eugenii* Rasp. sp., *Per. Hiemeri* Opp. sp., *Oppelia tricristata* Opp. sp., *Oppelia microdoma* Opp. sp., *Creniceras lopholum* Opp. sp., *Perisphinctes regalmicensis* Gem., *Per. Lucingæ* Favre sp., *Per. Pralairei* E. Favre sp.

Lamellibranches. — *Pecten Pilatensis* E. F., *Hinnites cf. velatus* Goldf.

Brachiopodes. — *Terebratula nucleata* Schl., *Rhynchonella sparsicosta.* Op.

Echinodermes : *Pseudodiadema mamillare* (?), *Collyrites Voltzi* Desor, *Col. bicordata* Desor, *Cidaris spinosa*, *C. læviuscula* Goldf., *Pseudodiadema priscum* Desor, *Pachyclypeus semigiobus* Agass., *Pentacrinus subteres* Munst., *P. Pentagonalis* Goldf., *Pent moniliferus* Munst., *Eugeniacrinus Hæferi* Qu. **Jur.**

*Lusitanien.* — Céphalopodes. — La faune lusitanienne est surtout bien représentée dans la région de Vauvenargues et principalement de Claps, de Saint-Julien et d'Esparron du Verdon. *Neumairia callicera* Opp. sp., *Streblites Gmelini* Opp. sp., *Oppelia tricristata* Opp. sp., *Oppelia microdoma* Opp. sp., *Creniceras lopholum* Opp. sp., *Neumayria Bachiana* Opp. sp., *Neum. flexuosa, A cf nimbatus, Streblites cf. Weinlandi* Opp. sp., *Neum. Genneri* Opp. sp., *Streblites Froto* Opp. sp., *Cardioceras alternans* Schl. sp., *Ochet, stenorhynchum* Opp. sp., *Ocheloceras subclausum* Opp. sp. *Ochet. arolicum* Opp. sp., *Och. hispidum* Opp. sp., *Och. canaliculatum* Munst. sp., *Aspidoceras Œgir* Favre sp.,*Pelt. transversarium* Qu. sp., *Perisphinctes plicatilis* d'Orb. sp., *P. randenensis* Mœsch, sp. *P. Pralairei, P. Martelli* Opp. sp., *plicatilis* Sow. sp., *P. virgulatum* Qr. Jur., *P. Schilli* Opp. sp., *P. Birminsdorfensis* Mœsch. sp., *Perisphinctes biplex* Sow., *P. Navillei* E. Favre, *Rhac. tortisulcatum* d'Orb. sp.

Cette faune représente vraisemblablement une partie de la zone à *Pelt. transversarium* et la zone à *Pelt. bimammatum* (= *bicristatum*).

*Kiméridgien.* ·· Dans la partie inférieure calcaire, correspondant à l'ensemble des zones à Per. Achilles et Streblites tenuilobatus et qui se trouve comprise entre le Lusitanien et les dolomies dans notre région, on rencontre :

*Neumayria compsa* Opp. sp., *Perisph. Lothari* Opp. sp., *Per inconditus* Font. sp., *Per Polygyratus* Reink. sp., *P. Garnieri* Font. sp., *Perisph. discobulus* Font. sp., *Perisph. lictor* Font. sp., *Perisph. polyplocus* Font. sp., *P. Loryi. Waldheimia Mœschi, Rhynchonella triloboïdes.*

Dans la Nerthe, nous avons recueilli : *Per. polyplocus* Quenst., *P. Lothari* Oppel, *Neumayria trachynota* ou peut-être une espèce voisine.

*Perisph. Baldcrus* Opp. sp., *Pecten vitreus* Roem., des *terebratules et* un aptychus identique à celui qui figure dans Favre (1) et appartenant à la zone à *Oppelia tenuilobata.*

Dans les dolomies supérieures, nous avons trouvé, pour la première fois, des fossiles (2).

*Rhynch. spoliata Suess* (?), *Rynchonella Astieri* (?), *Megerlea pectunculoides* in Quenst., *Pecten* sp. lisse et petit, *Pecten cf. obscurus* et autres, *Avicula* sp., des bivalves, des terebratules, des tiges de crinoïdes, des radioles d'oursins et des polypiers d'assez grande taille. L'abondance des radioles d'oursins et des tiges d'encrines, la présence de bivalves et de polypiers, l'absence de céphalopodes indiquent un facies de mer peu profonde, subrécifal, le prélude de ce qui caractérisera le Jurassique supérieur.

*Portlandien.* — Dans la partie N du département, M. Collot indique comme faune :

*Heterodiceras Lucii* Defr., *Rhynch, Astieri* d'Orb., *Terebratula Repellini* d'Orb, *Cidaris glandifera*, Peignes, Limes, Hemicidaris, etc.

Dans le Sud, Coquand avait signalé, au Vallon de la Cloche, dans la Nerthe (3) :

*Nerinea bruntrutana* Thurm., *Ner. suprajurensis* d'Arch., *Ner. Gosœ, Diceras Lucii* Defr., *Diceras suprajurensis* Turm., *Terebratula Moravica, T. Repellini* d'Orb. D'après nos vérifications, cette liste est à reviser. Coquand citait encore, en effet, *Diceras Escheri* de Loriol, *Diceras arietinum* Lam., et la présence de ces fossiles plutôt rauraciens n'a pas été reconnue et n'est pas vraisemblable. On peut retenir *Diceras (Heterodiceras) Lucii, Terebratula Moravia* et *Ter. Repellini*, avec des Nérinées et des polypiers. La faune est nettement portlandienne. Elle comporte, en outre, des foraminifères et des algues, de la famille des Dasycladacées du genre Clypeina Mich (4).

*Crétacé.* — *Valanginien et zone de Berrias.* — C'est aux environs de Meyrargues que l'on trouve, au-dessus d'un calcaire sublithographique que l'on peut attribuer au Portlandien, une faune d'Ammonites de la zone de Berrias. Les fossiles sont les suivants :

---

(1) *Mem. Soc. Paléont. Suisse,* vol. IV, pl. IX, fig. 1 et 2.
(2) Repelin, *loc. cit. ante.*
(3) Coquand. *Bull. S. G. F.,* 2ᵉ série, t. XXVI, pp. 834, 853, et *B. S. G. F.,* 2ᵉ série, t. XX, et 2ᵉ série, t. XIII, et *B. S. G. F.* (2ᵉ), t. XXVI, pp. 101 et suivantes.
(4) J. Pfender. *B. S. G. F.,* (4), t. XXVII, 1927, p. 99, et Gautier, *Annales de la Faculté des Sciences de Marseille,* 1930.

CÉPHALOPODES. — *Hoplites Malbosi* Pict. sp., *H. Moravicus* Opp. sp., *H. sinuosus* d'Orb. sp., *Thurmannia Boissieri* Pict. sp., *Berriasella occitanica* Pict. sp., *Berriasella Rutimeyri* Oster sp., *H. rarefurcatus*, *Berriasella Callisto* d'Orb. sp., *Holcostephanus Astieri* d'Orb. sp., *Phylloceras semisulcatum* d'Orb. sp., *Lissoceras Grasi* d'Orb. sp., *Lytoceras Liebigi* Zitt.

GASTÉROPODES. — Aporrhais, Straparolus, *Helcion Valleti* Pict.

LAMELLIBRANCHES. — *Pholadomya Malbosi* Pict., *Arca securis* d'Orb., *Arca cf. Carteroni* d'Orb., *Janira alava* d'Orb., *Pecten cf. personatus*, *Hinnites Euthymi* Pict., Pinna sp., *Plicatula Ostrea* du type *Exogyra Couloni*, mais de petite taille.

BRACHIOPODES. — *Terebratulina auriculata* d'Orb., *T. pseudojurensis* Leym., *T. hippopus* Rœm., *T. Moutoni* d'Orb., *T. gratianopolitensis* Pict.

ECHINODERMES. — *Dysaster ovulum* Agass., *D. subelongatus* d'Orb.

Je ne rappellerai pas les discussions relatives à la zone de Berrias, que les uns attribuent encore au Jurassique, d'autres au **Crétacé** le plus inférieur. Il convient, à mon avis, de considérer cet horizon comme une couche de passage du Jurassique au Crétacé.

*Hauterivien.* — Dans notre département, cet étage est bien développé et fossilifère au Nord de Concors et au Logis d'**Anne** ; des affleurements analogues se retrouvent au delà de la Durance en face des précédents. C'est dans cette région et dans le massif d'Allauch que l'on peut prendre le type de la faune.

CÉPHALOPODES. — *Bel. subfusiformis* Rasp., *Acanthodiscus radiatus* Brug. sp., *Leopoldia Castellanensis* d'Orb. sp., *Holcostephanus Astieri* d'Orb. sp., *Lissoceras Grasi* d'Orb. sp., *Holcostephanus utriculus* Math. sp.

GASTÉROPODES. — *Pterocera Pelagi* d'Orb., *Natica pseudoampullaria* Math., **Natica Massiliensis** Math., *Natica Pellati* Math., *Natica Arnaudi* Math., **Pleurotomaria Allaudiensis** Math.

LAMELLIBRANCHES. — *Pholadomya elongata* Munst., *Panopœa recta* d'Orb., P. **Obliqua** d'Orb., P. **Voltzi** Math., P. *neocomiensis* d'Orb., P. **arcuata** Math., P. *Massiliensis* d'Orb., P. **cuneata** Math., P. *rostrata* d'Orb., **Anatina Picteti** Math., Venus **Galdrina** d'Orb., Venus **Dupini** d'Orb., **Fimbria corrugata** d'Orb. sp., *Lutraria Christoli* Math., L. *Pareti* Math., **Astarte gigantea** Desh., *Cardium nerthense* H. Coq., *Card. impressum* Desh., **Cyprina rostrata** Fitton, *Lucina pisum* Math., *Trigonia carinata* Agass., *T. harpa* Math.), *Tr. caudata* Agass., *T. palmata* Pict. et Camp., *Tr. Sanctæ Crucis*, *Pinna Renauxi*, *Perna Mulleti* Desh., *Perna provincia-*

lis Coq., *Perna alæformis, Gervillia anceps* Desh., *Avicula Allaudiensis* Math., *Lima Allaudiensis* Math., *Lima Carteroni* d'Orb., *Lima Galloprovincialis* Math., *Janira Atava* d'Orb., *Jan. Allaudiensis* Math., *Pecten Carteroni* d'Orb., *Pecten Cottaldini* d'Orb., *Pecten Archiaci* d'Orb., *Alectryonia rectangularis* Rœm. = *macroptera* Sow., *Ostrea Minos* Coq., *Exogyra Couloni* d'Orb., *Hinnites provincialis* Math. (Pl. V, fig. 1 et 2).

BRACHIOPODES. — *Rhynchonella depressa* Sow., *Terebratula prælonga* Sow. (1) (Pl. V, fig. 3 et 4).

ECHINODERMES. — *Dysaster subelongatus* d'Orb., *Miotoxaster retusus* Lamk. sp. (= *Toxaster complanatus* Agass. — *Echinopatagus cordiformis* Breyn), *Toxaster granosus*, d'Orb. (Pl. V, fig. 6 et 7).

VERS. — *Serpula filiformis*.

*Barrémien.* — L'étage barrémien est récifal dans les Bouches-du-Rhône et mérite le nom d'Urgonien, tiré de la localité d'Orgon, où il est remarquablement représenté. La faune comprend surtout des lamellibranches du groupe des Chamacés (2).

LAMELLIBRANCHES, *Matheronia Virginiæ* A. Gras sp., *Matheronia Munieri* Paquier, *Matheronia gryphoïdes* Math., *Math. arcuata* Ph. Math., *Math. semirugata* Ph. Math., *Math. triangularis* Math., *Math. Aptiensis* Math., *Requienia ammonia* Coldf. sp. (Pl. VI, fig. 7 à 10), *Req. ammonia var. scalaris* Math., *Toucasia carinata* Math. sp., *Toucasia cristata* Math., *Toucasia transversa* Paquier, *Ethra Munieri* Math., *Ethra dubiosa* Math.

A signaler une série d'espèces d'agria et de monopleura décrite par Math. (3) :

*Agria tetragona, mutans, abbreviata, pulchella, carinata, Favrei, marticensis, Monopleura, semicostata, multicarinata, imbricata, rugosa, Martini, affinis, Coquandi, depressa, operculiformis, varians, urgonensis, trilobata, Dumortieri, procera, mutabilis, sulcata, Lorioli, incisifera, gracilis.*

GASTÉROPODES. — *Nerinea Coquandi* d'Orb., *Nerinea Renauxi* d'Orb., *Nerinea Archimedis* d'Orb., *Nerinea gigantea* d'Hombres-Firmas, *Pecten*

---

(1) Gourret et Gabriel. *Bull. Soc. belge de Géol. Pal. et Hydrologie*, 1888. — Coquand. *Bull. S. G. F.* (2), XVIII, p. 153. — Toucas. *B. S G. F.* (3), IV, p, 316, et *Mém. Soc. Géol. Fr.* (2), IX.

(2) Voir Ph. Matheron. *Catalogue méthodique et descriptif des Corps organisés fossiles du département des Bouches-du-Rhône.* Marseille, 1842, pp. 102 et suivantes. — Paquier. *Mémoires de la Société Géologique de France*, t. XI, fasc. 1 et t. XIII, fasc. 4. Mémoire n. 29. — Ph. Matheron. *Recherches paléontologiques dans le Midi de la France*, 1879.

(3) *Recherches paléont.*, 3ᵉ partie, planches C.-8 à C.-14.

20

*Martini* d'Orb., *Lima* sp., *Pterodonta marticensis* Math., *Phasianella
bulimoïdes* et autres gastéropodes indéterminés, grands ptérocères, nérinées.

BRACHIOPODES. — *Terebratula russilensis* de Loriol, *Rhynchonella
gibbsiana*, *Rynch. depressa* d'Orb.

ECHINODERMES. — *Pygaulus Desmoulinsi* Agass., *Bothriopygus Toucasi* d'Orb., *Echinobrissus Roberti*.

**Aptien** (1). — La faune aptienne est assez riche et se montre surtout
dans les affleurements de la région de Cassis et de La Bédoule. Elle est
surtout néritique dans l'Aptien inférieur et passe, vers le haut, à un
caractère plus bathyal.

Vertébrés, Oxyrhyna.

CÉPHALOPODES. — *Belemnites senricanaliculatus* d'Orb., *Nautilus
Neckeri* Pict., *N. plicatus* Sow., *N. neocomiensis* d'Orb., *Ancyloceras
Matheroni* d'Orb., *A. Orbignyi* Math., *A. simplex* d'Orb., *A. Adansoni*
Coq., *A. crassicosta*, *A. carcitanense* Math., *Ptychoceras læve* Math., *Hopli-
tes fissicostatus* Philiips sp., *Douvilleiceras Cornueli* d'Orb. sp., *Oppelia
Nisus* d'Orb. (Pl. VI, fig. 5 et 6). *Opp. Haugi* Sar. sp., *Opp. aptiana* Sarazin
sp., *Puzozia Matheroni* d'Orb. sp., *Puz. Munieri* Rep., *Parahoplites Weissi*,
*Parahoplites furcatus* = *P. Dufrenoyi* d'Orb. sp., *P. gargasensis*, *Hoplites
asperrimus* d'Orb. sp., *Douvilleiceras Martini* d'Orb., *D. Stobiecki* d'Orb.,
*Toxoceras Royeri* d'Orb., *T. Emerici* d'Orb., *Hamites alternatus* Phill. sp.,
*Acanthoceras Milleti* d'Orb. sp., *Scaphites provincialis* Math., *A. striatisul-
catus* d'Orb., *A. Campichei* Pict. et *Roux*, *Lytoceras Jailleti* d'Orb. sp., *L.
Dupali* d'Orb. sp., *Lytoceras tenuistriatum* Rep., *Desm. Emerici* Rasp.,
*Phylloceras Guettardi* Rasp., *Phyll. inornatum* d'Orb., *Phyll. Rouya-
num* d'Orb.

GASTÉROPODES. — *Cerithium* sp., *C. cassissianum* d'Orb., *C. aptiense*
d'Orb., *Chenopsus Dupini* d'Orb., *Alaria gargasensis* d'Orb. sp., *Turbo*
sp., *Solarium carcitanense* Math., *Trochus Requieni* d'Orb., *Trochus* sp.,
*Fusus provincialis*, *Pleurotomaria* sp., *Delphinula vetusta* Math., *D. dentata* Desh., *Natica Cornueli*, *Scalaria Dupini* d'Orb.

LAMELLIBRANCHES. — *Thracia* sp., *Cypricardia obesa* Math., *Modiola*
sp., *Mytilus Cuvieri* M., *Mytilus æqualis*, d'Orb., *Pinna provincialis* Math.,
*Ostrea conica* Pict. et Ren., *Ostrea aquila* d'Orb. (Pl. VI, fig. 1 et 2), *Cardium*

---

(1) Hébert. *Bull. S. G. F.* (2), t. XXIX, p. 393. — Collot. *Terrains crétacés de la
Basse-Provence*, *B. S. G. F.* (3), XVIII. — Matheron. *Réunion extraordinaire*. 1864.
*B. S. G. F.* (3), t. 24. — Repelin. *Note sur l'Aptien supér. des environs de Marseille*.
*B. S. G. F.* (3), t. XXVII, p. 563, ann. 1899.

sp., *Panopæa Prevosti* d'Orb., *Plicatula placunea* Lamk., *Plicatula radiola* Lamk.,*Inoceramus*, *Pholadomya perobliqua* Math., *Avicula narbonensis* Math., *Cardium inæquicostatum* Math., *Arca nerthensis* Math., *Arca meridionalis* Math., *Cyprina galloprovincialis* Math., *C. perobliqua* Math., *C. meridionalis* Math., *C. angulata*, *Cyprina Rhodani* Pict. et Roux, *C. Lamarki*, *Cyp. inornata* d'Orb., *Pinna provincialis* Math., *Trigonia nodosa* Sow., *Tr. depressa* Math., *Tr. provincialis* Math., *Tr. Lamarcki*, *Venus ovum*, *V. vassiacensis* d'Orb., *Venus Roissyi* d'Orb., *V. Galdryna*, *V. subturgida* d'Orb., *V. Costei* Coq., *Fimbria* sp., *Circe provincialis* Math., *Astarte provincialis* Math., *A. latesulcata* Math., *Pecten Requieni* Math., *P. Goldfussi* d'Orb., *Astarte provincialis* Math., *Janira Morrisi* Pict. et Ren., *Gervillia anceps* Desh., *Toucasia Lonsdali ?*

BRACHIOPODES. — *Rhynchonella gibbsiana* Dav., *Terebratulina striatula*, *T. maïrensis* Rep., *Terebratula pseudojurensis*, *Terebratula sella* Sow., *T. lamarindus* Sow., *T. longa* Rœm., *T. Moutoni* d'Orb., *T. biplicata* Brocch.

BRYOZOAIRES, indéterminés.

VERS. — *Serpula antiquata* Sow., *S. cincta* Goldf.

ECHINODERMES. — *Miotoxaster Collegnoi* d'Orb. sp., *Salenia prestensis* Desor, *Pseudodiadema Malbosi* Cotteau, *Ps. Trigeri*, *Pellastes Archiaci*, *Pentacrinus Legeri* Rep.

CŒLENTÈRES. — *Platycyathus Orbignyi* From.

SPONGIAIRES. — *Siphonia rhodanensis*.

PROTOZOAIRES. — *Orbitolina lenticularis* d'Orb.

*Gault.* — Cet étage n'est représenté en Provence que dans la tranchée de Rebutty, à la sortie N. du tunnel de la Nerthe. Matheron a recueilli là, au moment du creusement du tunnel, les seuls fossiles de Gault connus dans les Bouches-du-Rhône. On trouve bien des fossiles de cet étage à Cassis au contact de l'Aptien et du Cénomanien, mais ils sont associés à des formes cénomaniennes et ne représentent pas un niveau paléontologique net. Voici les espèces citées par Matheron à Rebutty, qui figurent dans les collections du Muséum d'Histoire Naturelle de Longchamp :

CÉPHALOPODES. — *Belemnites minimus* Lister, *Hopl. Deluci* Brongn. sp., *Puzozia Mayori* d'Orb. sp., *Phylloceras Velledæ* Mich. sp., *Desmoceras latidorsatum* Mich. sp., *Mortoniceras Roissyi* d'Orb. sp., *Desm. Beudanti* Brongn. sp., *Douvilleiceras mamillare* Schloth. sp., *Hamites armatus* Sow.- *Anisoceras Picteti* Math.

Gastéropodes. — *Pleurotomaria Allobrogensis* Piet. et Roux, *Solarium dentatum* d'Orb.

Lamellibranches. — *Inoceramus concentricus* Parkinson, *Inoc.* sp., *Nucula ovata* Mantel, *Cypricardia amygdala* Math., *Lucina* sp.

*Cénomanien.* — Les faciès du Cénomanien sont très variés dans notre région. L'étude des faunes montre que le rivage ne devait pas être éloigné ; près de Toulon, au Revest et aux abords du château de Tourris les dépôts ont un caractère nettement lagunaire et presque littoral (1). Mais dans la partie occidentale du bassin du Beausset et dans les collines qui entourent la basse vallée de l'Huveaune, ils prennent un caractère néritique ou coralligène, sables ou calcaires à *Ost. Columba* et calcaires à caprines et à caprinelles. A ces deux faciès correspondent des faunes spéciales. Voici quels en sont les éléments :

Céphalopodes. — *Nautilus subradiatus* d'Orb., *N. triangularis* Montfort, *N. Matheroni* d'Orb., *N. elegans* Sow., *N. Largillierti* d'Orb., *Phylloceras Velledæ* Mich. sp. (Cassis), *Acanthoceras Mantelli* Sow. sp., *Acanth. Rothomagense* Lamk. sp., *A. Largillierti* d'Orb. sp., *A. Timothei* Mayer-Pictet., *Puzozia Mayori* d'Orb. sp. (Cassis), *Turrilites costatus* Lamk., *T. carcitanensis* Math. sp., *Hamites armatus* d'Orb., *H. rotundus* Sow., *Scaphites æqualis* Sow.

Gastéropodes. — *Pleurotomaria Mailleana* d'Orb., *Pl. falcata* d'Orb., *Pl. Matheroni* d'Orb., *Pl. Cassissiana* d'Orb., *Avellana cassis* d'Orb., *Acteon ovum* d'Orb., *Pterocera marginata* d'Orb., *Rostellaria* sp., *Tympanotonus* sp., *Fusus* sp., *Turbinella* sp., *Pterodonta* sp., *Turritella* sp., *Natica Cassissiana* d'Orb., *Nat. Cretacea* d'Orb., *Nat. Dupini* Math., *Mitra Cassissiana* d'Orb., *Turbo* sp., *Pyrula* sp., *Strombus inornatus* d'Orb.

Lamellibranches. — *Alectryonia carinata* Lk., *Exogyra columba* Lk. sp., *Pecten asper* Lk., *Caprina adversa* d'Orb., *Caprinella triangularis* d'Orb., *Sphærulites foliacea* Lk., *Sph. Sharpei* Bayle, *Lima* sp., *Pecten* sp., *Janira quinque costata* d'Orb., *Nerinæa* sp., *Cardium* sp.

Brachiopodes. — *Terebratula biplicata* Defr., *Rhynchonella compressa* d'Orb., *Rh. carcitanensis* P. M., *Rhynchonella contorta* d'Orb., *Terebrirostra Bargesi* d'Orb., *Megerlea lima* Defr.

Echinodermes. — *Glyphocyphus radiatus* Desor, *Hemiaster bufo* Desor, *Oolopygus Bargesi* d'Orb., *Holaster subglobosus* Agass., *Holaster*

(1) Repelin. Description des faunes et des gisements du Cénomanien saumâtre ou d'eau douce du Midi de la France. *Ann. Mus. Hist. Nat. Marseille*, VII, 112 p., 8 pl., 1902, et Hebert *loc. cit ante.*

*carinatus* d'Orb., *Holaster intermedius* Ag., *Holaster suborbicularis* Ag., *Caratomus rostratus* Ag., *Discoïdea cylindrica* Agass., *Discoïdea subuculus*, *Cardiaster fossarius Goniopygus major* Agass., *Heterodiadema lybicum* Cotteau, *Codiopsis doma* Desm. sp., *Cidaris vesiculosa* Goldf., *C. gibberula* Ag., *Echinoconus Rhotomagensis* d'Orb., *Ech. Burgesi* d'Orb., *Pyrina inflata* d'Orb., *Holectypus crassus* Cott., *Anorthopygus orbicularis* Cott.

Cœlentères. — Polypiers divers.

Protozoaires. — *Orbitolina concava* Lamk.

**Turonien.** — Les faciès du Turonien dans les Bouches-du-Rhône sont aussi variés que ceux du Cénomanien. A Cassis, le Ligérien est marneux et bathyal, l'Angoumien zoogène ou détritique, et même les deux. Mais, dans la région de l'Etang de Berre, le Turonien supérieur est en partie au moins lagunaire et dans le massif d'Allauch également. La faune marine comprend :

Céphalopodes. — *Mammites nodosoïdes* Schluter, *M. Rochebruni* Coq. sp., *M. Revellieri, Prionotropis Wolgarii* Manteil., *Prionotropis Fleuriausi* d'Orb. sp., *Pseudotissotia Douvillei.*

Lamellibranches. — *Durania cornu pastoris* Fourtau sp., *Hippurites Requieni* Math., *H. inferus* Douvillé, *H. petrocoriensis* Douvillé, *H. Rousseli* Douvillé, *Inoceramus labiatus* d'Orb., *Rad. angeoides* Lk., *Radiolites Martini* d'Orb. sp., *Sphœrulites* sp., *Caprinella Doublieri* (Pl. VII, fig. 5 et 6).

Brachiopodes. — *Terebratula obesa* Sow.

Echinodermes. — *Hemiaster Verneuili* Desor, *Cidaris hirudo, Micraster* sp.

La faune saumâtre est imparfaitement connue. Elle a été partiellement étudiée par Depéret (1), qui y a signalé *Glauconia turonensis* Dep., *Cerithium nodosocostatum, Cyprina ligeriensis, Corbula semistriata.* Il y a, en outre, dans des parties argilo-ligniteuses, avec de nombreux végétaux qui seront désignés spécifiquement plus loin (2), des glauconies admirablement conservées qui sont à décrire en détail. L'espèce est voisine de *Gl. Coquandi* par l'absence d'ornementation spiralée entre les trois cordons noduleux et la forme allongée dans le sens longitudinal et non spiral des tubercules. Elle s'en éloigne pour se rapprocher de *Gl. Mariæ* Ma-

(1) *Bull. Soc. Géol. de Fr.*, 3ᵉ série. XVI, pp. 559-573.
(2) Partie botanique de la Paléontologie.

zeran (1) par sa forme plus trapue, plus régulièrement conique, etc. Nous proposons de la considérer comme la forme turonienne de *Gl. Coquandi* d'Orb. mut. turonica. On y trouve, en outre, des formes très voisines de *Ampullopsis Faujasi*, mais non carénées (*Ampullopsis angoumiensis*), ainsi que des Tympanotomus voisins de *T. Vasseuri* Rep., sans compter de nombreux gastéropodes et lamellibranches.

*Sénonien marin calcaire à hippurites.* — *La partie inférieure seule* du Sénonien (Coniacien et Santonien) est marine. C'est la faune de cette partie que nous allons examiner d'abord (2). Pour la première fois le faciès, nettement zoogène, nous offre une très grande variété de polypiers.

CÉPHALOPODES. — *Peroniceras subtricarinatum* d'Orb. sp., *Mortoniceras Emscheri*. Les restes d'animaux de ce groupe sont rares, le faciès est ou néritique ou zoogène.

GASTÉROPODES. — Nérinées nombreuses. *Natica Marticensis* d'Orb., *Natica Martini* d'Orb., *Voluta Guerangeri* d'Orb., *Cyprœa Marticensis* Math., *Phasianella gosauica* Zekeli, *Pterocera Haueri* d'Orb. (type). *Rostellaria gibbosa* Zekeli, *Pleurotomaria turbinoïdes*. La liste suivante est empruntée à Matheron (3). *Cassis nuciformis* P. M., *Cerithium Toucasi* d'Orb., *C. Daubrei* P. M., *C. Mayeri* P. M., *C. Baylei* P. M., *C. Marticense* P. M., *Murex ambiguus* P. M., *Fusus Martini* P. M., *F. Marticensis* P. M., *Rostellaria provincialis* P. M., *P. Zekeli* P. M., *Strombus inermis* P. M. Les genres sont sans doute à réviser. Les espèces n'ont pas toutes une réelle valeur. Il en est de même pour les Lamellibranches de la même publication, dont nous ne reproduirons pas la liste.

LAMELLIBRANCHES (4). — *Alectryonia Matheroni* d'Orb. sp., *Ostrea caderensis* Coq., *Ost. Costei* Coq., *O. Merceyi* Coq., *Ost. santonensis* d'Orb., *Ost. galloprovincialis* Math. (= *acutirostris* Nils.). *Hipp. giganteus* d'Hombres-Firmas, *H. Moulinsi* d'Hombres-Firmas, *Hipp. socialis* Douvillé, *Hipp. latus* Math., *H. corbaricus* Douvillé = *galloprovincialis* Math., *H. Toucasi* d'Orb. sp., *H. pregiganteus, H. dentatus* Math. sp., *H. beaussetensis, Radiolites Desmoulinsi* Math., *R. Mamillaris* Math., *R. Martini* d'Orb., *R. Sauvagesi* d'Orb., *R. Toucasi* d'Orb., très nombreux petits radiolites allongés du groupe de *R. lombricalis* d'Orb. et *R. socialis* d'Orb.,

<hr>

(1) Monographie paléontologique de la faune du Turonien du bassin d'Uchaux et de ses dépendances, par F. Roman et P. Mazeran. *Archives Mus. Hist. Nat. de Lyon*, t. XII, 1913.

(2) Je n'insisterai pas sur la faune dite du Plan d'Aups et de La Pomme, qui se place à la base du Campanien ou à la partie supérieure du Santonien et qui a été décrite dans les *Ann. du Mus. de Longchamp*, X, pp. 1-87, pl. I-XII. 1907.

(3) *Recherches Paléont. dans le Midi de la France*, 1re partie, pl. G-12.

(4) Vasseur. *Bull. Soc. Géol.*, 3e série, t. XII, 1894, pp. 413 et suivantes.

*R. angeoides* Pict. et Lap., *R. squamosus* Bayle, *R. fissicostatus* d'Orb. sp., *R. sinuatus* Bayle, *Biradiolites aculicostatus* d'Orb. sp., *B. excavatus* d'Orb. *B. angulosus*, *B. canaliculatus* d'Orb., *Sphœrulites* sp.

*Plagyoptychus Aguilloni* d'Orb., *Pl. Toucasi* Math. (1), *Lima Marticensis* d'Orb., *Pholadomya Royana* d'Orb., *Pecten lœvis*, *Tapes Martini* Math., *Tapes fragilis* Zittel, *Janira quadricostata* d'Orb., *Janira Mortoni* d'Orb., *Psammobia impar* Zittel, *Venus subplana* d'Orb., *Arca marticensis* Math., *Cyprina Boissyi*, *Lithodomus contortus* d'Orb., *Panopœa Martini*, *Cucullœa Orbignyi*, *Ceromya marticensis* Math.

ARTHROPODES. — *Callianassa Martini* Marion.

BRACHIOPODES. — *Terebratula Toucasi* d'Orb., *Terebratula Nanclasi* Coq.

BRYOZOAIRES. — *Ceriocava irregularis* d'Orb., *Reptomulticava Coquandi*, *R. irregularis*, *M. mamillata* d'Orb., *Ceriocava microspora*, *C. marticensis*, *Reptomulticava coniformis* Math., *Rhynchonella difformis* d'Orb., *Rhynch. Eudesi* Coq. var.

ECHINODERMES. — *Hemiaster nasutulus*, *Echinobrissus minimus* d'Orb., *Orthopsis miliaris* Cotteau, *Holectypus serialis* Cotteau, *Salenia geometrica* Agass. (*Goniopygus*), *Codiopsis Arnaudi* Cotteau, *Cyphosoma subnudum* Cott., *Sal. scutigera* Gray.

CŒLENTERES (Allauch). — *Cyclolites Martini* d'Orb., *Cycl. excelsa* From., *Cyclolites elliptica* Lamk., *Pleurocora Haueri* Ed. et H., *Cladocora humilis* Geinitz, *Astrocœnia decaphylla* Ed. et H., *Phyllosmilia cuneata* Ed. et H. *Synastrœa media* Ed et H., *Synastrœa corbarica* d'Orb., *Phyllocœnia variolaris* d'Orb., *Phyll. pediculata* Ed. et H., *Astrea media* Mich., *A. Doublieri* Mich., *Diploctenium Fromenteli*, *Gastrochœna marticensis* d'Orb. (Figuières), *Rhabdophyllia natrix* From., *Columnastrœa striata* Ed. et H., *Heliastrœa Simonyi* Ed. et H., *H. Delcrosana* Ed. et H., *Polytremacis exigua*, *P. macrostoma* Reuss, *P. provincialis* Math., *Rhabdophyllia inermis* Math., *Latimœandra massiliensis* From., *Trochosmilia imbricata* Math., *Astrocœnia reticulata* Ed. et H., *A. ramosa* Ed. et H., *Diploctenium Matheroni* Mich., *Phyllosmilia tenuistriata*, *Cyclolites Reussi* From. (*La Pomme*), *Synastrœa Verneuili* Math., *Rhabdophyllia salsensis* Haime, *Phyllosmilia Negreli* Math., *Trochosmilia inflexa* Reuss, *Cyclolites polymorpha* Bron., *C. Edwardsi* Math.

PROTOZOAIRES-FORAMINIFÈRES. — *Dicyclina Sandbergeri*, *Lacasina compressa* Munier Chalm. et Schlumb., *Idalina (Biloculina) antiqua* d'Orb. sp., *Periloculina Zitteli*, Mun., Chalm. et Schlumb.

(1) Voir Repelin. *Bull. Mus. Marseille*, t. I, fasc. 1, Mars. 1898.

Entre le Sénonien marin Coniacien et Santonien et le début du régime fluviolacustre (Valdonnien) dans une zone de passage dont la faune, comme nous l'avons dit, a été décrite dans les Annales du Muséum, on trouve des fossiles d'un grand intérêt tels que *Ostrea acutirostris* Nils., *Lima ovata*, *Glauconia Coquandi* d'Orb., *Glauconia Renauxi*, qui ont été figurés dans la pl. VIII, fig. 1, 4, 6, 7.

*Sénonien sup. et Danien.* — Le Campanien, le Mæstrichtien et le Danien sont nettement lagunaires, voire même lacustres en Provence (voir tableau p. 49). Nous examinerons successivement les faunes des divers étages qui correspondent à des extensions particulières de la lagune crétacée et à des conditions biologiques différentes.

*Valdonnien.* — Le Valdonnien, comme le Fuvélien d'ailleurs, nous offre une faune à peu près exclusivement lagunaire. Les espèces décrites sont les suivantes (1) :

GASTÉROPODES. — *Buliminus tenuicostatus* M., *Anadromus proboscidens* Math. sp. (pl. IX, fig. 11-12), *Lychnus elongatus* Roule (pl. IX, lif. 4), *Melania nerineiformis* Sandb., et *var. elongata* Roule (pl. IX, fig. 6), *Hantkenia lyra* Math. sp., *Campylostylus galloprovincialis* Math. sp. et *var. minor et angusta* Roule (pl. IX, fig. 3), *Camp. Munieri* Roule sp., *Camp. marticensis* Math. sp., *Melanopsis turricula* Math., *Paludina Bosquiana* Math., *P. novemcostata* Math., *Cyclotus primævus* Math. sp., *Cyclophorus Sollieri* Roule, *Neritina Brongnarti* Math.

LAMELLIBRANCHES. — *Cyrena globosa* Math. (pl. IX, fig. 1-2), *Cyrena galloprovincialis* Math.

*Fuvelien.* — GASTÉROPODES. — *Pupa Marignanensis* Roule, *Mel. acicula* Math., *Mel. scalaris* Sow., *Mel. Ollierensis* Roule, *Mel. Colloti* Roule, *Mel. Gourreti* Roule, *Mel. gardanensis* Math., *Mel. Nicolasi* Oppenheim,

---

(1) Matheron. *Annales des Sciences et de l'Industrie du Midi de la France*, t. 3, 1832. — Matheron. *Catalogue des Corps organisés fossiles du départ. des B.-du-Rh.*, 1842. — Oppenheim. *Beïtrage zur binnenfauna des provençalischen Kreide Paleontographice* Bd XLII, Taf. XVI-XVII, 1895. — Nicolas. Faune malacologique du Danien St-Rémy et Les Baux. *A. F. A. S.*, 19e Session, Limoges 1890, et Nicolas, Etude paléontologique complémentaire sur la faune malacologique du Danien des environs de St-Rémy et Les Baux, *A. F. A. S.*, 20e Session, Marseille 1891, pp. 448 et suiv. — *Sandberger Land und Süsswasser conchylien Wiesbaden*, 1870-75. — Roule. Description de quelques coquilles fossiles du calc. lacustre de Rognac. *Bull. Soc. Malacol. de Fr.*, t. I, 1884, et Roule. Recherches sur le terrain fluvio-lacustre inférieur de Provence. *Ann. de Malacologie*, t. XVIII, art. 2, 1886, et Nouvelles recherches sur les mollusques du terrain lacustre inférieur de Provence. *Ann. de Malac.*, t. II, 1886. — Voir en outre *Feuille des Jeunes Naturalistes*, IIIe Série, 24e année, 1er avril 1894, n° 2. — P. de Brun. Crétacé supér. fluvio-lacustre. *Bull. Serv. Carte*, n° 146, t. XXVI (1921-22).

*Mel. Gabrieli* Roule, *Mel. Sanctarum* Roule, *Mel. Munieri* R., *Melantho globulosa* Roule, *Pyrgulifera rugosa* Math., *Cyclophorus Heberti* Roule, *Planorbis Gourreti* Roule, *Neritina Brongniarti* Math.

LAMELLIBRANCHES. — *Corbicula Cuneata* Sow. sp., *Cyrena concinna* Sow., *Cyrena gardanensis* Math., *C. numismalis* Math., *Cyrena galloprovincialis* Math. (pl. IX ,fig. 7-8), *Unio Bosquiana* Math., *Margaritana Matheroni* Oppenheim, *Spatha galloprovincialis* Math. sp., *Margaritana Toulousani* Math., *Unio gardanensis* Math., *Unio subrugosa* Math., *Unio Cuvieri* Math., *Unio cyreniformis* Oppenheim.

Il faut ajouter à cette liste de mollusques des débris assez nombreux de Reptiles, Tortues : *Pleurosternon provinciale* Math., et autres plus petites. Crocodiliens : *Crocodilus Blavieri* Gray, moitié supérieure de fémur gauche étudiée par Cuvier et dénommée par Gray. Dents nombreuses et fragments de mâchoires (1) d'un crocodile décrit par Matheron et appelé *Crocodilus affuvelensis* par ce savant (pl. XI, fig. 1 et 2). Des débris végétaux nombreux, dont il sera question plus loin, accompagnent les lits charbonneux.

*Bégudien.* — GASTÉROPODES. — *Helix Cureti* Nicolas, *Auricula Requieni* Math., *Lychnus Marioni* Roule, *Anostomopsis rotellaris* Math. sp., *Anostomopsis elongatus* Roule, *Physa galloprovincialis* Math. (pl. IX, fig. 10), *Ph. Michaudi* Math., *Ph. doliolum* Math., *Ph. gardanensis* Math., *Ph. pygmea* Nic., *Ph. gracilis* Nic., *Ph. patula* Nic., *Limnœa Cureti, Melania Kœhleri* Roule, *Melania Penoti* Roule, *Hantkenia (Pyrgulifera) Matheroni* Roule sp., *Paludina Mazeli* Roule, *Bulimus Provansali* Nic., *Buliminus tenuicostatus* Math. sp., *Ampullaria Dieulafaili* Math., *Diplommatina primordialis* Nic., *D. daniensis* Nic., *D. Intermedia* Nic., *Ischurostoma acuminatum* Caziot, *Megalomastoma Depereti* Caziot, *M. elongata* Nic., *M. exigua* Nic., *Cyclophorus Heberti* Roule, *Cyclophorus heliciformis* Math., *Neritina Allardi* Math., *Isodoma simplex* Nic., *Cyclas Allardi* Nic.

En comparant cette faune avec celles du Valdonien et du Fuvélien, on voit que les formes terrestres et les gastéropodes augmentent, que les apports fluviatiles sont plus importants et que les conditions de tranquillité qui ont présidé à la formation du lignite se sont modifiées. Le caractère plus continental s'accuse avec les dépôts détritiques du Rognacien inférieur et avec les dépôts à peu près entièrement lacustres du Rognacien supérieur.

(1) Notice sur les reptiles fossiles des dépôts fluvio-lacustres crétacés du bassin à lignites de Fuveau, par Ph. Matheron. *Mém. de l'Acad. Impériale des Sciences, Belles-Lettres et Arts de Marseille*, 1869.

*Rognacien inférieur.* — Les argiles bigarrées et les grès de cette formation renferment des restes de reptiles charriés par les cours d'eau dans la lagune avec les débris de roches arrachés aux terres qui en formaient le bassin. *Hypselosaurus priscus* Math., *Aplolidemys Gaudryi* Math., *Rhabdodon priscum* Math. Le premier est représenté dans les collections du Musée Longchamp par de nombreux os des membres, des vertèbres et aussi des œufs de grande dimension (voir pl. XI, fig. 3, 4, 5, 6) que Van Stralen aurait une tendance à considérer comme des œufs d'oiseaux(1), mais que leur association constante dans les gisements avec les débris de grands reptiles nous autorise à considérer, jusqu'à preuve du contraire, comme les œufs de l'*Hypselosaurus priscus.*

*Rognacien supérieur.* — La faune est plus lacustre encore que celle du Bégudien. Elle est très riche et correspond au maximum d'extension de la lagune. Les formes terrestres sont nombreuses et variées. *Lychnus giganteus* Rep., *Lychnus Bourguignati* Mun. Chalm., *Lychnus Vidali* Rep., *Lychnus rimatus* Math., *Lychnus gardanensis* Math., *Lychnus ellipticus* Math., *Lychnus Matheroni* Req., *L. Pradoanus* de Vern., *L. Panescorsei* Math., *L. vitrolensis* Nob., *Lychnus Dallonii* Rep. (2), *Clausilia Matheroni* Opp., *Clausilia (Albinaria) Patula* Math. sp., *Papa ungulata* Math., *Pupa elegans* Math., *P. antiqua* Math., *Physa lacrima* Sandb., *Physa patula* Nic., *Melania Kœhleri* Roule, *Hantkenia (Pyrgulifera) armata* Math. sp., *Melanopsis Munieri* Math., *Tournoueria Matheroni* Mun. Chalm., *Bauxia Allardi* Caziot, *B. Boulayi* Caziot, *B. Bourguignati* Caz., *B. neera* Caz., *B. Pellati* Caz., *B. Roulei* Caz., *B. vivipariformis* Caz., *Leptopoma disjunctum* Math. sp., *Lept. Baylei* Math. sp., *L. fuscostriatum* Sandb., *Paludina Beaumonti* Math., *Paludina Dieulafaiti* Math. sp., *Pal. (cleopatra) Deshayesi* Math., *P. subglobosa* Math., *Buliminus bulimiformis* Nic. (3), *B. striatocostulatus* Nic., *B. glandiformis* Nic., *B. sphœroïdalis* Nic., *Bulimus salernensis* Math., *Bulimus Pellati* Nic., *Bulimus terebra* Math., *Ampullaria galloprovincialis* Math., *Amphidromus Pellati* Nic., *Megalomastoma elegans* Roule, *Meg. Julleani* Nicolas, *Cyclophorus heliciformis* Math. sp., *Cycl. Heberti* Roule, *Cycl. Luneli* Math., *Cycl. Matheroni* Nic., *Cyclotus solarium* Math. sp., et *var. depressa* Caz., *Rognacia abbreviata* Math., *Cyclostoma bulimoïdes* Math., *Cycl. infundibulum* Math., *Auricula Requieni* Math., *Palœostoa hispanica* Oppenheim, *Palœostoa marignanensis* Roule, *P. tenuicostata* Math., *P. Cazioti* Oppenh., *Neritoplica Matheroni* Oppenh., *Physa patula,* Nic.

Montien.

(1) Van Stralen. *Bull. Ac. royale de Belgique,* 6 janv. 1923.
(2) Repelin. *Mém. Soc. Géol. de Fr. Paléontologie,* t. XXIII, fasc. 1.
(3) Nicolas. *A. F. A. S.,* 19e Session, Limoges, 1890.

*Physa montensis* Cornet et Briart, *Palæostrophia Matheroni* Vass. (pl. X, fig. 5).

**Eocène.** — La faune entièrement lacustre est peu importante, les fossiles sont rares et en assez mauvais état de conservation. Les lagunes crétacées ont disparu pour ne laisser qu'un lac très réduit dans la partie centrale du Bassin d'Aix et les communications avec les eaux salées de la Méditerranée, très précaires aux temps crétacés supérieurs, sont devenues nulles. Tandis que les reliefs non encore rajeunis par les grands mouvements de plissements ne permettaient sans doute plus à de grands cours d'eau d'alimenter la petite cuvette subsistante. Voici la liste des rares fossiles recueillis aux divers niveaux de l'Eocène :

*Thanetien.* — *Physa prisca* Noul., *Megalomastoma* nov. sp., *Megaspira* nov. sp., *Vivipara cf. aspersa, Limnea* nov. sp., *Cyclas.*

*Sparnacien et Ypresien.* — La faune est caractérisée surtout par des mollusques gastéropodes aux formes allongées, *Limnæa* sp,. *Physa Draparnaudi* Math. et *Ph. prœlonga* Math. (aff. *Ph. Columnaris* Desh.). *Planorbis subcingulatus* Math., et *Auricula* sp. (voir pl. X, fig. 11, 13, 14 et 15).

*Lutétien.* — Mollusques gastéropodes. *Bulimus Hopei,* M. de Serres, *Limnæa aquensis* Math. et variétés, *Planorbis pseudo-rotundatus* Math. var., *Rillya* sp., *Clausilia* sp., *Physa Bressoni* G. Vasseur, *Strophostoma lapicida* Leufroy, *Helix Marioni* Math., *Dactylius subcylindricus* Math.

On trouve en outre dans le Lutétien supérieur *Planorbis pseudo-ammonius* Voltz., *Achatina Marioni* Math., *Strophostoma Golfieri* G. Vass., *Limnæa Michelini* Desh., *Dactylius subcylindricus* Math. sp.

Quelques restes de vertébrés ont été trouvés par Vasseur dans des marnes ligniteuses près du château de Palette, ce sont des ossements d'oiseaux, de reptiles (emydes, crocodiles) et des fragments de crâne et de mandibule d'un mammifère étudié par M. Depéret et appelé par lui *Lophaspis Maurettei* (pl. XII, fig. 1, 2, 3) (1).

*Ludien ou Priabonien.* — La partie supérieure de l'Eocène moyen n'existe pas et l'Eocène supérieur n'a fourni que quelques rares fossiles *Planorbis crassus, Limnæa pyramidalis.*

**Oligocène.** — Les grands mouvements de la fin de l'Eocène ont modifié notablement le territoire, de nouvelles dépressions sont nées où se sont concentrées les eaux ruisselant des reliefs nouvellement créés et, par ces dépressions, des communications plus ou moins faciles se sont établies

(1) *Bull. S. G. F.* (4), p. 558, 1910.

avec la mer, si bien que nous trouvons des faunes marines près de la mer
et, plus à l'intérieur, des faunes lagunaires et même d'eau douce.

**Faune marine** (Carry, Sausset, etc.). Elle appartient à l'Aquitanien et
a été étudiée par Fontannes et Depéret et plus récemment par Jean Cottreau et Douvillé. Nous renverrons à ces auteurs (1), nous bornant à
signaler les principales formes qu'ils ont décrites.

*Aquitanien inf.*, grès du cap de Faves. — *Ostrea plicatula* L., *Ost.
hyotis* Lam. var., *Oligocenica* Dep., *Pecten Justianus* Font. var., *Lytharæa
Martini* d'Orb. Au-dessus les fossiles deviennent plus abondants dans les
sables et marnes gréseuses.

Gastéropodes. — *Conus cf. antiquus* Lam. in Grat., *Potamides plicatus* Brug., *Pot. margaritaceus* Broc., *Natica tigrina* Defr.

Lamellibranches. — *Ostrea plicatula*, L. in Hornes, *Ost. undata*
Lam. var., *Ostrea aginensis* Tourn., *Ost. ventilabrum* Goldf., *Ost. caudata*
Munst., *Spondylus ferreolensis* Font., *Pleuronectia subpleuronectes* d'Orb.,
*Lucina multilamella* Lam., *Lucina ornata* Ag., *Cytherea cf. pedemontana.*

Echinodermes. — Scutelles de grande taille, *Parasalenia Fontannesi*
Cotteau, *Schizaster cf. Scillæ* Ag.

Cette faune, dont le caractère marin est souligné encore par la présence de nombreux polypiers (*Litharæa Martini* d'Orb., *Litharæa ramosa*
Edw. et Haime), est remplacée en partie, dans l'assise supérieure, par des
éléments saumâtres exceptionnels à ce niveau inférieur, Potamides, etc.
Dans ces couches saumâtres, toutefois, la plupart des espèces précédentes
persistent, sauf les oursins et les polypiers que l'on retrouve dans les assises les plus supérieures à faciès coralligène.

Assise a faune saumatre. — Je ne citerai que les espèces non rencontrées dans l'assise précédente : *Ostrea subdeltoïdea* Munst., *Ostrea
granensis* Font., *Mytilus Michelini* Math., *Pecten vindascinus* Font.,
*P. Justianus* Font., *Anomalocardia diluvii* Lam. var. *Carryensis, An. giron-
dica* Mayer, *Chama gryphoïdes* L., *Chama gryphina* Lam., *Cardium turonicum* Mayer, *Lucina incrassata* Dub., *L. ornata* Ag., *Luc. dentata* Bast.,

---

(1) Observations sur les terrains tertiaires de la côte entre Sausset et l'anse du
Grand Vallat (B.-du-Rh.). *Bull. Soc. Géol. de Fr.*, 4ᵉ Série, t. XII, pp. 331 et suiv. —
R. Douvillé. Lepidocyclines de Sausset (B.-du-Rh.). — *Bull. Soc. Géol. de Fr.*, 4ᵉ série,
p. 254. — *B. S. G. F.*, 4ᵉ Série VII, p. 307. — *B. S. G. F.*, 4ᵉ Série VIII, p. 10 et 11.
— Voir aussi Cotteau, Les Echinides Néogènes du Bassin Méditerranéen. *Annales
de l'Institut Océanographique*, t. VI, fasc. 3, Masson et Cie, 126, boul. St-Germain.
Paris.

*Venus Fontannesi* Dep., *Cytherea undata* Bast., *Cyth. provincialis* Dep., *Tapes oligocenica* Dep., *Cyrena Brongniarti* Bast (?), *Corbula retrosulcata* Dep., *Corbula Basteroti* Hornes, *Lutraria oblonga* Chemn., *Potamides* (Bittium) *plicatus* Brug. et variétés, *Potamides* (Tympanotonus) *margaritaceus* Brocc., *Cerithium* (Pyrazus) *bidentatum* Defr., *Cer* (Bittium) *pictum* Bast., *Pyrula Lainei* Bast., *Vermetus intortus* Lam., *Neritina picta* Ferr., *Neritina subvirginea* d'Orb., *N. Plutonis* Bast., *Natica Volhynica* d'Orb., et quelques polypiers, *Prionastræa diversiformis* Mich., *Heliastræa Ellisiana* Ed. et H.

Au-dessus des bancs à faune saumâtre, le faciès redevient nettement marin, ce sont les assises appelées par Depéret Molassé à Turritelles. Beaucoup des espèces précédentes s'y retrouvent et, en particulier, les cérithes. Je ne citerai que quelques espèces des plus caractéristiques, renvoyant pour le reste au mémoire Fontannes et Depéret : *Cardium burdigalinum* Lam., *Lucina columbella* Lam., *Panopæa Menardi* Desh., *Natica Josephinia* Risso, *Turitella quadriplicata* Bast., *Turitella Desmaresti* Bast., *Turritella turris* Bast., *Scalaria torulosa* Broc., *Sc. lamellosa* Broc., *Pyrula Lainei* Bast., *Rostellaria dentata* Grat., *Voluta rarispina* Lam., *Pyrula Lainei* Bast., *Rostellaria decussata* Grat., *Chenopus pes pelecani* L., *Conus canaliculatus* Broc. La présence de quelques exemplaires d'helix montre que des apports d'eau douce ruisselant du rivage entraînaient des coquilles terrestres et que ce rivage n'était pas éloigné.

*Sannoisien*. — A la base de la série d'Aix des calcaires d'eau douce, visibles seulement à Luynes, présentent une faunule intéressante signalée d'abord par Vasseur et imparfaitement étudiée encore (1). Ce sont des mélaniens spéciaux, striatelles, dont une espèce identique à une forme non décrite de Barjac et une autre, que l'on retrouve dans le calcaire sannoisien de Saint-Jean-de-Garguier et de Lestaque, des Potamides, des Nérilines, des planorbes généralement déformés, aplatis, indéterminables spécifiquement, des paludines tout à fait semblables à celles des couches sannoisiennes de Saint-Jean-de-Garguier et de Lestaque.

*Rupélien (Stampien)*. — Les argiles des Milles qui viennent au-dessus renferment des restes de mammifères des espèces caractéristiques de cet étage, trouvées à Saint-Henri : *Acerotherium Filholi* Osborn, *Acerotherium albigense* Roman. Mâchoire inférieure avec la série complète des dents sur les deux mandibules (pl. XIII, fig. 2), *Anthracotherium Cuvieri* Pom., *Doliochœrus aquensis* nov. sp., *Bachiterium* sp., *Cainotherium*. —

_______

(1) Note préliminaire sur la constitution géologique du Bassin d'Aix-en-Provence. *Annales de la Faculté des Sciences de Marseille*, 1897.

*Prodremotherium cf. elongatum.* — Cette faune est nettement stampienne, comme nous l'avons dit (1).

*Aquitanien.* — Dans l'Oligocène du bassin d'Aix la faune est saumâtre, avec niveaux d'eau douce intercalés. Elle a été étudiée par Fontannes (2), qui décrit de nombreuses espèces, dont nous citerons les principales :

GASTÉROPODES. — *Potamides margaritaceus* Brocchi, *Pot. microstoma* Desh., *Pot. plicatus* Brug., *Pot. Jacquoti, Hydrobia Dubuissoni* Bouillet, *Helix Ramondi* Brongn., *H. eurabdota* Font., *Limnæa subpalustris* Thomæ, *Limn. Garnieri* Font., *L. pachygaster* Thomæ, *L. subbullata* Sandb., *L. concinna* Reuss, *L. Vocontia* Font. *L. Cœnobii* Font., *Planorbis cornu* Brong. var. *solidus* Thomæ, *Planorbis declivis* Braun, *Cyclostoma antiquum* Brongn. LAMELLIBRANCHES. — *Sphærium gibbosum* Sowerby, *Cyrena semistriata* Desh., *Cyrena gargasensis* Math., *C. aquensis* Math.

*Sannoisien.* — La faune du Sannoisien du bassin de Marseille et de la vallée de l'Huveaune est très peu importante. La lagune était à cette époque en communication plus ou moins précaire avec la mer et certaines formes saumâtres, telles que les potamides et les cyrènes, ont pu vivre jusque dans le fond de cette lagune (Allauch). Voici les espèces signalées par Depéret (3) :

*Potamides elegans* Desh. var. *rhodanicus* Font., *Pot. elegans* Desh. var. aff. *Pot. calcaratus* Grat., *Pot. Lamarcki* Brongn. var. *druenticus* Font., *Neritina aquensis* Math. v., *Nystia Duchasteli* Nyst. sp. var. *crassilabrum* Math., *Hydrobia Dubuissoni* Bouil. var. *Aquisextana* Font., *Hydrobia Dubuissoni* Bouil. var. *felinensis* Sap., *Pupa aff. servasensis* Font., *Vivipara soricinensis* Noul., *Cyclostoma* sp., *Helix* sp., *Limnæa pachygaster* Thomæ var. *tricastina* Font., *Planorbis* cf. *polygynus* Font., *Sphœrium plantarum* Sap., *Cyrena* aff. *Johannisensis* Font.

*Rupélien.* — Le Rupélien (Stampien), qui est représenté, comme nous l'avons dit, par les argiles rouges de Saint-Henri dans le bassin de Marseille, renferme des mollusques d'eau douce et terrestres et surtout des restes de vertébrés, et principalement des mammifères. Cette faune, étudiée d'abord par Gervais (4), n'a pas encore été étudiée en détail. Les

---

(1) Repelin. Sur l'âge des dépôts oligocènes des bassins d'Aix et de Marseille. *Comptes rendus Ac. Sc.* t. 163, p. 100. Séance du 24 juillet 1916.

(2) Description sommaire de la faune malacologique des formations saumâtres et d'eau douce du Groupe d'Aix. Paris, Savy, 1881.

(3) *Loc. cit. ante.*

(4) *Zool. et Paléont. Gén.*, 1869, p. 160, p. XXVI, fig. 3-11.

espèces actuellement connues par les travaux de Depéret, Stehlin, Collot (1) permettent de signaler : *Acerotherium Filholi* Osborn, *Acerotherium albigense Roman* (voir pl. XIII, fig. 1 et 3, et pl. XIV, fig. 2).

*Anthracotherium hippoïdeum* Rutim., *Anthr. Cuvieri Pom.* (pl. XIV, fig. 1).

*Brachyodus* (Hyopotamus) *borbonicus* Gerv. sp.

*Hyænodon Gervaisi* Martin, *Cynodictis* sp., un ruminant d'un tiers moindre que le porte-musc, un petit Cainotherium et de nombreuses dents d'un petit rongeur Archæomys que Stehlin considère comme une mutation de la branche chinchilloïde, et avec cela des restes de batraciens, dont un squelette presque entier de grenouille.

*Aquitanien.* — Les argiles jaunâtres et poudingues de Marseille représentant l'*Aquitanien* sont très pauvres en fossiles. On trouve dans les parties inférieures une faunule d'eau saumâtre, mélange d'espèces marine et terrestres. *Cyrena semistriati* Desh., *Helix Massiliensis* Dep., *Potamides* sp., *Psammobia massiliensis* Dep., *Ostrea* sp., et, au-dessus, *Helix Ramondi* Brongn., *H. Massiliensis* Math., *Bulimus* sp., *Planorbis* sp., *Cyclostoma hemiglyptum* Font.

Une flore très riche, dont il sera question dans la suite, a fait l'objet de publications importantes.


**Miocène.** — Le Miocène existe surtout dans la partie occidentale du département. On y reconnaît, comme nous l'avons dit, les quatre étages Burdigalien, Helvétien, Tortonien, Sarmato-Pontique. La faune est en général assez riche. Nous citerons les principales espèces des divers étages (2) d'après les auteurs les plus autorisés et après un examen très sérieux.

*Burdigalien.* — Algues. Lithothamnium.

Protozoaires. — *Amphistegina* sp.

Cœlentères. — *Prionastræa diversiformis* Edw. et H. Istres ; *Ceriopora palmata* d'Orb.

Echinodermes. — *Cidaris avenionensis, Euspatangus* sp., *Scutella paulensis* Ag., *Amphiope elliptica* Des.

Bryozoaires. — *Retepora, Rhyzangia Martini* Edw. et H., *Phyllocænia astroïdes* Goldf., *Phyllocænia carryana* d'Orb., *Actinocænia carryana* d'Orb., *Goniaræa carryensis* d'Orb., *Litharæa Martini* d'Orb.

(1) Collot. Etude provisoire des Anthracotherium de Volx et de St-Henri. *Rev. des Sc. Nat. de Montpellier*, 1881, 2e Série, t. II, p. 456.
(2) Voir p. 95 et Cottreau.

LAMELLIBRANCHES. — *Pecten præscabriusculus* Font., *Pecten vindascinus* Font., *P. Justianus* Font., *P. pavonaceus* Font., *P. melasensis* D. et R., *P. rotundatus* Lk., *Cytherea erycina* Lk., *C. ? Lamarki* Ag., *Lutraria oblonga* Chemnits, *Panopæa Menardi* Rud., *Ostrea granensis* Font., *Ostrea caudata* Munst., *Ostrea aginensis* Tourn., *Ostrea cf. Boblayi*.

*Anomia ephippium* Lam., *Thracia ventricosa* Phil., *Lima squamosa* Lam., *Cardium burdigalinum* Lam., *Anomalocardia Diluvii* Lam., *Lucina incrassata* Dubois, *Lucina (Longa) columbella* Lk., *Lucina (Divaricella) ornata* Ag., *Corbula Barteroti* Hornes.

GASTÉROPODES. — *Natica tigrina* Defr., *Nat. Josephinia* Risso, *Turritella quadriplicata* Bast., *Turr. turris* Bast., *T. Desmaresti* Bast., *Turritella echinata* Font., *Scalaria lamellosa* Broc., *Potamides plicatus* Brug., *Cerithium vulgatum* Brug., *Chenopus pes pelecani* D., *Pleurotoma (Genota) ramosa* Bast., *Pl. (clavatula) spirata* Math., *Pl. (clavatula) geniculata* Bell., *Pl. (clavatula) asperulata* Lk., *Pl. rotata* Broc., *Pl. multistriata* Bell., *Nassa eburnoïdes* Math., *N. Haueri* Mich., *N. reticulata* Lam., *Pyrula rusticula* Bast., *Ficula condita* Brongn., *Melongena cornuta* Ag., *Voluta rarispina* Lam., *Mitra fusiformis* Broc., *Terebra acuminata* Bors., *T. plicaria* Bast., *Strombus Bonellii* Brongn., *Conus canaliculatus* Broc., *Ancilla glandiformis* Lk., rare, *Scutella paulensis* Ag., *Amphiope elliptica* Des.

Comme l'a fait remarquer Fontannes, cette faune, malgré la présence d'un certain nombre d'espèces communes avec l'Aquitanien, présente un ensemble nettement différent. Certains genres, Neritina, Potamides, Vermetus, Cyrena, Corbula, Anomalocardia Mytilus, Ostrea crispata et undata abondants dans l'Aquitanien, deviennent rares ou disparaissent dans le Burdigalien et, par contre, d'autres, Natica, Nassa, Pleurotoma, Terebra Ficula, Melongena, Chenopus, Strombus, Ancilla, Triton, Murex, Oliva, Calyptrœa, apparaissent ou deviennent plus nombreux dans ce nouvel étage.

*Helvétien.* — La faune est très voisine de celle du Burdigalien. Le nombre des espèces communes est considérable. Je ne citerai que les formes les plus caractéristiques.

LAMELLIBRANCHES. — *Ostrea crassissima* Lamk., *Ostrea Boblayi* Desh., *P. improvisus* Fisch et Tourn., *P. Planosulcatus* Math., *Cardium turonicum* May., *Cardium Darwini* May., *Arca turonica* Dup., *Venus plicata* Gmel.

GASTÉROPODES. — *Conus canaliculatus* Broc., *Genota ramosa* Bast., *Nassa cabrierensis* Font., *N. cytharella* F. et T., *Tudicla rusticula* Bast.

Tortonien. — La faute tortorienne est fort bien représentée dans le gisement de Peschière, près Saint-Simon, où elle a été étudiée par Collot. Je ne citerai que quelques espèces les plus typiques, une liste complète se trouve consignée dans le Miocène des Bouches-du-Rhône de Collot (1).

Lamellibranches. — *Cypricardia carditoides* Blainv., *Venus alternans* Sacco, *Cardita Jonanneti* Bast., *C. Partschi* Goldf., *Chama gryphoides* Linn., *Arca Noë* Linn., *Arca diluvii* Lamk., *A. turonica* Duj., *Pecten substriatus* d'Orb., *Pecten scabriusculus* Math., *Ostrea leberonensis* F. et T., *O. Boblayei* Desh., etc., etc.

Gastéropodes. — *Clavatula cabrierensis* F. et T., *Ancillaria glandiformis* Lamk., *Mitra fusiformis* Brocc., *Murex dertonensis* May., *Columbella turonica* May., *Nassa costulata* Brocc., *N. cabrierensis* Font., *Cerithium dertonense* May., *Turritella bicarinata* Eichw., *T. dertonensis* May., *Proto rotifera* F. et T., *Dentalium*, etc.

Miocène supérieur. — La faune sarmato-pontique, si bien représentée à Cucuron sur le flanc Sud du Luberon, ne comprend que quelques formes de Gastéropodes terrestres et quelques espèces d'eau douce : *Helix aquensis* M. de S., *Helix Christoli* Math., *H. Dufresnoyi* Math., *H. Gualinœi* F., *H. pseudocompurcata* Math., *Helix galloprovincialis* Math. = *H. turonensis* Desh., *H. Mendesi* Rom., *H. Beaumonti* Math., *Cyclostoma Serresi* Math., *Cyclostoma Draparnaudi* Dep. et Sayn., *Neritina grasiana* Font., *Bithynia leberonensis* F. et T., *Bithinella Benoisti* D. et D., *Hydrobia Deydieri* D. et S., *Glandina aquensis* Math.

Quelques traces des mammifères si abondants sur la rive droite de la Durance se trouvent en divers points : *Tragocerus Amaltheus.*

Pliocène. — Cet étage est peu développé dans le département. Le faciès marin ne se montre que dans la région Nord, Saint-Christophe : *Ostrea Cochlear, Nassa semistriata, Turritella subangulata, Corbula gibba, Arca diluvii*, Défilé de Roquemartine (2) : *Nassa semistriata* Brocchi, *Turritella subangulata* Brocchi, *Vermetus arenarius* Linné, *Dentalium delphinense* Font., *Corbula gibba* Olivi, *Venus islandicoïdes* Lamk., *Circe minima* Montagu, *Arca Noœ* Linné, *A. tetragona* Poli, *Anomalocardia diluvii* Lamk., *Barbatia barbata* L. v. *restitutensi* Font., *Barbatia acanthis* Font., *Pecten pes felis* Linné, *Lima inflata* Chemn., *Spondylus* cf. *gœderopus* Linn., *Ostrea Cochlear* Poli v. *navicularis, Ostrea barriensis* Font., *O. cuculata* Born., Polypiers.

---

(1) Descr. géol. env. Aix (thèse de doctorat). Miocène des B.-du-Rh. Extrait du *Bull. Soc. Géol.*, 4ᵉ Série, t. XII, 1912, pp. 48 à 104.

(2) Fontannes. Sous-sol de la Crau. *B. S. G. F.*, t. XII, 3ᵉ série, nᵒ 7, 1884.

21

Le faciès continental n'a fourni que peu de fossiles. Je citerai seulement *Elephas meridionalis* (un fragment de molaire), dans les tufs des Aigalades, et une autre (?) dans les dépôts de la Valentine. La flore, très intéressante, sera étudiée dans la partie paléophytologique.

La figure 1, pl. XV, montre ce fragment de molaire, qui présente les caractères très nets de l'espèce.

QUATERNAIRE. — Il n'est guère possible de faire état d'autres fossiles que ceux trouvés dans les brèches de Ratonneau (mammifères) et des mollusques trouvés dans les tufs (Meyrargues, etc.) (1). Les mammifères sont *Cervus, Histrix major* Gerv., *Ursus* de petite taille, probablement *Ursus mediterraneus* de Forsyth major.

Dans les tufs quaternaires (Meyrargues, Aigalades, etc.), on peut citer, d'après David Martin (2) : *Helix fulva* Mull., *H. rufilabris* Jeff., *H. rotondatus, H. Nemoralis* Lin., *H. rugosiuscula* Bur., *H. cespitum* Drap., *H. carthusiana, H. pulchella* Drap., *Zonites nitidula* Drap., *Zonites radiatus, Succinea histrix* Blainv., *Suc. arenaria* Bouché, *S. longiscata ou Pfeifferi* Morel, *Carychium minimum* Mull., *Cyclostoma ferrugineum, C. elegans, Achatina acicula* Lk., *Limnaea ovata* Lk., *L. palustris* Lk., *Planorbis complanatus*. On y trouve également une flore dont il sera question plus loin.

(1) *Congrès Scientifique de France*, 33ᵉ session, 1ʳᵉ partie, t. I, p. 332.
(2) Repelin. Sur l'âge des tufs de Meyrargues. *Bull. Soc. linn. de Provence*. Séance du 9 janvier 1912, p. 178.

# CHAPITRE IV

## TECTONIQUE

GÉNÉRALITÉS. — Le département des Bouches-du-Rhône nous offre au point de vue tectonique de beaux exemples de plis et de nappes sensiblement contemporains des mouvements pyrénéens. Dans le volume *Le Sol*, nous avons indiqué la formation progressive du relief. Cette notion était indispensable à la compréhension de l'ensemble. Elle entrait, à titre de paléogéographie, dans le cadre de notre description géographique. Je ne reviendrai pas sur cette question supposée connue des lecteurs, je me bornerai à préciser l'âge des principales dislocations et à rappeler, au cours de la description des plissements, les faits paléogéographiques qui peuvent éclairer leur structure. Pour mettre ces descriptions plus à la portée de ceux qui connaissent la description géographique, nous suivrons l'ordre adopté dans le volume *Le Sol*.

Nous étudierons donc la structure géologique des reliefs en procédant du Sud vers le Nord, examinant successivement :

1° Les collines entre la mer et l'Huveaune ;

2° Entre l'Huveaune et l'Arc ;

3° Entre l'Arc et la Durance.

Mais il importe, avant d'entrer dans le détail de l'étude de la tectonique de ces régions, de rappeler que les massifs des Bouches-du-Rhône font partie de la Basse Provence et que la tectonique de la Basse Provence a été l'objet de travaux nombreux et d'une importance considérable au point de vue général. Il est impossible d'isoler l'étude tectonique des reliefs des Bouches-du-Rhône de l'étude plus générale de la tectonique de la Basse Provence. Cette étude a été poussée très loin, presque achevée pour-

rait-on dire, par un homme que l'on peut considérer comme le premier
des géologues français, Marcel Bertrand, dont le nom est resté célèbre
dans le monde entier, et qui a montré que notre région pouvait être considérée comme terre classique pour l'étude des grands phénomènes de chevauchement. Dans une étude intitulée « Les Nappes de charriage de la
Basse Provence », E. Haug a cherché à mettre en lumière ce rôle prépon-
dérant de M. Bertrand, et pour cela il a cherché à préciser aussi le rôle
des prédécesseurs de ce savant. Nous n'entrerons pas dans ces considérations que l'on trouvera dans l'étude de l'ancien professeur de la
Sorbonne (1).

Darluc, de Saussure, les auteurs de la Statistique des Bouches-du-
Rhône n'avaient, on peut le dire, aucune idée exacte de ce que nous
appelons la Tectonique. Il en est de même des géologues locaux auteurs
du Prodrome d'Histoire Naturelle du département du Var, Doublier, Pa-
nescorce ainsi que Jaubert, qui n'étaient préoccupés que de minéralogie,
de paléontologie et de stratigraphie. Matheron, le premier, s'occupa de la
structure de la région, dressant des coupes qui déjà donnaient une idée
de cette structure, 1842-1864. Dieulafait, également, chercha à se rendre
compte de la disposition relative des divers terrains, mais ses coupes
sont d'une inexactitude invraisemblable.

C'est à Coquand que revient le mérite d'avoir le premier décrit une
région naturelle et débrouillé la structure de cette région avec une sagacité remarquable. Il reconnut et figura le premier, en 1865, le renversement du versant Sud de la Sainte-Baume. On peut citer encore Toucas
qui, un des premiers, donna une carte géologique du canton du Beausset.
Enfin, le travail géologique le plus important antérieur aux premières
publications de M. Bertrand est la Description géologique des environs
d'Aix-en-Provence, de Collot, où les plis anticlinaux et synclinaux sont
étudiés et figurés dans des coupes très précises dont plusieurs ont encore
toute leur valeur. Nous avons eu souvent l'occasion de vérifier ces coupes
dans le détail.

C'est en 1880 que M. Bertrand inaugura ses premières recherches
faites en vue de la Carte géologique détaillée de la France à 1/80.000°,
feuilles de Toulon et de Marseille (1884). On peut suivre dans l'ouvrage
de Haug la marche progressive des travaux du grand géologue (2). Après
la conception des plis couchés découverts par lui en Provence, c'est la
constatation de la superposition du Trias au Crétacé au Beausset, celle
de véritables lambeaux de recouvrement, puis celle des plis sinueux, puis

_____

(1) Mémoires pour servir à l'explication de la Carte géologique détaillée de la
France (Ministère des Travaux publics). Première partie : La Région Toulonnaise.
Imprimerie Nationale, 1925.
(2) On y trouvera aussi les indications bibliographiques les plus copieuses.

enfin celle des nappes de charriage dont les surfaces de recouvrement ont pu être dénivelées et plissées après leur formation. On peut suivre, dans le mémoire de Haug, toute l'évolution des idées de Marcel Bertrand depuis ses études dans la région de Toulon jusqu'à la publication, en 1899, de son mémoire sur la grande nappe de recouvrement de la Basse Provence dont la première partie seule a paru. Nous nous bornerons ici à exposer notre conception actuelle de la tectonique des chaînes provençales comprises dans les limites administratives du département, en étendant toutefois notre champ d'étude sur les parties dont la structure est indispensable à la clarté de la description régionale.

### Premier groupe. — Entre l'Huveaune et la mer

MARSEILLE-VEYRE ET CARPIAGNE. — Ces deux chaînons, intimement unis, ne présenteraient que peu d'intérêt au point de vue tectonique si des observations relativement récentes ne nous avaient amené à penser que ces deux massifs pourraient faire partie de la grande nappe de recouvrement de la Basse Provence au même titre que tout le bassin du Beausset (1). Nous avons donné dans la Géographie physique (T. XII, *Le Sol*) un aperçu de la constitution géologique de ces petits massifs. Celui de Carpiagne se présente comme une sorte de dôme irrégulier de terrains jurassique et crétacé inférieur dont les parties enveloppantes externes, au Nord et à l'Est, viennent former les petits pitons entre Saint-Loup et Saint-Marcel. Pour compléter ce que nous avons dit dans le volume *Le Sol*, je tiens à préciser le rôle des failles dans ce massif. Elles sont nombreuses, importantes, la plupart dirigées sensiblement E.-O. On trouve dans les plateaux urgoniens, qui constituent le versant Sud du bombement de Carpiagne, un certain nombre de dépressions dirigées E.-O. qui sont occupées par des affleurements d'Aptien et de Cénomanien buttant par faille au Sud contre l'Urgonien (Voir la Carte géol. à 1/80.000° et la Carte géologique jointe à ce mémoire). Ce sont celles du Laugisson, du Grand et du Petit Mussuguet et des Rouvières. M. Savournin (2) a fait connaître en outre une grande faille dirigée à peu près N.-S. et qui, partant des environs de Saint-Loup (colline Sainte-Croix), traverse le vallon de Toulouse, puis celui de La Panouse, passant un peu à l'Ouest de Vaufrège, s'arrête au territoire de Luminy après avoir suivi à peu près la route de ce vallon. Une coupe menée dans la direction de cette fracture montre que les terrains affectés par la faille sont eux-mêmes plissés et renversés.

(1) Repelin. *Comptes rendus Ac. Sc.*, t. 186, p. 1139, avril 1928.
(2) Savournin. Observations sur le massif de Carpiagne-Saint-Cyr. *Bull. Serv. Carte géol. Comptes rendus des Collaborateurs*, n° 73. T. XI, 1899-1900.

Une autre fracture à peu près perpendiculaire à celle-là se trouve figurée sur la carte à 1/80.000. Elle part des environs du Logis-Neuf, passe au fond du vallon de Vaufrège et, se dirigeant vers l'Est, vient se terminer près de la Gelade Neuve. A cette énumération il faut ajouter la faille de Sugiton, déjà signalée par Fournier (1), dont le tracé suit l'axe du vallon originel et va sans doute, comme le pense Savournin, rejoindre la faille de Sainte-Croix.

Enfin, j'ai fait connaître à la Fontasse, à 1 kilomètre du port de Cassis, une curieuse petite fenêtre entaillée par l'érosion dans la masse urgonienne et montrant un affleurement de calcaire gréseux jaunâtre du Turonien. L'importance de la lacune mécanique jointe à l'étroitesse de l'affleurement ne permet pas d'autre interprétation que celle d'une fenêtre. Devons-nous, dès lors, admettre qu'il ne s'agit là que d'une écaille urgonienne, comme on en trouve sur le versant Sud de la Sainte-Baume, ou faut-il penser que tout le massif est charrié et se rattache à la grande nappe de recouvrement de la Basse Provence ? Comme il ne paraît guère possible de séparer en deux parties la masse urgonienne, j'incline vers la deuxième hypothèse.

La Sainte-Baume. — Ce massif important est situé en partie dans le département du Var, mais il est impossible de se borner à décrire ce qui se trouve dans les Bouches-du-Rhône. Il forme une région naturelle indivisible. Il convient donc de reproduire ici la partie la plus importante du mémoire publié en 1922 (1). La constitution de la Sainte-Baume (2), si l'on entend par ce mot la distribution générale des différents terrains dans les collines qui constituent le massif, est connue dans les grandes lignes depuis les travaux de Coquand et surtout de Marcel Bertrand et de Collot. Mais les travaux récents ont apporté de nombreuses rectifications qui, en certains points, ont été jusqu'à modifier de fond en comble le tracé de la carte au 1/80.000ᵉ, en particulier dans la région Sud de la chaîne. La coupe fondamentale établie par Marcel Bertrand dès ses premières publications (3) est à peine à modifier dans le détail. J'emprunte à dessein les lignes suivantes à ce premier mémoire, aussi bien pour rendre hommage à la mémoire du maître, que pour servir d'introduction à la description détaillée qui va suivre.

« Pour se faire une idée d'ensemble de la coupe de la Sainte-Baume, il convient de partir de Cuges et de monter vers Riboux en suivant un des ravins à l'Est du village, puis d'aller rejoindre à l'Est, près de la ferme du *Pied de la Colle,* le sentier des pèlerins qui traverse l'escarpement et conduit sur le versant Nord au couvent de la Sainte-Baume. La série des couches rencontrées est représentée sur la coupe n° 1 (Voir coupes de M. Bertrand). C'est d'abord, entre Cuges et Riboux, la série jurassique complète et bien développée depuis le Bathonien jusqu'à l'Infralias avec un pendage régulier vers le Sud. Au-dessus de Riboux, on traverse plusieurs fois les *gros bancs* blancs de l'Infralias et ceux de la lumachelle infraliasique, puis, sans que le pendage ait changé, on retrouve la série jurassique mais renversée et incomplète, très amincie. C'est d'abord le Lias représenté par une quinzaine de mètres de calcaires à silex, puis les calcaires marneux, également réduits à quelques mètres, puis le Bathonien calcaire qui forme la base de la croupe de la montagne et s'enfonce sous les assises précédentes. En gravissant cette croupe, on voit les dolomies succéder régulièrement au Bathonien ; Coquand signale plus haut les fossiles néocomiens et le sommet est formé par l'Urgonien qui plonge dans le même sens sous la série des couches plus anciennes.

Le renversement entre la crête et le plateau de Riboux est d'une netteté incontestable ; au Sud du plateau jusqu'à la plaine de Cuges, les couches se présentent au contraire dans leur ordre normal de superposition ; et entre ces deux séries il y a, non pas une faille comme le pensait Coquand, mais une bande de couches amincies, une zone de glissements effectués dans des plans voisins de ceux des couches. La montagne est formée là par un grand pli couché étiré sur son flanc Nord.

Si l'on continue la coupe au Nord de la crête, on voit butter contre la falaise urgonienne les argiles à lignites et les grès santoniens presque horizontaux et formant au pied de la Sainte-Baume un magnifique talus boisé. Ces argiles et ces grès reposent sur les calcaires à hippurites qui, également peu inclinés, occupent toute la surface du plateau du Plan d'Aups. A la petite crête qui limite au Nord ce plateau, les calcaires à hippurites se relèvent brusquement, se recourbant sur eux-mêmes et les grès santoniens reparaissent au pied d'une grande faille qui limite le massif au Nord et met le système crétacé en contact avec le Bajocien ».

Il n'y a rien ou presque rien à changer à ces lignes, et l'on **ne** saurait contester la scrupuleuse exactitude de cette coupe. Elle établit, en particulier, qu'au Nord de Riboux les dolomies kimeridgiennes et les calcaires bathoniens de la série renversée ne sont pas directement en contact avec le Trias, mais avec l'Infralias. Quant au Trias, c'est vers l'Ouest qu'il se développe le plus.

Pli de Riboux. — Série normale. — Série renversée. — Nous partirons, nous aussi, de cette coupe fondamentale, de ce pli de Riboux, ou plutôt de la racine de la nappe que l'on voit près de Riboux. Nous décrirons d'abord, comme plus caractéristique que celle qui passe par Riboux, une coupe générale N.-N.-O., S.-S.-E. passant par les Etienne, la Lare, la crête de la Sainte-Baume, la partie comprise entre la cote 640 et les Escoussaoux et, enfin, la région de Cuges (suivre la coupe n° 1, Pl. II). C'est un affleurement important de Muschelkalk qui forme toute la colline 640. Si, partant de là, on se dirige vers le Sud, on traverse d'abord une bande assez large à l'Ouest, mais très amincie à l'Est de marnes irisées, puis des calcaires et des dolomies infraliasiques d'une grande puissance ; plus loin une barre, très épaisse également, de calcaires à silex liasiques, quelques mètres de marnes bajociennes avec *Stepheoceras Humphriesi* et autres formes caractéristiques, puis une masse de bancs marneux bathoniens, les calcaires en gros bancs à grosses taches bleuâtres du Bathonien supérieur et du Callovien et, enfin, les calcaires oxfordoséquaniens et les dolomies qui, au delà de la grande route de Cuges, supportent les calcaires et marnes, de la base de la série crétacée. Vers le Nord on trouve, en disposition inverse, une bande argileuse irrégulière sous le Muschelkalk (marnes irisées), puis une petite couche de calcaires infraliasiques au-dessous desquels se montrent quelques bancs de Lias, et le tout repose avec un pendage à peu près toujours le même sur les dolomies et calcaires blancs jurassiques assez redressés. Au-dessous, et en concordance apparente, viennent les assises bien litées et puissantes du Valanginien et de l'Hauterivien, puis l'Urgonien, qui forme ici toute la crête et au-dessous duquel affleurent de plus en plus redressés, surtout vers l'Ouest, les bancs Aptiens. La série renversée se termine par des calcaires à hippurites et par les couches du Plan d'Aups. Celles-ci, repliées en un synclinal couché vers le Nord, dont le flanc Sud est en même temps le dernier terme de la série renversée, présentent irrégulièrement, dans l'axe du pli, des couches charbonneuses supérieures aux assises du Plan d'Aups et des bancs où se trouvent des fossiles valdonniens et même fuvéliens. Le flanc Nord du synclinal, formé en partie de calcaires à hippurites et de couches saumâtres, constitue une grande partie de la plaine du Plan-d'Aups. Plus au Nord, ces mêmes assises se replient de nouveau en un anticlinal dont la partie axiale forme le rebord du plateau. Entre la Coutronne et ce point, près du petit mamelon isolé qui borde la route à l'Ouest, on voit reposer sur les assises campaniennes ou maëstrichtiennes des terrains infraliasiques et jurassiques appartenant à une bande continue depuis Roqueforcade jusqu'aux environs de Nans. On rencontre là, en superposition normale, des dolomies infraliasiques, des calcaires liasiques, les marnes bajociennes fossilifères et le Bathonien marno-calcaire. Ces divers affleurements se présentent avec régularité, et dans le même ordre, sur le versant Nord du mamelon, et l'on voit ressortir très régulièrement aussi les calcaires à hippurites qui forment au-dessous de la bande de recouvrement un synclinal assez large. Au Nord, c'est le bombement assez dissymétrique de la Lare, formé de dolomies et de calcaires blancs du Jurassique supérieur et du Valanginien (?) Autour de ce dôme se montre un ruban continu, vers l'Ouest et le Sud, de marnes et calcaires hauteriviens et valanginiens et une ceinture presque complète de Crétacé supérieur. Au Sud du petit chaînon des Etienne et des Lagets, ce sont les assises à hippurites, contre le massif dolomitique et, plus au Nord, le Fuvélien, qui forment la partie déprimée entre les deux reliefs. C'est sur ce Fuvélien que se trouve en entier le lambeau jurassique des Etienne et des Lagets constitué par de l'Infralias, du Lias et du Jurassique moyen et supérieur. Au Nord, le Fuvélien et le calcaire à hippurites réapparaissent séparés par une faille presque verticale de lambeaux jurassiques, que l'on ne peut qu'avec doute rattacher à la masse de recouvrement, car leur superposition au Trias, sauf la disparition par laminage du Lias, apparaît assez régulière. Du Sud au Nord, on trouve, en effet, au delà de la faille, un Bathonien bien développé, un Bajocien marneux fossilifère et un Infralias très complet reposant sur les calcaires, dolomies et cargneules du Trias supérieur. Le Lias est peut-être même représenté par quelques bancs de calcaires sans fossiles.

La coupe n° 2, à peine différente de celle de M. Bertrand, montre, à partir de Riboux, vers le Sud, la série normale mais non pas avec un plongement régulier comme l'indiquait la coupe de M. Bertrand. Les couches, vers la base de la série, se redressent de plus en plus en approchant de l'Infralias et le contact du Bajocien et du Lias, de même que celui du Lias avec l'Infralias, se font par des failles, verticales ou peu inclinées, dont le peu d'harmonie avec l'ensemble des plans de glissement presque parallèles aux plans de pendage indiquent la postériorité. Elle sera du reste prouvée par d'autres observations. L'Infralias montre, dans la partie médiane de la bande, les gros bancs de calcaires associés aux plaquettes avec lumachelle tandis qu'il présente les épaisses dolomies blanches si caractéristiques, sur les bords vers la dépression de Riboux et vers le Nord de la bande (1). En ce point le contact se fait avec un affleurement liasique très bien caractérisé par ses fossiles (térébratules caractéristiques très nombreuses, rhynchonelles, gryphées, bélemnites, spiriférine, etc.,

(1) Les calcaires durs compacts, alternant avec les calcaires en plaquettes, de l'Infralias existent surtout dans la zone médiane de l'Infralias entre Riboux et le Pied-de-la-Colle. Il y a, à la limite de ces calcaires et des dolomies supérieures, des alternances parfois nombreuses. Ce sont ces calcaires que M. Haug paraît avoir attribués au Muschelkalk. Ainsi s'explique le fait que l'Hettangien, d'après ce maître, se trouverait le plus souvent en contact avec le Muschelkalk. Ainsi s'expliquent aussi les complications apparentes décrites par ce savant.

La tectonique du Massif de la Sainte-Baume. B. S. C. F., t. xv, 4ᵉ série, p. 113.

etc.). Au Nord de ce Lias, une petite bande de Bajocien et de Bathonien très étirée et laminée, puis les dolomies et calcaires blancs marmoréens du Jurassique supérieur renversés sur les assises bien litées du Valanginien et de l'Hauterivien reposant elles-mêmes sur l'Urgonien qui forme falaise. Au-dessous de l'Urgonien une lame d'Aptien vient se coincer et disparaître dans le voisinage de la Grotte, et le Sénonien présente, sur tout le versant Nord de la crête, une disposition synclinale très nette. Vers l'Ouest, des couches avec lits charbonneux plus récents que les calcaires santoniens indiquent d'une manière évidente la région axiale. On y trouve, reposant normalement sur l'horizon du Plan d'Aups à *Glauconia Coquandi*, des bancs à Melanopsis et même les Unios (Margaritana) caractéristiques des assises fuvéliennes. Aucun indice, en ces points, de failles verticales plus ou moins analogues à celles figurées dans les coupes de M. Bertrand mais des amincissements, chevauchements masquant par leur transgression certaines parties des terrains affectés. Traversons maintenant le plateau du Plan d'Aups formé en grande partie de couches saumâtres appartenant au Campanien inférieur et dont j'ai étudié la faune en détail dans une publication spéciale (1) et arrivons au bord septentrional. Ici le calcaire à hippurites ressort sous les couches plus récentes et se replie en un anticlinal, particulièrement visible au Nord du Plan d'Aups, signalé par M. Bertrand d'abord et dont M. Haug et moi-même avons vérifié l'existence. Le flanc Nord de l'anticlinal se trouve laminé par l'effondrement de la bande du Nord le long d'une faille presque verticale, le calcaire à hippurites en a presque complètement disparu, mais les poudingues du Sénonien supérieur (Bégudien) s'y montrent au contraire très développés. Un contact anormal met brusquement en rapport ce Crétacé supérieur avec une série jurassique normale sous laquelle il s'enfonce incontestablement. Le Jurassique est en superposition sur le Crétacé supérieur qui réapparaît au Nord en une bande assez étroite se relevant régulièrement sur le Crétacé inférieur et le Jurassique de la Lare. Le contact du Jurassique et du Crétacé, loin d'être régulier comme l'indiquait la coupe de M. Bertrand, est accidenté de failles d'effondrement dans la partie méridionale et de failles verticales ou obliques allant jusqu'au plan de glissement presque horizontal dans la partie septentrionale. Il en est ainsi dans les alentours du piton qui porte Notre-Dame d'Orgnon, où les dolomies forment un vrai lambeau de recouvrement sur le calcaire à hippurites. Plus au Nord, la série jurassique complète de Saint-Zacharie s'enfouit en s'étirant, ne laissant qu'une faille d'effondrement au contact du Crétacé supérieur qui supporte le lambeau de Notre-Dame d'Orgnon (Voir Pl. II, coupe 2).

(1) Annales du Muséum d'Hist. Naturelle de Marseille, 1906-1907.

## DESCRIPTION DETAILLEE

Nous avons distingué, comme Marcel Bertrand et comme tous les auteurs, une série normale, une série renversée et une série autochtone ou substratum. Nul ne peut échapper à cette distinction qui s'impose.

### Série normale

La série normale telle que nous venons de la caractériser aux environs de Riboux se poursuit à peu près avec les mêmes caractères jusqu'au Sud du *Pied-de-la-Colle*. Mais la faille qui met en contact le Lias et l'Infralias près de Riboux, et qui d'ailleurs s'étend vers l'Ouest jusqu'à la Bastide des Cyprès, prend ici une plus grande importance. L'affleurement liasique se trouve divisé en deux par cette faille (voir carte), une partie septentrionale morcelée elle-même par les érosions en trois parties séparées par des ravins et qui couronnent les buttes entre ce point et la Bastide Panier en concordance apparente surl'Infralias, l'autre qui s'étire et disparaît le long de la faille. L'affleurement bajocien, qui depuis Cuges accompagnait régulièrement et en concordance le Lias, disparaît lui aussi en ce point, tandis que le Bathonien, très épais et très fossilifère aux environs de Cuges et sur la cote 598, s'amincit au Sud des Maulnes, où la même faille le met en contact direct avec l'Infralias. Un peu plus à l'Est, au voisinage du puits et de la cote 696, un mince affleurement de Trias supérieur terminé en biseau à ses deux extrémités apparaît, par suite de la dénivellation plus grande, produite par la fracture et aussi à la faveur de l'érosion, qui tend à atteindre des couches inférieures. Il sépare les assises jurassiques des calcaires de la base de l'Infralias. Il disparaît vers la cote 696 où le Bathonien touche de nouveau directement l'Infralias. A partir de ce point, les complications augmentent, le tracé de la faille de rectiligne devient sinueux, indiquant une obliquité du plan de fracture, un véritable chevauchement. La bande bathonienne de nouveau se trouve en contact avec une bande triasique comme aux environs des Maulnes. Un accident transverse introduit des complications extrêmes dans la vallée du Raby. Il s'agit d'une poussée E.-O. probablement alpine qui a fait chevaucher la lèvre occidentale de la coupure sur l'autre entre la cote 846 et Signes. La ligne de contact anormal part du sommet de la cote 846, suit le pied des escarpements dolomitiques et vient se perdre près de Signes, où l'on voit le Trias en contact direct avec les dolomies du massif occidental.

Vers la Taoule, on voit, à la base de la série normale à peu près régulière, apparaître, dans la dépression cultivée sous les bancs infraliasiques, un affleurement très allongé de Trias moyen et supérieur qui recouvre, vers le Nord, l'Infralias de la grande bande. Cet affleurement se suit très aminci par étirement, à l'Ouest du Mourier d'Agnis, et vient s'étaler de nouveau aux environs de la Taillane où l'on voit le Muschelkalk, sur lequel est bâtie la ferme, reposer sur les bancs inférieurs de l'Infralias renversé, très développé au Nord, et supporter toute la série normale du Sud. Ce Trias se poursuit vers le Nord de la côte 846 où il semble aller rejoindre celui de la bande triasique inférieure au Bathonien des environs des Maulnes. Le Trias supérieur réapparaît le long de la ligne de chevauchement, vers le point le plus méridional, indiqué « hutte » sur la carte, et se développe ensuite énormément vers Signes où de nouvelles complications surgissent par suite de la compression de la partie inférieure de la série entre les deux masses jurassiques du Nord-Est et du Nord-Ouest de Signes. On voit se succéder, en traversant cette étroite dépression dans la direction S.-O., N.-E., des affleurements alignés du N.-O. au S.-E. Ce sont les suivants : une bande de marnes irisées, en partie écrasée contre les dolomies du N.-O., une bande de Muschelkalk en disposition anticlinale, une nouvelle bande de *marnes irisées* avec nombreux bancs de gypse, puis une bande de poudingues à éléments anciens, un ruban de calcaires à hippurites, une barre dolomitique très étroite et enfin un affleurement de calcaires jurassiques en grande partie bathoniens supportant une énorme masse de dolomies comprenant probablement tout le jurassique supérieur au Bathonien. Les relations de ces couches sont exprimées par la coupe ci-après (Fig. 1), dont l'analogie avec la coupe des environs de Méounes est remarquable (1).

Quant à la série jurassique normale qui forme à peu près tout le massif compris entre Signes, Mazaugues et Méounes, elle ne présente, en dehors des faits déjà signalés, aucune grande irrégularité. Cependant certaines observations permettent de se rendre compte que les couches ne sont pas absolument régulières, qu'elles ont glissé les unes sur les autres, particulièrement sur les plans formés par des assises marneuses comme le Bajocien par exemple ou la base du Bathonien, et qu'elles ont pris part aux grands mouvements tectoniques. C'est ainsi qu'aux environs de Châteauvieux, dans un ravin creusé presque au contact du Lias et du Bajocien, on voit une petite boutonnière au centre de laquelle apparaît, entouré presque partout par le Lias, un petit lambeau de dolomies infraliasi-

---

(1) J'ai expliqué antérieurement les raisons pour lesquelles je ne puis admettre, avec Haug, que les couches du Crétacé supérieur apparaissent là, en fenêtre. La coupe précédente, dont l'exactitude, en dehors même de toute hypothèse, est scrupuleuse, vient à l'appui de cette manière de voir.

ques, de forme subtriangulaire. Le côté Est est recouvert directement par les assises inférieures de l'Oolite en chevauchement au-dessus du Lias. C'est dans cette partie, vers la base de la série jurassique et au contact de l'Infralias, que se trouve la belle source de Châteauvieux, bien connue des touristes et des chasseurs. De même à l'Ouest du Mourier d'Agnis le Lias disparaît momentanément recouvert en transgression mécanique par le Bajocien. Sur le versant Nord de la chaîne de Mazaugues (cotes 916, 909, 858, 782), depuis le Mourier d'Agnis, la succession se présente avec une régularité à peu près complète. Le Lias, bien développé, présente le facies habituel de calcaire à silex mais, tandis que le Toarcien est mal caractérisé dans la région du Plan d'Aups, il est ici très bien représenté par une série de fossiles caractéristiques et la zone à H. Murchisonæ est aussi bien représentée qu'aux environs de la *Grande-Bastide*. A l'Est de Mazaugues, et tout près du village, le Trias réapparaît à la base de l'Infralias en un minuscule pointement de gypse et d'argile rouge superposé au Crétacé supérieur puis, un peu avant la cote 644, les dolomies, mécaniquement décollées du reste de la série jurassique, viennent recouvrir directement les calcaires à hippurites ou les sables et grès sénoniens. Depuis les environs de Mazaugues, la nappe inverse ou flanc renversé du grand pli a disparu par étirement et la série normale surmonte directement le Crétacé supérieur. Nous allons y revenir.

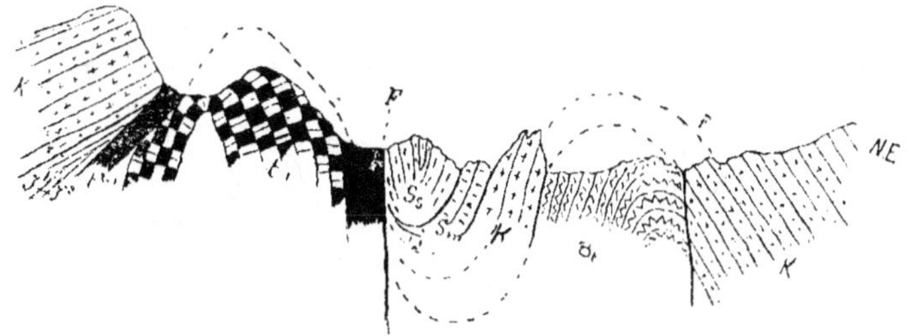

Fig. 17. — Coupe prise un peu au N.-O. de Signes (Voir légende fig. 18).

Il semble paradoxal de qualifier de normale la série, en ordre évidemment normal, mais si troublée et si incomplète que l'on trouve entre la grande route de Gémenos à Cuges et les environs de Cuges, vers la Bastide des Cyprès. Elle est la suite incontestable de celle que nous venons de décrire. Sur le flanc oriental de la colline située au N.-O. de Cuges, et dont Marcel Bertrand et Haug ensuite n'avaient pas reconnu la complexité, on trouve, en effet, une succession qui, jusqu'au Bathonien, correspond exactement à celle des collines qui lui font face sur l'autre rive

du ravin qui aboutit à Cuges (vallon de Sainte-Madeleine). Mais au-dessus
du Bathonien, un décollement s'est produit dans une partie de la série
formant une énorme dalle comprenant les dolomies jurassiques, le Valanginien, l'Hauterivien et l'Urgonien (1). Cette dalle s'est étendue transgressivement sur les terrains précédents et repose au Sud sur le Bathonien, au Nord sur le Bajocien, puis sur le Lias et l'Infralias. Très régulière à l'Est, cette série partielle est très irrégulière vers l'Ouest. Elle
est accidentée vers le haut du ravin N.-S. situé immédiatement au N.-O.
de Cuges par une déchirure d'érosion où se montrent, en fenêtre, très
laminés, presque tous les termes de la série normale inférieure (voir coupe
Fig. 19). Le fond du ruisseau, ainsi que le front oriental, sont constitués
par des dolomies infraliasiques. La pointe Sud de l'affleurement est en-
tourée et recouverte par les calcaires fossilifères du Lias, eux-mêmes
enveloppés par une minuscule auréole de Bajocien à St. Humphriési et
des marnes bathoniennes. Ces affleurements s'interrompent dans la partie médiane de la fenêtre pour réapparaître du côté N.-O. où le Lias surtout est développé. La base de la nappe partielle, dans laquelle est pra-
tiquée cette fenêtre, est ici aussi formée par les dolomies jurassiques.

Au-dessus, le Valanginien et l'Hauterivien montrent un beau développement. Mais sur le versant occidental du ravin, on constate la transgression mécanique de l'Hauterivien sur le Valanginien et, plus loin,
vers les Auber, l'Urgonien s'avance par dessus les affleurements dolomitiques et infracrétacés jusqu'aux calcaires séquaniens. Cet Urgonien forme un simple lambeau isolé de ceux des environs immédiats de Cuges et
du grand affleurement du Brigou, par l'érosion et par des plis secondaires
qui font apparaître les parties inférieures du Néocomien (2). Sur le flanc
Nord de la colline du Brigou, on voit l'Urgonien presque entièrement dolomitique former la crête reposant sur un affleurement allongé de l'Est à
l'Ouest de couches hauteriviennes et valanginiennes assez disloquées, surtout à l'Ouest, et qui reposent elles-mêmes sur des dolomies jurassiques
très développées. La masse dolomitique domine au Sud le fond de la
vallée de Saint-Pons où se trouvent, dans le grand parc, au milieu de
grands arbres d'essences variées, la chapelle et le moulin ruinés ainsi que
la belle source légendaire. Lorsqu'on suit le chemin charretier de la rive
gauche depuis la grande papeterie ruinée jusqu'aux ruines du moulin,
près de la cascade, on longe l'affleurement dolomitique sous lequel appa-

---

(1) L'Urgonien ne constitue pas à lui seul, comme l'a dit Haug, la dalle sous
laquelle s'enfonce l'Hettangien, le Lias à silex, le Bajocien et le Bathonien. Quant à
la partie située au Nord de cette dalle, elle est singulièrement plus complexe qu'on
ne pense et très différente de ce qu'indique la carte géologique du 1/80.000ᵉ, feuille
de Marseille.

(2) Toute cette description diffère notablement de celle donnée par Haug pour
cette région.

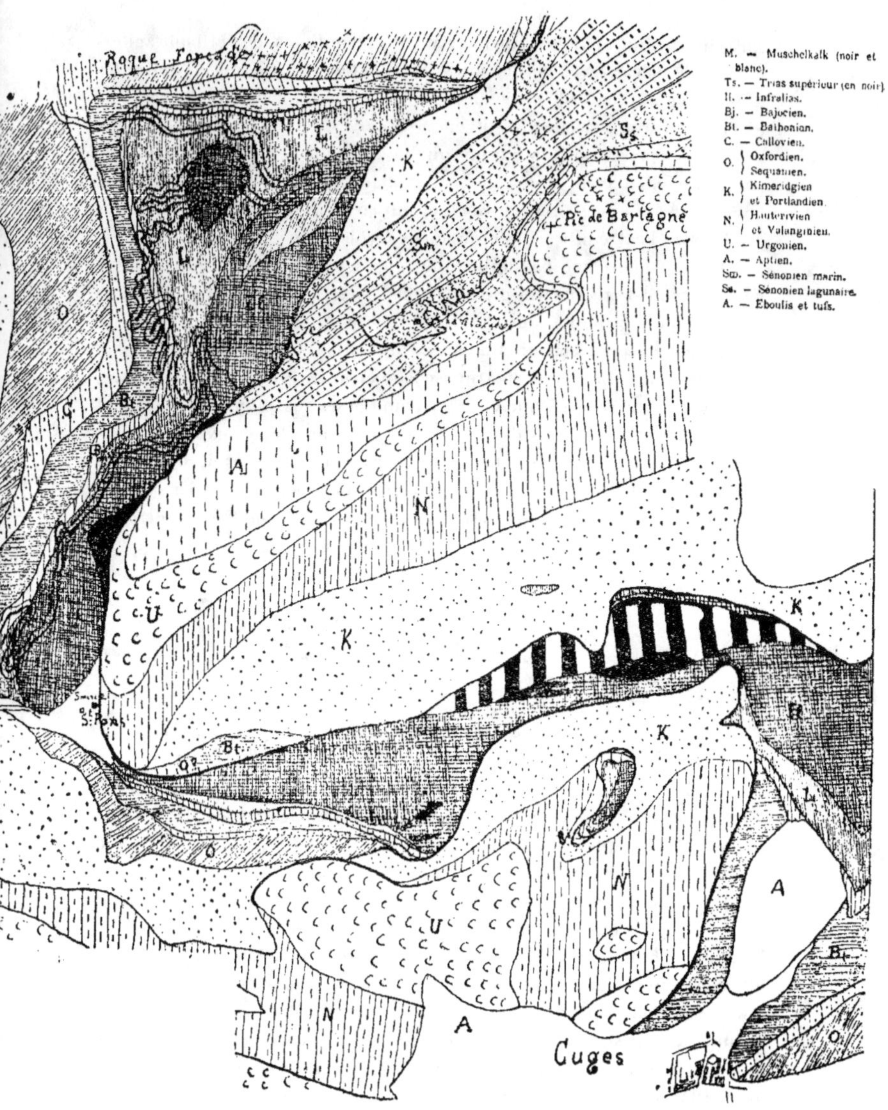


Fig. 13. — Carte géologique de la partie occidentale
de la chaîne de la Sainte-Beaume.

environs de Cuges, S$^t$-Pons et Bartagne.
Echelle 1/25.000 approximativement.

raissent quelques parties irrégulièrement dolomitisées, de véritables alternances de calcaires et de dolomies, fréquentes à ce niveau et, enfin, les
gros bancs de l'oxfordo-séquanien au voisinage immédiat de la cascade.
Si l'on suit alors le chemin qui mène à Cuges, on traverse d'abord une
zone assez épaisse de tufs qui masque momentanément les affleurements,
mais, immédiatement après, on voit apparaître, dans le chemin même,
des bandes orientées presque E.-O. et qui se dirigent, en ligne à peu près
droite, vers l'extrémité de la croupe des Gypières.

C'est d'abord une bande infraliasique séparée de celle qui borde le
parc de Saint-Pons par un espace de 400 mètres au plus, si bien que la
jonction souterraine ne saurait faire de doute. Au Sud, et simultanément,
une bande liasique concordant avec l'Infralias et continue jusqu'aux
Gypières, puis, une bande marneuse bajocienne, peut-être discontinue,
puis, une autre bathonienne et callovienne assez fossilifère, qui viennent
se coincer contre le Trias des Gypières. Quant aux bancs oxfordo-séquaniens, ils sont continus et très épais, depuis le voisinage de la cascade
jusqu'aux abords des maisons des Gypières, où, comme nous l'avons dit,
ils sont au contact de l'Urgonien transgressif. Pour compléter la descrip-

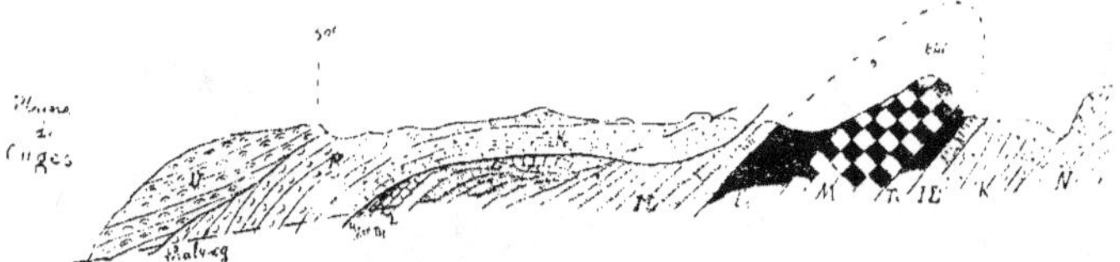

Fig. 19. — Coupe de la fenêtre de Cuges entre la plaine et les Estagnols.
Nappes secondaires dans la série normale (Voir légende fig 13).

tion de cette série normale (!), il me reste à signaler les accidents de la
bande infraliasique. Non loin du point où elle débute, elle commence à
s'élargir vers l'Est et atteint une épaisseur considérable au niveau des
Gypières. L'existence de plis dans cette énorme épaisseur est incontestable ; elle est prouvée d'ailleurs par la présence, à deux reprises sur le
bout de la croupe des Gypières, des calcaires infraliasiques inférieurs
associés d'une manière très obscure à des argiles rouges et à des cargneules de l'étage des *marnes irisées*. La complication est extrême dans
le ravin à l'Ouest des Gypières, où toutes les bandes ci-dessus énumérées
liasique, bajocienne et oxfordo-séquanienne, viennent se coincer en s'écrasant. D'autres plis se montrent au S.-O. de la cote 640 au contact des
calcaires infraliasiques de la base et des argiles gypseuses du Keuper, au
Nord de la bande infraliasique. Enfin, c'est encore à la série normale
qu'il faut rattacher le gros affleurement de Muschelkalk qui forme la col-

line 640 et celle qui lui fait face à l'Ouest. Les gros bancs calcaires, très développés vers le sommet 640, portant les ruines des Estagnols, se poursuivent à l'Ouest, mais se terminent rapidement en biseau, très laminés, dans le grand ravin à l'Est, en face de la ferme des Escoussaoux (1).

Je n'ai pas dit grand chose de la partie moyenne et supérieure de la série jurassique. Le fait que j'attribue à l'Oxfordien et au Séquanien et non au Bathonien les assises calcaires compactes inférieures aux dolomies et, au Bathonien, seulement les assises marno-calcaires fossilifères, peut expliquer comment je n'ai vu dans cette région aucune complication méritant réellement d'être signalée. Je n'y ai pas vu de plis et n'ai vu de complication que dans le haut du ravin de Croquefigue où une petite boutonnière montre la série jurassique à peu près complète jusqu'au Lias. Je n'ai pas constaté non plus d'interruptions de la bande bathonienne entre la région de Cuges et celle du Latail.

*Série renversée* (2)

Elle se trouve presque tout entière dans une bande située entre le ravin de Saint-Pons et Mazaugues et qui comprend toute la crête culminante. A l'extrémité occidentale, dans le grand ravin, et, au S.-E. de Saint-Pons, la série renversée comprend un affleurement callovo-bathonien reposant sur des dolomies et sur la série bien connue du Crétacé inférieur qui forme la grande falaise dominant à droite le ravin de Saint-Pons. Elle a été bien des fois décrite. Les affleurements hauteriviens et urgoniens dessinent une courbe aiguë attribuée par M. Haug à une disposition périclinale et que je considère plutôt comme une section très oblique du synclinal couché. Elle est, en effet, tout à fait analogue à celle que décrit le Sénonien marin à hippurites autour de l'affleurement allongé et redressé du Sénonien saumâtre. L'Urgonien forme la partie culminante de la falaise avec une épaisseur normale vers le Sud, l'Aptien en forme la base, les immenses pentes boisées à l'Est du ravin. Au-dessous le cal-

---

(1) Il est impossible de discuter, sans aller sur le terrain, toutes les complications tectoniques signalées et décrites par M. Haug. Je me borne à dire : j'attribue la barre considérée comme bathonienne J⁴,-,, et J,,, par M. Haug et qui se trouve entre le Crétacé inférieur renversé et l'Infralias dolomitique du Nord du parc de Saint-Pons, à la partie inférieure de l'Infralias. J'y ai trouvé, dans le fond même du vallon, des lumachelles à *Avicula contorta*, et ce fait coïncide avec la présence de ce même fossile signalé par M. Haug, à la base d'une colline 316, sur le versant Sud du vallon. Si cette observation est exacte, et elle me paraît difficilement discutable, les complications tectoniques, si elles existent, ne peuvent en rien infirmer le fait, pour moi certain, de la continuité de l'Infralias de Riboux avec celui de Roqueforcade. En tous cas, la continuité *primitive* de la nappe de Roqueforcade avec celle de Cuges, c'est-à-dire avec ce que j'ai appelé la série normale, est maintenant admise.

(2) Coquand a établi le premier le renversement de la série qui forme la crête et le versant Sud de la Sainte-Baume. (Description géologique du massif de la Sainte-Baume, Marseille, 1864).

22

caire à hippurites, en bancs très redressés isolés en murailles par les érosions se dirige vers le Pic de Barlagne. Suivons chacun de ces affleurements.

Bande Callovo-Bathonienne. — C'est d'abord celui du callovo-bathonien fossilifère de forme amygdaloïde se terminant en pointe vers l'Ouest, à moins de un kilomètre de la source de Saint-Pons et ne mesurant pas plus de 1.200 mètres de longueur, il est pincé entre l'affleurement dolomitique très important et l'Infralias calcaire et dolomitique chevauché. Si l'on suit la ligne de chevauchement, on rencontre bientôt le gros affleurement triasique qui présente une disposition anticlinale si nette (voir coupe II) dont nous avons déjà parlé.

Le versant Nord de la colline 640 nous montre le Muschelkalk renversé sur les marnes irisées reposant elles-mêmes sur des bancs infraliasiques et même liasiques vers la limite Ouest du relief. Il faut aller ensuite jusqu'au sillon cultivé du Puits d'Arnaud pour retrouver une nouvelle apparition de Jurassique moyen renversé. On observe là, au Sud de la ferme située sur les dolomies jurassiques, deux petites lames de Bajocien et de Bathonien inséparables, recouvertes par des calcaires liasiques et, plus au Sud, par des argiles formant une petite plaine basse imperméable et que l'on peut attribuer au Trias. Ces argiles supportent des affleurements très importants de calcaires infraliasiques surmontés par des dolomies. Le Trias et l'Infralias se rattachent à la série normale et je n'ai rien vu d'analogue à l'anticlinal figuré sur la carte au 1/80.000ᵉ, par Marcel Bertrand. D'ailleurs, l'erreur commise en attribuant les calcaires de la cote 640 au Jurassique devait forcément entraîner d'autres fausses interprétations. L'affleurement triasique est très limité ; les couches renversées, Lias et Oolithe inférieure, se poursuivent jusqu'au point où le chemin de Riboux, au Pied-de-la-Colle, rencontre le sentier qui suit le ravin à l'Ouest de la ferme et mène au Saint-Pilon. Au delà, jusqu'à la rencontre du grand ravin qui aboutit au hameau des Maulnes, l'Infralias repose directement sur les dolomies supérieures. Mais, à partir de là, le Jurassique moyen réapparaît en bordure sous l'Infralias se dirigeant vers la Bastide-Panier. Ses affleurements changent alors brusquement de direction, ils inclinent vers le Sud, puis vers le Sud-Est, d'abord très réduits en épaisseur, puis plus développés et montrant des termes jusque là masqués par les chevauchements partiels des assises. Dans la vallée du Latail, on voit ainsi en superposition inverse sur les dolomies, des calcaires durs Oxfordo-Séquaniens, des bancs attribuables avec quelque doute au Callovien, des strates épaisses de Bathonien marneux et, enfin, un affleurement triasique, calcaires du Muschelkalk, argiles rouges et cargneules du Keuper, dont l'ordre de superposition est douteux malgré l'apparence donnée par le tracé de la carte. Peut-être y a-t-il même un petit anticlinal triasique. En suivant le chemin qui gravit les côteaux de la rive gauche du Latail pour se diriger vers la Croix, on trouve la série renversée sensiblement la même. Un peu au Nord du point où le ruisseau venu de la Taillane traverse le chemin, le Trias (calcaires marneux du Muschelkalk et argiles rouges) se montre encore accompagnant le bord de la nappe infraliasique, puis ses affleurements s'interrompent jusqu'au voisinage de La Croix et, dans cet intervalle, la série jurassique inférieure est aussi incomplète et le Lias manque. Mais, dans les collines à l'Ouest de La Croix, et jusqu'au versant Nord de la colline 744, les assises inférieures Lias et Bajocien réapparaissent et le Lias, en particulier, y prend un beau développement, surtout au Nord de la Salamone et de la cote 756. En ce dernier point il forme le bas-fond où se trouve la belle source qui sert à l'arrosage des jardins et que l'on peut considérer comme une des plus importantes de celles qui alimentent le Caramy, avec celle qui porte le nom de source du Caramy, sur la carte, au S.-E. de Mazaugues. Non loin de cette source, à la faveur d'un pli de la nappe renversée, l'Oolithe apparaît sous le manteau liasique. A l'Ouest de la Salamone, on reconnaît encore l'existence d'un petit anticlinal à axe triasique. Les marnes irisées forment la dépression marécageuse au Nord de laquelle se trouvent les maisons. Elles s'enfoncent, au Sud, sous les dolomies infraliasiques et recouvrent, au Nord, des calcaires compacts de l'étage rhétien. Vers Mazaugues, il n'y a plus trace de Jurassique renversé.

BANDE DOLOMITIQUE. — Cette bande assez puissante vers l'Ouest, au Nord des Gypières, disparaît en grande partie sous la plaque triasique de la colline 640. Elle est très réduite surtout sur le versant oriental de cette hauteur ; elle montre dans sa partie septentrionale des calcaires blancs ou rosés marmoréens, en gros bancs qui offrent parfois un développement suffisant pour avoir justifié des tentatives d'exploitation. Ils sont particulièrement remarquables dans les anciennes carrières situées le long du sentier qui gravit la croupe à l'Ouest du Pied-de-la-Colle. On y voit encore d'énormes blocs de marbre équarris qui ont été abandonnés. Les affleurements sont encore très importants sur toutes les collines qui entourent la Bastide-Panier, mais ils se réduisent énormément au voisinage de la vallée du Latail et dans la direction de l'Héritière. Par contre, on trouve, entre le pic urgonien de Saint-Cassian et les hauteurs de la Garnière, une série de lambeaux de recouvrement dont quelques-uns figuraient déjà sur la feuille d'Aix. L'un deux se trouve aux Glacières même et forme le petit plateau au Nord duquel se trouvaient les étangs et la source. Un autre est sur les pentes Nord de la butte 395, un autre encore couronne le mamelon au Nord-Ouest de l'Héritière, à peine séparé, par l'érosion du vallon, de l'affleurement continu de la bande. Enfin quelques autres, dont je n'ai pu marquer que les principaux, ont, sur le versant Nord, un caractère plutôt ébouleux. Tel est celui de la bastide Pivaut. La zone d'extension de ces témoins correspond à une large échancrure dans l'affleurement dolomitique permettant d'apprécier la pénétration du Sénonien sous les couches de la série renversée. Le fait de la superposition directe des dolomies renversées sur le Sénonien doit, comme nous l'avons déjà indiqué, s'expliquer par la disparition par érosion antérieure au plissement du Néocomien de la série renversée. Les affleurements urgoniens, hauteriviens et valanginiens disparaissent en effet brusquement, sans amincissement préalable, comme on le voit aussi dans le ravin de Saint-Pons, à l'autre extrémité de la chaîne, et l'on ne retrouve plus trace de ces affleurements en aucun point le long de la ligne de contact du Sénonien et des dolomies, pas plus que vers la base des lambeaux de recouvrement. Au delà de cette zone, la bande dolomitique, encore puissante à l'Est de l'Héritière, s'amincit progressivement et se termine en biseau allongé sur le flanc Nord de la colline 744.

BANDE HAUTERIVIENNE ET VALANGINIENNE. — Elle débute au voisinage immédiat de la source de Saint-Pons qui sourd au-dessous de ses bancs rocheux et, sans aucun doute, au contact du Trias et de l'Infralias. Ces affleurements sont masqués par les tufs formant la petite plaine inclinée où circule le canal qui mène l'eau de la source à la cascade. Elle se dirige ensuite vers le N.-E., légèrement en retrait par rapport à la ligne de faîte urgonienne, mais, bientôt, elle se développe énormément, son bord occidental prend une direction franchement N.-S. et nous avons dit qu'elle arrive, plus ou moins accidentée, jusqu'aux pieds et même sur la pente S.-E. du Pic où ses bancs très redressés livrent passage, entre deux de leurs murailles, au petit sentier qui va directement du col de Bartagne dans la direction de Cuges.

Depuis là jusqu'au Nord du Puits d'Arnaud, la bande se poursuit de l'Ouest à l'Est régulièrement avec ses strates très nettes, visibles de loin, très inclinées vers le Sud, contrastant avec le peu de netteté de la stratification du Jurassique supérieur. Au delà, elle se dirige vers l'E.-N.-E. et atteint le sommet de la chaîne un peu à l'Est du Saint-Pilon. Elle s'y maintient et forme les sommets culminants du joug de l'Aigle, du Pic des Béguines, etc., puis vient se terminer brusquement entre la masse urgonienne du baou de Saint-Cassian et les dolomies des environs de la Bastide-Panier.

BANDE URGONIENNE. — L'affleurement, très intéressant à tous les points de vue, de l'Urgonien mérite d'être suivi en détail. D'une épaisseur normale vers Saint-Pons, il s'amincit par étirement, à quelques centaines de mètres au-dessous du pic jusqu'à former une simple bande de quelques mètres d'épaisseur, pour reprendre au pic une épaisseur de plus de 60 mètres. Immédiatement au sud du Pic dans la partie amincie par le charriage il est recouvert par des bancs bien lités hauteriviens très redressés dont la masse semble en partie décapitée par le même phénomène. Un peu plus au Sud, un paquet de dolomies appartenant peut-être à la série jurassique, mais que je crois plutôt un facies du Valanginien (ce qui n'est pas rare), se montre alternant irrégulièrement avec des bancs calcaires de la base du Crétacé. A cause de l'incertitude de leur âge et de l'irrégularité de leur limite avec les calcaires, qui paraît les en rendre inséparables, je n'ai pas voulu délimiter ces dolomies sur la carte.

A partir du pic, qui domine de plus de 60 mètres ses environs immédiats, les affleurements urgoniens forment à eux seuls la crête. Dans la partie comprise entre le pic et la cote 984, la barre urgonienne forme seulement le gradin culminant du versant Nord à pente très raide dont les autres gradins sont formés par les bancs sénoniens et aptiens ; mais plus à l'Est, et surtout au voisinage du Saint-Pilon et de la forêt, elle forme une falaise verticale, parfois même surplombante de près de 100 mètres. Entre le Saint-Pilon et Saint-Cassian son rôle diminue momentanément par suite de la présence sur la crête des assises hauteriviennes. Mais il s'accentue au contraire à l'extrémité Est de la chaîne formée d'un énorme lambeau de ses calcaires blancs très disloqués et presque isolés sur les assises sénoniennes renversées. C'est en ce point surtout qu'apparaît avec netteté le caractère particulier de cette brusque disparition de l'Urgonien, du Valanginien et de l'Hauterivien, sans étirement préliminaire, sans laminage, entre les dolomies et le Sénonien renversés. A partir de là et jusqu'au delà de la Loube, plus trace de ces calcaires blancs pourtant si résistants à l'action puissante des phénomènes de charriage. Assurément la disparition momentanée de l'Urgonien est due à une autre cause que l'action mécanique.

Bande aptienne. — La bande aptienne est très épaisse vers les Plâtrières et un peu plus au Nord où elle est séparée de la série normale de l'Ouest par le Trias dont une lame très écrasée et étirée subsiste encore près du point de départ du sentier (non du chemin charretier), qui mène à la Glacière. Elle diminue progressivement d'épaisseur en se dirigeant vers le Nord-Est jusque dans l'échancrure si profonde qui limite au Sud le Pic de Bartagne (voir carte). Dans ce profond *bout-du-monde* elle suit les mêmes courbes que la bande urgonienne étirée, elle se redresse comme l'Urgonien et l'Hauterivien au contact de la masse du pic, vers l'Ouest, et passe, sous forme de véritables murailles verticales, sur le versant septentrional de la chaîne. Cette allure du Crétacé inférieur a été complètement méconnue jusqu'ici par les géologues. Elle se maintient presque jusqu'au niveau des maisons marquées « La Brasque » sur la carte, qui porte le nom de Ferme de Beton, et où se trouve aujourd'hui l'hôtel de la grotte. Au delà et jusqu'au voisinage de la grotte, le redressement des bancs diminue notablement ainsi que l'épaisseur et, à la grotte, l'Aptien a disparu, en partie par étirement, mais surtout par suite d'érosions antérieures à la formation de la grande nappe comme nous l'avons indiqué plus haut. M. Bertrand et après lui M. Haug ont attribué une grande importance à l'absence complète de l'Urgonien et de l'Aptien dans le substratum normal de la Sainte-Baume et admettent que ce fait seul indique le rapprochement mécanique de deux unités déposées à grande distance.

Mais cette disparition comme celle de l'Hauterivien, qui n'apparaît dans ce substratum qu'en un seul point au Sud de la cote 695, est due assurément au fait absolument général de la transgression sénonienne (voir coupes, fig. 7, 8 et 9) (1) et aussi à la dénudation antérieure au grand mouvement de charriage, et nous n'avons pas de raison réellement décisive de supposer que ces terrains n'existent pas sous le Sénonien du Plan d'Aups. Qu'il y ait des chevauchements dans les divers termes de cette série renversée, cela est incontestable et n'a jamais été mis en doute. Mais si l'on admet que cette série est de provenance lointaine, comment ne pas l'admettre aussi pour la partie renversée du Sénonien ? Et puis ce raisonnement ne peut pas s'appliquer au Valanginien et à l'Hauterivien qui, bien que n'apparaissant pas dans le substratum normal au Nord du Plan d'Aups, dans la région de l'Hôtellerie, apparaissent non seulement près de la cote 695 au Nord des Béguines, mais encore dans le substratum, autour de la Lare.

Nous rattacherons, pour la commodité de notre exposé et pour ne pas diviser en deux la bande sénonienne, la description de ce terrain à celle du substratum ou série autochtone bien qu'une partie du Crétacé supérieur soit incontestablement renversée sous les terrains néocomiens et qu'au delà de Mazaugues cette partie constitue à elle seule le reste de la série renversée.

Traces diverses de la série renversée entre la nappe et le substratum. *Lambeau sur le versant occidental de Bassan.* — A l'Est du Faugé, on trouve, entre le Bégudien et la série normale de la nappe débutant par l'Infralias, un lambeau de terrain jurassique extraordinairement dis-

_____

(1) Monogr. géologique du Massif de la Sainte-Baume. *Ann. Fac. des Sc.*, t. **xxv**. Fasc. I, p. 34.

loqué, associé à des calcaires marneux à faune néritique (gastéropodes et lamellibranches indéterminables) que l'on peut rapporter à l'Hauterivien. Il se rattache assurément à la série renversée, c'est un lambeau de charriage.

*Dolomies et calcaires de Cros et du versant Nord de Roqueforcade.* — C'est à la même origine qu'il faut attribuer un petit pointement de calcaire blanc du Jurassique supérieur qui apparaît, entre le Sénonien et l'Infralias de la nappe, en face de la ferme de Roussargue, sur le versant Nord de Roqueforcade. Ce pointement, déjà signalé par Marcel Bertrand, paraît n'être qu'une réapparition des affleurements jurassiques (dolomies, calcaires blancs) du col de Cros. Tous ces lambeaux et ceux qui se montrent dans les ravins, au Nord et au Sud du col, appartiennent également à la série renversée.

## La nappe

RACINE DE LA NAPPE. — La disparition brusque des couches renversées, à l'Est et à l'Ouest, est un fait sur lequel il y a lieu de revenir encore. En admettant, ce qui me paraît inévitable, que cette coupure brutale soit le fait d'érosions antérieures au grand mouvement horizontal, il n'en est pas moins vrai qu'à partir de Saint-Pons d'une part, et de Mazaugues d'autre part, on peut dire qu'il n'y a plus vers le Nord que des traces insignifiantes de couches renversées entraînées dans le mouvement de charriage. Dans ces conditions, si l'on veut trouver le prolongement de la zone que l'on doit considérer comme la racine du grand pli couché, il faut la rechercher au delà des limites des couches renversées, mais dans leur direction générale. Vers l'Ouest, cette zone, la racine, doit se trouver sous la masse crétacée des environs de Gémenos et à peu près dans la direction de la vallée, et il est curieux d'arriver à cette conclusion. Elle est, en effet, conforme à la première impression de Marcel Bertrand, influencé par le principe de continuité. Il l'abandonna par la suite, lorsqu'il connut mieux la constitution détaillée de la région de Saint-Pons. Nous pouvons et nous devons y revenir, depuis qu'il nous a appris à ne pas exagérer l'extension de la structure en dômes ou en plis morcelés et à envisager l'étendue plus grande des nappes et qu'il a rétabli par le fait le principe de continuité.

Il ne peut plus être question ici de plis raccourcis, ni de morcellement des chaînons par suite de la multiplicité des plis ou des dômes. Le pli se poursuit en profondeur sous la plaine de Marseille, et c'est lui peut-être qui apparaît, après une déviation vers le Nord, datant probablement du Miocène, sur le versant Sud du massif d'Allauch, dans le petit massif de

Saint-Julien et dans l'Etoile. Tout le massif de Saint-Jean-de-Garguier et
et de Tête-de-Roussargne fait partie de la nappe au même titre que celui
de Roqueforcade et que la bande de Nans. Vers l'Est, la coupure du Latail
et les collines de La Croix et de la Salamone nous montrent de telles dis-
positions de couches, que nous devons rechercher la racine du pli bien
au Sud et admettre que le chevauchement de la série normale est de plusieurs kilomètres. Cependant l'absence de tout affleurement cénomanien
et turonien, à l'Est du pic de Saint-Cassian, entre les dolomies renversées
et le Sénonien, exclut la possibilité de rechercher cette racine plus au
Sud que la région de Méounes, car un pli provenant de cette région où
le Crétacé supérieur et moyen sont presque complètement représentés,
aurait certainement laissé entrevoir, dans la série renversée, des affleurements, si minimes soient-ils, de couches cénomaniennes ou turoniennes,
et néoconiennes, les séries au Sud de Méounes, comportant toujours le
Crétacé moyen et inférieur, tandis qu'à partir de Signes, de Chibron et
de la Lauzière et au Nord de Méounes, le Sénonien s'est déposé directement sur les dolomies comme dans la plus grande partie de la région, au
Nord du Plan d'Aups et du Plan de Mazaugues et dans presque toute la
région du Var. C'est là un phénomène de transgression générale incontestable. Il convient donc de supposer que le pli originel de la nappe a sa
racine sous le grand massif dolomitique compris entre Signes, Mazaugues
et la dépression de La Roquebrussanne. Différents faits permettent de se
faire une idée de la pénétration du Crétacé supérieur sous les masses
jurassiques :

1° L'allure générale des couches dans la grande coupure entre Saint-
Cassian et le Latail où, en complétant par la pensée la nappe partielle
de dolomies, on constate un chevauchement bien plus important de la
série normale sur cette série ;

2° L'existence d'une fenêtre de Crétacé supérieur à l'Ouest de Mazaugues, sous les couches dolomitiques de l'Infralias, à près de 2 kilomètres
des affleurements les plus septentrionaux de la nappe ;

3° La disparition à peu près complète du Trias, les lambeaux res-
tants, en bordure au Nord de la bande infraliasique, et en particulier le
minuscule lambeau de Mazaugues, ne laissant cependant aucun doute sur
la continuité de la nappe partielle triasique en profondeur ;

4° La pénétration du Crétacé supérieur, Sénonien, dans la vallée de
La Roquebrussanne où la limite de la zone chevauchée est toutefois difficile à préciser. En effet, si le Sénonien arrive sous la série normale jusqu'aux abords nord-occidentaux du village, le contact anormal se fait là
entre le Crétacé et le Jurassique supérieur.

La base de la série, par suite d'un accident transverse de même nature et de même âge sans doute que ceux de Saint-Pons et de Signes, a complètement disparu. J'ai indiqué théoriquement, sur la carte, la limite de la nappe normale jusqu'aux environs de La Roquebrussanne, mais je le répète, la pénétration est peut-être encore plus grande. Toutefois, autour de ce village, la série inférieure jurassique réapparaît et seule la partie septentrionale de la Loube s'étend en recouvrement sur le Crétacé supérieur et c'est bien ici, à l'extrémité orientale de ce massif, que, malgré tout le désir que je pourrais avoir d'étendre vers l'Est la nappe de la Sainte-Baume, il faut, à mon avis, la limiter. Le Crétacé supérieur en effet, qui fait suite à celui de Mazaugues, s'enfonce au Sud sous les terrains plus anciens à l'Ouest du Candélon, mais, à partir de là, il butte par faille contre des dolomies jurassiques et, au Sud de Camps, ce même Crétacé supérieur repose sur une série normale qui est la suite de celle de La Loube et de Mazaugues avec simple addition de Néocomien, Urgonien et Aptien. La série que nous avons décrite sous le nom de série normale est limitée au Nord de l'affleurement de base infraliasique par une ligne de contacts anormaux que nous avons déjà suivie, le long de laquelle le chevauchement de la série normale sur la série renversée est partout manifeste. Les énormes disparitions de couches de la série renversée, surtout à la base, ne peuvent laisser de doute sur l'importance de ce chevauchement. Faut-il considérer pour cela cette série comme une nappe ? Assurément, elle se rattache à celle que l'on trouve au Nord du Plan d'Aups (bande de Nans) et directement, on peut le dire, à celle des environs de Saint-Pons et de Roqueforcade qui est la même. Mais il est impossible de nier le caractère anticlinal de la bande infraliasique et surtout du Trias de la cote 640. Je ne crois donc pas que l'on soit autorisé à parler d'une véritable nappe tant qu'il existe une zone axiale et une série renversée importante. Aussi, tout en insistant sur la continuité des couches de la série normale avec celles de Saint-Pons et de la bande de Nans, je ne considérerai, comme faisant partie de la nappe, que les couches jurassiques, en succession normale, qui se trouvent sur le Crétacé dans la partie située au Nord de la chaîne et de la vallée de Saint-Pons. Toutefois j'ai figuré sur la carte avec le même trait crénelé la nappe et la série normale du Sud. D'ailleurs depuis Mazaugues jusqu'au Candélon, le bord de la série normale s'étend bien, en véritable nappe, sur la bande du Crétacé supérieur.

TRIAS. — L'affleurement triasique de Saint-Pons est connu depuis longtemps, il est constitué par des gypses exploités autrefois et des cargneules. Il présente une forme amygdaloïde et se trouve compris entre l'Infralias inférieur à l'Ouest et l'Urgonien ou l'Aptien, très redressés. Par endroits, une lame de dolomies infraliasiques appartenant à la série renversée se montre entre les deux. L'affleurement se poursuit en s'étirant vers le Nord. M. Haug admet que le Trias n'est visible que sur une longueur de 600 mètres, il souligne le terme de filonien que j'ai employé, et que bien d'autres ont employé, pour caractériser l'allure bizarre des affleurements triasiques pressés, laminés entre deux assises représentant assez bien le toit et le mur d'un filon (1). C'est cette allure qui a échappé à beaucoup d'observateurs et c'est sur une longueur de plus de 1.500 mètres que l'on trouve des traces incontestables du Trias, exactement jusqu'au point où le *sentier* de la Glacière rencontre la grande route.

Il faut aller jusqu'à l'extrémité du lambeau dolomitique de Nans pour trouver de nouveau, sous ces dolomies, un affleurement triasique figuré en liseré sur la carte géologique au 1/80.000ᵉ feuille d'Aix (Muschelkalk et cargneules).

L'existence de ce Trias, niée par Haug, ne saurait faire de doute, les calcaires du Muschelkalk sont tout à fait typiques.

BANDE INFRALIASIQUE. — La coupe depuis le Trias des *Plâtrières* qui est en contact direct avec l'Urgonien et l'Aptien renversés n'offre, une fois bien étudiée, et en supposant connus les faciès de l'Infralias, aucune ambiguité. Elle comprend, à l'Ouest au-dessus du gypse triasique, un Infralias très complet dont les assises inférieures sont des calcaires en plaquettes qui se trouvent d'abord, au Sud de la Plâtrière, dans le fond du ravin, mais gravissent assez brusquement la pente de l'affleurement amygdaloïde du Trias et que l'on peut voir encore au Nord des *Plâtrières*. Au-dessus viennent des calcaires en gros bancs de couleur foncée que l'on pourrait confondre avec certains bancs du Muschelkalk et que M. Haug a considérés comme bathoniens, puis vient la série puissante des calcaires blancs dolomitiques en petits bancs se débitant en fragments parallélipipédiques et alternant avec des bancs d'argiles vertes plus ou moins développés. Nous avons eu la bonne fortune d'y découvrir un gisement de fossiles que nous fouillerons ultérieurement et qui pourra peut-être nous permettre de préciser leur âge.

L'Infralias, très puissant encore au Nord des *Plâtrières*, s'amincit un peu au-dessus, puis reprend une grande épaisseur à partir du point où le *sentier* de la Glacière rencontre la grande route. De là, jusqu'au point de rencontre du *chemin charretier* de la Glacière, la route chemine dans les bancs supérieurs de l'Infralias dolomitique et, sur tout ce parcours, l'Infralias repose sur les calcaires à hippurites. Le *chemin charretier*, à partir du point où il rencontre le *sentier*, suit approximativement cette

(1) *Loc. cit. ante.*

limite. A la première bifurcation, laissons de côté le chemin de la Glacière pour suivre celui qui emprunte, à gauche le fond du vallon, puis au lieu de prendre le sentier dit du chemin de fer, qui aboutit au col de la Machine, suivons, à travers la broussaille, le petit sentier qui gravit péniblement la croupe dominant au N.-O. le sentier rectiligne du chemin de fer (où descendait le câble de la machine) et nous allons voir bientôt s'intercaler entre les dolomies infraliasiques de la base de la nappe et le Sénonien un affleurement amydaloïde de dolomies jurassiques qui forme une longue croupe et dont les bancs chaotiques, couverts de bois, couronnaient la partie N.-O. du grand col au voisinage du plateau de Roqueforcade (voir carte Fig. 18).

Vers le milieu de l'affleurement se trouve une grotte, connue sous le nom de la *Grand'baume*. A ses deux extrémités, le Sénonien qui plonge régulièrement dessous est constitué conformément à la disposition anticlinale qui s'observe depuis là sur tout le bord du Plan d'Aups et jusqu'au voisinage de la Grande Bastide, par des couches supérieures au Sénonien marin. Au Sud-Ouest, ce sont les calcaires avec fossiles à test blanc de la zone du Plan d'Aups ; à l'autre extrémité, versant Nord du col, dans le ravin profond qui borde au Nord-Est les falaises jurassiques de Roqueforcade, ce sont des poudingues très puissants, appartenant vraisemblablement au Bégudien comme ceux de la Bastide blanche. On les voit, à l'extrémité du *bout-du-monde* que forme ce ravin, se dresser en muraille verticale, recouverts par une véritable table de dolomies et de calcaires blancs jurassiques. Les contours que nous avons tracés pour ces divers affleurements diffèrent notablement de ceux de Haug (1). On peut, dans cette région, mettre en évidence, d'une manière saisissante, une partie de ces divergences, en disant que l'on n'a pas admis le contact direct de l'Infralias et du Crétacé supérieur, qui est cependant hors de doute. Dès lors, la différence des tracés ne pourrait-elle s'expliquer par une confusion très possible entre les dolomies jurassiques et celles de l'Infralias ? (2). La bande infraliasique présente, à l'Ouest de l'extrémité Sud de la longue croupe dolomitique, un pli au centre duquel apparaît, en fenêtre, un autre affleurement amydaloïde de calcaires jurassiques laminés, bourrés de filonnets de calcite qui se voit presque au contact du grand et dernier coude de la route. Ce coude lui-même se trouve dans l'Infralias qui entoure complètement le fuseau calcaire et se poursuit en s'amincissant rapidement jusqu'au col. La bande réapparaît, toujours très amincie, en contact encore avec le Crétacé supérieur dans le ravin qui limite

(1) *Loc. cit. ante.*

(2) Quant aux autres divergences, on peut les préciser par la comparaison de la carte planche 13 avec celle du mémoire du savant professeur de la Sorbonne.

au Nord-Est le Jurassique de Roqueforcade et qui va aboutir près du point de jonction du chemin charretier et de la grande route du Plan d'Aups. A partir de là, l'affleurement infraliasique se relève dans la direction du village du Plan d'Aups et se termine en pointe en tête de la vallée qui descend vers le ruisseau de Peyruy. Il réapparaît d'ailleurs, un peu plus bas, dans cette vallée, en une petite boutonnière triangulaire, au confluent de plusieurs petites vallées latérales, supportant partout, en concordance, les assises liasiques qui forment le plateau entre le Plan d'Aups et l'Adret. Deux autres petits affleurements apparaissent encore sur la bordure Sud de la bande de Nans, l'un au Sud du lambeau de recouvrement isolé qui domine la Bastide blanche, l'autre un peu au N.-E., aux pieds des pentes de la cote 745. En tous ces points, l'Infralias recouvre le Crétacé supérieur, poudingues bégudiens ou calcaires à corbicules du Fuvélien.

Il faut maintenant passer sur la bordure Nord de la nappe pour trouver de nouveaux affleurements infraliasiques. Une bande assez régulière supporte le Lias à la base des collines situées au Sud de la Coutronne et de la ferme de Roussargue. Au Sud de cette dernière, un petit lambeau de calcaire blanc jurassique apparaît entre l'Infralias et le Sénonien saumâtre. C'est un fragment charrié de la série inverse qui correspond à celui du col de Cros. Une petite faille N.-S. qui se poursuit jusqu'au col de l'Espigoulier contribue à la disparition brusque vers l'Ouest de ces deux affleurements.

Depuis ce point jusqu'au voisinage des Bosqs, en suivant les pentes occidentales du vallon de Daurenque, la présence de l'Infralias entre la série oolithique et les couches saumâtres du Sénonien ne se manifeste pas d'une manière évidente. Le Lias lui-même paraît aussi avoir disparu jusqu'au voisinage de la source de Daurenque. En tous cas, les affleurements, s'ils existent, sont d'une épaisseur si faible que les bois, les cultures, les éboulis les masquent facilement. Mais, près d'un kilomètre avant d'arriver aux Bosqs, la petite bande réapparaît et se développe notablement à l'Est et au Nord de ce hameau reposant directement sur les poudingues et argiles bégudiens. On n'en trouve pas trace au Nord du promontoire jurassique des Bosqs (La Liquette), mais elle surgit encore au N.-E. de Nicole formant un mince liseré très localisé (1). Plus au Sud, à la Parette, elle prend une assez grande importance et se poursuit de là dans tout le quartier de Bassan et jusqu'au Sud-Est du Fauge. Elle subit un véritable rebroussement (800 mètres environ) au Sud du Fauge, pour venir se terminer brusquement au contact de la grande faille qui met en

_____

(1) Je n'ai pas pu préciser le point au pied Est de l'éperon de dolomies Kimeridgiennes qui se détache à l'Ouest du massif de Bassan où, d'après Haug, l'Hettangien serait en contact normal avec le Trias supérieur, etc.

contact le Trias de Roquevaire et le Crétacé supérieur autochtone. Dans toute la bande de Nans et dans le chaînon de Bassan, l'Infralias est formé de dolomies blanches, à cassures géométriques, les calcaires de teinte foncée en gros bancs et les calcaires en plaquettes n'y sont pas nettement représentés.

Dans la région des Lagets, il faut distinguer trois lambeaux de recouvrement, un au N.-E. du hameau, un autre à l'O.-S.-O. et un autre, très allongé, depuis les Etienne jusqu'au Sud de la Gastaude et séparé des deux précédents par la partie la plus septentrionale de la bande crétacée supérieure du substratum. C'est sur le bord septentrional de ce dernier lambeau que se montre, avec de nombreuses interruptions, une bande infraliasique. Un premier ruban, présentant toujours les mêmes caractères que précédemment, s'allonge de l'Est à l'Ouest au Sud de la Gastaude traversé en son milieu par le ruisseau du même nom. Deux autres, l'un au N.-E., l'autre au Sud des Lagets, à peine interrompus en face du hameau, se rattachent évidemment au précédent. Enfin, un troisième pointe sous les maisons des Etienne vers le Sud.

Quant à l'Infralias du Nord et du N.-E. des (1) Lagets, il convient de le rattacher au substratum tant à cause de son faciès calcaire à la base que pour sa situation concordante sur le Trias et au delà de la limite du Crétacé supérieur. Les lambeaux jurassiques qu'il supporte ne peuvent d'ailleurs qu'avec doute être rattachés à la nappe.

BANDE LIASIQUE. — Nous partirons également de la région de Saint-Pons, près de la ferme à 300 mètres environ du pont des Tompines (voir carte n° 18). Le Lias forme là, sur la partie orientale du ravin où s'engage la grande route une large plaque orientée N.-S. dont les bancs plongent fortement vers l'Ouest et dont la partie relevée est entamée par le deuxième coude brusque de la grande route. Il est en concordance sur l'Infralias dont la constitution est ici très complète, depuis les dolomies supérieures jusqu'aux bancs à *Avicula contorta*. Les bancs liasiques s'étirent, vers le Nord, entre l'Infralias et la série oolithique et se réduisent à une lame de quelques décimètres au premier coude de la route. On en trouve les traces le long du sentier qui, de ce coude, monte au Nord parallèlement à la grande route. L'affleurement reparaît et s'épaissit assez brusquement à l'Ouest du point où la route domine le ravin où se trouve l'affleurement triasique gypseux et, à partir de là, la bande liasique, avec sa teinte brunâtre qui la distingue facilement des autres affleurements, se

---

(1) La présence de l'Infralias et du Bajocien, au Nord des lambeaux des Lagets, n'a pas été admise par Haug. Des divergences existent encore qu'il serait trop long de discuter dans une rédaction qui perdrait ainsi toute sa clarté.

se dirige, très puissante, vers le Nord. Elle longe la grande route jusqu'au fond de la troisième grande boucle, 100 mètres environ au Nord du débouché du chemin charretier de la Glacière. Là elle s'élargit notablement et s'élève en un immense gradin rocheux, de forme triangulaire limité au Nord par le pied des escarpements de Roqueforcade, à l'Est par le sentier qui joint la troisième boucle de la route à la dernière et, à l'Ouest, par une ligne à peu près droite allant du fond de la cinquième boucle à l'extrémité de l'avant-dernière (voir Carte) et de là à la partie de la grande route voisine du col de l'Espigoulier.

Au centre du triangle un bombement de la nappe montre l'Infralias dont les bancs supérieurs sur toute la ligne-limite sont régulièrement en contact avec le Lias. Vers le sommet du triangle, à l'Est de Roqueforcade, au N.-O. du col de Bartagne, l'affleurement liasique est écrasé laminé entre l'affleurement dolomitique dont nous avons parlé précédemment et le Jurassique du plateau de Roqueforcade. Il disparaît même momentanément dans le col, mais réapparaît aussitôt dans le fond du ravin qui longe le Jurassique et, après un nouvel étirement, réapparaît et se développe dans le fond du vallon, vers le pont où passe la route d'Auriol. A partir de là les couches liasiques s'étalent en un large plateau entre la Carpanne et l'Adret d'une part et les collines du Plan d'Aups (Village) de l'autre. Elles paraissent à peu près régulières tant qu'elles ne supportent pas d'assises plus récentes. Mais la présence du Bajocien et du Bathonien dans les environs de la *Bastide blanche* met en évidence des accidents longitudinaux. Le plus important est un pli synclinal orienté de l O.-S.-O. au N.-N.-E. On peut l'étudier en suivant la route de Saint-Zacharie depuis la Grande-Bastide jusqu'aux abords de la ferme de Peruy. Un autre pli synclinal, de même orientation, avec faille sur son bord Sud oriental, se montre entre le précédent et le Plan d'Aups. Le Lias forme à son extrémité S.-O. une ceinture complète de même qu'il entoure complètement la pointe S.-O. de l'autre synclinal. Les affleurements liasiques forment donc à partir du plateau de l'Adret trois digitations irrégulières dans les intervalles desquelles se montrent les deux synclinaux oolithiques. Un petit lambeau jurassique, au Sud de la Grande-Bastide, présente encore un affleurement minuscule de Lias. Celui du plateau de l'Adret s'étend vers la Coutronne au S.-O. et suit, jusqu'au Sud de la ferme de Roussargue, le même trajet que l'Infralias aux pieds du versant Nord des collines jurassiques de Roqueforcade. Il forme d'ailleurs, avec lui, la base de la portion de la nappe jurassique qui constitue ces collines rocheuses et escarpées. De la ferme de Roussargue aux environs de Daurenque, en suivant le thalweg qui accompagne la limite de la nappe et du Crétacé supérieur il semble que le Lias a disparu par étirement. Nous n'avons pu en trouver la moindre trace, mais, près de l'auberge de Daurenque, il réapparaît for-

mant une lame très mince jusqu'à l'Oratoire de l'Intendant. Il semble
disparaître de nouveau de là jusqu'à un kilomètre environ au Sud des
Bosqs. Assez développé aux Bosqs, il disparaît encore sur tout le pourtour
du promontoire de la Liquette.

Sur le versant occidental du chaînon de Bassan, le Lias forme une
bande qui part des abords du col qui mène des Bosqs à La Parette et se
poursuit jusqu'à la dépression située à l'Est de la crête urgonienne de la
Piguière. Dans cette dépression, sorte de cul-de-sac, l'affleurement affecte,
comme celui de l'infralias et ceux du Jurassique qui le surmontent, une
disposition périclinale avec retour dans la direction du Fauge.

Des lambeaux de recouvrement qui forment les collines des Lagets,
un seul présente des affleurements liasiques, c'est le plus allongé, le plus
méridional, celui qui porte sur sa pointe sud-occidentale le hameau des
Etienne. Le Lias forme une bande ininterrompue au Nord de ces coteaux,
entre les Etienne et les Lagets (1). Elle s'interrompt à peine, un peu
au delà du col des Lagets, pour réapparaître autour de l'extrémité N.-E.
et au delà du ruisseau de la Gastaude.

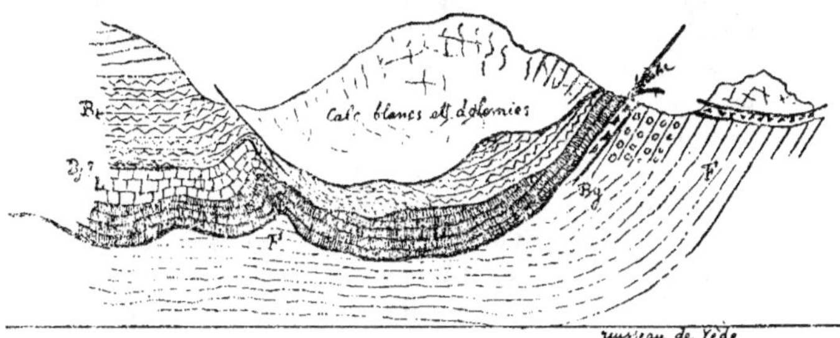


Fig. 20. — Coupe de l'accident de la Liquette,
plissements et transgressions mécaniques dans la grande nappe
Notations de la figure 18.

Le col qui sépare la pointe extrême du chaînon de Bassan du mamelon des Bosqs (La Liquette) est le résultat d'un pli anticlinal de la nappe,
comme je l'ai indiqué (B.S.C.G., n° 132, p. 170). La phrase dont je me suis
servi a paru critiquable à M. Haug, il me semble, cependant, que l'on peut
indifféremment dire qu'une nappe est plissée ou qu'il y a des plis dans
une nappe, et c'est bien ce qui arrive ici (voir coupe fig. 20). Il y a si peu
de dénivellation dans la direction du col que le Lias qui se montre dans
le fond du thalweg du vallon même des Bosqs réapparaît à la même hau-

_____

(1) La distribution des affleurements liasiques dans ces collines, telle que nous
la décrivons, diffère notablement de celle admise par Haug.

teur dans le thalweg opposé au Sud-Est, au delà du col, et que l'affleurement bajocien et bathonien de Bassan se poursuit, formant une voûte sur le Lias au Nord du thalweg et contourne la pointe orientale du mamelon de la Liquette, pour venir reposer en transgression mécanique au Nord sur le Crétacé supérieur. Au-dessus de cette lame de Bajocien et Bathonien, les dolomies et les calcaires blancs sont également en transgression mécanique (voir carte). Le Bathonien réapparaît d'ailleurs sur les dolomies sous le versant occidental du mamelon et se trouve séparé du Crétacé supérieur par une lame de calcaires et de dolomies infraliasiques.

BANDE BAJOCIENNE. — Le Bajocien est assez mal caractérisé entre Saint-Pons et la crête de Roqueforcade. Il y a là, entre le Lias et le Bathonien marneux, une faible épaisseur de marnes bleuâtres schisteuses et de calcaires tendres à la base desquels on trouve A. Murchisonæ et qui passent insensiblement vers le haut aux marnocalcaires du Bathonien inférieur. Cette petite bande vient s'étirer comme le Lias dans le col de l'extrémité Est du plateau de Roqueforcade. Elle disparaît momentanément pour réapparaître très épaissie et bien caractérisée par ses fossiles dans le défilé où passe le chemin charretier qui mène à la Coutronne et sur les pentes du mamelon qu'entoure aux 3/4 la grande route à l'Est de ce défilé. Elle se poursuit de là, suivant à peu près la grande route de Gémenos, jusqu'au Sud de la ferme de Roussargue. Elle semble réapparaître, après une disparition momentanée, analogue à celle de l'Infralias et du Lias, sur le pourtour du promontoire montagneux de Bassan. Reconnaissable vers l'Oratoire de l'Intendant, elle est douteuse entre ce point et les Bosqs, mais se trouve bien caractérisée entre La Parette et la dépression à l'Est de la Piguière.

Le Bajocien est bien caractérisé par ses fossiles dans deux des lambeaux autour des Lagets, mais surtout dans le lambeau le plus rapproché du Pont-de-Vède. Il forme, dans la partie N.-E. du petit chaînon au Sud des Lagets, une ceinture à peu près complète, intimement lié au Bathonien dont il est difficile de le séparer sur la carte. Il accompagne presque partout régulièrement le Lias dans la partie comprise entre le Plan d'Aups (village) et la Taulère.

BANDE BATHONIENNE. — Elle accompagne régulièrement le Bajocien et le Lias dans les grands escarpements à l'Ouest du Ravin de la Plâtrière de Saint-Pons autour du massif de Roqueforcade, de Tête-de-Roussargue et de Bassan. Elle se montre aussi autour du promontoire des Bosqs (de la Liquette) sauf à la pointe septentrionale, sur le pourtour des lambeaux du

Pont-de-Vède, du Sud et du Nord des Lagets, ainsi qu'à la base du lambeau situé au S.-E. de la Gastaude, sur la rive droite du ruisseau.

Le Bathonien occupe la partie axiale des synclinaux, dont nous avons signalé la présence entre le Plan d'Aups et la ferme de Peruy. Partout il est caractérisé par des fossiles et par conséquent incontestable. Il est très développé dans le vallon de Castelette (Haute-Huveaune) (1) et sur le versant occidental de la colline qui porte les ruines du vieux Nans.

BANDE CALLOVIENNE OXFORDIENNE ET SÉQUANIENNE. — Le Callovien est assez mal caractérisé. Il est incontestable dans les escarpements qui dominent le ravin de Saint-Pons, autour de Roqueforcade où j'ai recueilli quelques fragments de *Macrocéphalites macrocéphalus*. On le trouve reconnaissable au-dessus du Bathonien dans la boutonnière qui se trouve dans le ravin des Signores au N.-O. de Roqueforcade ainsi que dans la région de Bassan. J'en ai indiqué de petits affleurements entre le Bathonien et les calcaires compacts du Jurassique oxfordo-séquanien dans les chaînons des Lagets et au S.-E. de Saint-Zacharie. De même sur le versant Ouest de la colline du vieux Nans.

Quant au Jurassique oxfordo-séquanien, il existe dans tous les endroits précédemment cités pour le Callovien. La séparation entre les étages du Jurassique supérieur est impossible, mais les calcaires vifs en gros bancs, qui caractérisent le Séquanien, se montrent partout associés intimement à leur partie supérieure avec les dolomies, de sorte que l'on peut admettre, avec presque certitude, que les dolomies de la nappe appartiennent toutes au Kimeridgien. L'extension locale du faciès dolomitique jusqu'au Callovien ne commence vers l'Est qu'au delà du méridien de Rougiers.

DOLOMIES KIMERIDGIENNES. — Elles couronnent en bien des points la série jurassique charriée. Sans parler des affleurements si développés entre le vallon de Saint-Pons et le chaînon de Bassan, qui appartiennent assurément à la nappe, mais qui sont intercalés entre la série jurassique et la série infracrétacée, le chaînon de la Liquette, celui des Etienne, le monticule au N.-E. de la Gastaude, celui qui se trouve au Sud du précédent, ont leur sommet formé par des dolomies associées d'une manière irrégulière avec des calcaires blancs.

Enfin, dans la bande de Nans les dolomies forment un affleurement très important. Elles s'étendent en transgression sur le substratum de Crétacé supérieur par suite de l'étirement des couches comprises entre le

---

(1) Dans le vallon de Castelette, au S.-E. de la Taulère, la continuité des assises jurassiques avait été méconnue aussi bien par Collot que par Marcel Bertrand. Ce dernier, tout en admettant vraisemblablement la continuité primitive, n'en avait pas constaté la continuité réelle.

23

Trias et leur base. C'est un phénomène analogue à celui que l'on constate entre Bassan et la région d'Auriol et de Roquevaire. Il y a là un abaissement notable de la nappe, car, tandis que le Séquanien s'élève à plus de 700 mètres dans le chaînon du Vieux-Nans, les dolomies supérieures n'atteignent guère plus de 450 mètres au N.-E. de Nans. L'affleurement débute par quelques plaques sur le Séquanien au voisinage immédiat de l'Établissement de Lorges. Il continue au Nord de la Liène, formé surtout de calcaires blancs, puis se développe en une sorte de table irrégulière entre le village de Nans et la côte 457, les calcaires blancs formant presque seuls la lisière orientale tandis que les dolomies sont surtout développées vers l'Ouest. L'affleurement se termine assez brusquement par une petite falaise irrégulière entre les Bergeries et la Bastide-Neuve. Sur ce front de près de 2 kilomètres une lame étroite de Trias s'intercale entre le Crétacé supérieur Bégudien et les dolomies. Cette lame vient se perdre dans le ruisseau en face de Grimaud, où l'on trouve une coupe toute différente, avec les dolomies autochtones séparées du Bégudien par un affleurement de calcaire à hippurites, qui les surmonte et qui lui-même s'enfonce sous les dépôts lagunaires. Il n'y a donc pas continuité entre les dolomies de Grimaud et celles de Nans. De même au voisinage de la cote 407, entre les deux bergeries, les dolomies de la nappe de Nans sont, en apparence, en contact avec celles de la colline Est-Ouest que le Cauron traverse en cluse mais, en réalité, ce dernier affleurement se rattache, malgré les apparences, aux masses dolomitiques du massif du château de Rougiers. Elles font partie du substratum. Et, ce qui le montre bien, c'est qu'elles présentent avec les terrains lagunaires du substratum (Fuvélien) les mêmes relations que celles de Rougiers. On voit en effet sur la cote 407 aussi bien qu'au voisinage du Jas-de-Ribier un affleurement peu épais mais assez allongé de calcaires du Sénonien marin recouvrant les dolomies et recouvert par le Fuvélien, c'est la même coupe qu'aux environs de Grimaud, c'est la même coupe, avec la faille en moins, qu'au Peyvarier et qu'au voisinage de la cote 535. Il n'y a pas de doute pour moi, le Jurassique de la colline du Jas-de-Ribier fait partie du substratum. Il est l'équivalent exact de celui qui apparaît en couches bien plus régulières sous ces mêmes dolomies dans le massif de Tourves. Nul doute que la présence du Crétacé supérieur marin en liseré presque continu entre les dolomies et le Fuvélien sur tout le pourtour de l'affleurement de Crétacé supérieur lagunaire, n'amène M. Haug à se ranger à cette manière de voir. La continuité entre les dolomies de la petite colline et celles de la cote 548 est d'ailleurs manifeste.

Bande infracrétacée. — Un mot pour terminer sur la bande infra-crétacée. Elle accompagne régulièrement les dolomies jurassiques et ne

comporte que trois termes, le Valanginien, l'Hauterivien et l'Urgonien ;
les deux premiers inséparables. Cette série, unie aux dolomies jurassiques,
semble former déjà au Nord de Cuges, comme nous l'avons exposé, une
nappe indépendante et repose, localement, par transgression mécanique,
sur l'Infralias. Elle se poursuit, de là, en traversant le vallon de Saint-
Pons, dans tout le massif de Tête-de-Roussargue et dans la partie Sud-
Ouest du chaînon de Bassan. Dans toute cette région elle couronne la
série jurassique, sans grande lacune apparente, mais aux alentours de la
Figuière un lambeau faillé et disloqué repose à l'Ouest, directement sur
le Trias et, vers Roquevaire et Auriol, un autre lambeau non moins disloqué comprenant les dolomies, le Valango-Hauterivien et l'Urgonien,
repose aussi sur le Trias. Il y a interposition aux environs immédiats
d'Auriol, d'une lame de Crétacé supérieur fluviolacustre, argiles rouges et
poudingues Bégudiens et calcaires Fuvéliens. La nappe d'Auriol et de
Roquevaire se rattache à la série normale du massif d'Allauch et fait
partie, comme le reste de cette série et la nappe de la Sainte-Baume, d'une
seule grande nappe qui serait, d'après M. Haug, la grande nappe de la
Basse Provence de Marcel Bertrand. Qu'on l'appelle ainsi ou qu'on la considère comme la nappe de la Sainte-Baume s'étendant vers l'Ouest dans
le massif d'Allauch, les faits restent les mêmes, la jonction de la nappe
de la Sainte-Baume avec celle d'Allauch est un fait incontestable actuellement. Mais il n'en est pas de même vers l'Est où, jusqu'à preuve plus
convaincante du contraire, la nappe de la Sainte-Baume paraît bien se
limiter à la région au Sud de Brignoles et où nous nous refusons à admettre l'identification de cette nappe avec la nappe des Bessillons qui, réduite
à ses proportions réelles, ne s'étend guère vers l'Est, à notre avis, au delà
de la région de Salernes et de Lorgues.

### *Série autochtone*

La série autochtone ou substratum comprend :

1° La longue bande de terrains en superposition normale qui s'étend
au Nord de l'axe du synclinal sénonien du Plan d'Aups et au delà de
Mazaugues, au Nord de la Loube. Cette bande est limitée, au Nord, par
la partie de la nappe qui comprend le massif jurassique de Roqueforcade,
la bande de Nans, puis le Trias de Rougiers et de la Celle près Brignoles ;

2° Le massif de la Lare ;

3° Le Trias de la vallée de l'Huveaune ;

4° Le Trias de la vallée du Gapeau.

Bande du Plan d'Aups. — Cette bande débute dans les ravins au Sud de la Glacière de Bartagne. Elle est formée à peu près uniquement de Crétacé supérieur, Sénonien marin ou lagunaire, et de dolomies jurassiques. Aux environs de la Glacière, le Sénonien est presque vertical et forme un synclinal (1) très redressé mais plongeant au S.-E. dont le flanc inverse se rattache à la série renversée, tandis que le flanc normal doit être considéré comme faisant partie du substratum. Les couches constituant ce flanc normal forment une bande orientée N.E.-S.O. passant à l'Ouest de la Glacière. La bande se plisse elle-même en un anticlinal qui vient former une sorte de bourrelet au point où elle pénètre sous la masse des terrains jurassiques de Roqueforcade. (Voir coupe n° 3, Pl. 1) (2). Cet anticlinal parfaitement prouvé par l'allure des couches dans la butte 870 est par surcroît démontré par la présence entre le Sénonien marin et le Jurassique d'une bande importante de couches lagunaires (zone du Plan d'Aups et poudingues bégudiens). Vers le village, la bande commence à s'élargir, les couches dites du Plan d'Aups s'étalent au Sud, tandis que les calcaires à hippurites qui sont au-dessous forment une voûte, évidente continuation de l'anticlinal du col de Bartagne. Vers l'Est, l'anticlinal se résoud peu à peu en une voûte à large courbure dont le flanc Nord s'enfonce sous la bande de Nans vers la *Grande Bastide*. Au Nord de la cote 745 commence à apparaître sous le Sénonien un affleurement très important de dolomies jurassiques.

Une couche de bauxite ferrugineuse sépare les deux affleurements, et par places, quelques bancs de calcaires jaunàtres avec empreintes de végétaux et fossiles à test blanc, que l'on peut considérer comme turoniens, surmontent la bauxite. La présence de cet étage dans le massif est un fait nouveau très intéressant. L'affleurement dolomitique se présente sous la forme d'une grande falaise montrant une multitude de têtes de couches vers le Nord, et aux pieds de laquelle on trouve une bordure à peu près continue de calcaires à hippurites se rattachant, sans aucun doute possible, au flanc Nord effondré de l'anticlinal du Plan d'Aups, dont la zone axiale, à partir de la cote 745, est constituée par les dolomies jurassiques. La dissymétrie du pli devient de plus en plus grande en allant vers le Nord-Est. Mais on trouve toujours, soit dans la coupure du vallon de Castellette, soit aux environs de Lorges, soit à l'Est de la Liène, soit vers les ruines du Peyvarier, un affleurement très mince de calcaires à hippurites très redressés contre la falaise dolomitique et supportant les couches lagunaires très développées de la *Bastide blanche* et de la *Tuilière*.

---

(1) Je n'ai jamais dit que Coquand et M. Bertrand ignoraient ce synclinal ; j'ai dit que c'était sur ce synclinal, aujourd'hui admis par tous, et non sur un anticlinal que la série renversée était charriée.

(2) *Lot. cit.,* Monogr. Sainte-Baume.

L'effondrement du flanc Nord du pli s'accompagne parfois d'accidents secondaires, plis et chevauchements peu étendus, en partie reconnus par M. Bertrand vers le milieu du vallon de Castelette, comme le montre la coupe.

Au delà de Lorges il n'y a plus trace de pli. La faille se poursuit, limitant les dolomies du Crétacé supérieur. Elle se termine au contact de la grande faille qui, au Sud de Rougiers, met en contact le Trias et le Jurassique supérieur. En suivant cette grande fracture on voit ressortir les termes inférieurs de la série jurassique au delà de Tourves, vers la Celle, il n'y a pour ainsi dire plus de lacunes entre cette série et le Trias de la vallée.

Quant au Crétacé supérieur, celui du Plan d'Aups se poursuit vers l'Est sans grandes modifications dans son allure, mais changeant notablement de facies. A partir du méridien des Glacières de Saint-Cassian, de nombreux lits détritiques s'intercalent dans les calcaires. Nous avons tenu à les figurer autant qu'il est possible, d'autant que leur tracé a mis

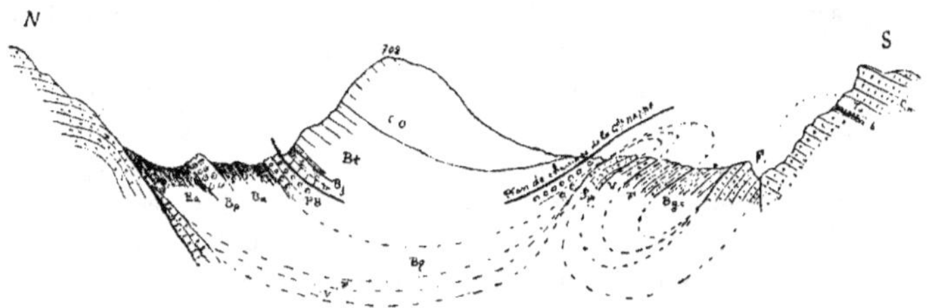


Fig. 21. — Coupe N.-S. le long du vallon de Castelette.

| | | |
|---|---|---|
| L. — Lias. | Tu. — Turonien. | Bgc. — Bégudien calcaire à Physes et anostomopsis rotellaris. |
| Bj. — Bajocien. | Sm. — Sénonien marin. | |
| Bt. — Bathonien. | V. — Valdonien (campylost, galloprov). | |
| C. — Callovien. | | PB. — Poudingue bégudien. |
| O. — Oxfordien. | F. — Fuvélien à Corbicules. | Ba. — Bégudien argileux (Rognacien inférieur ?) |
| K. — Dolomies kimeridgiennes. | | Bp. — Bégudien pisolitique. |

en évidence l'existence d'un important chevauchement à l'Est de Mazaugues. C'est grâce à ce tracé que nous avons pu indiquer avec certitude, et d'une façon à peu près rigoureuse dans le détail, l'axe du synclinal, c'est-à-dire la limite des couches sénoniennes normales et des couches renversées.

Il faut encore rattacher au substratum le Fuvélien et le Bégudien de la *Bastide Blanche* et de la Tuilière, dont nous avons déjà parlé. Ils forment, avec les affleurements de Nans et du Logis de Nans, une sorte de synclinal occupé dans sa partie axiale par les dolomies de la nappe qui terminent la bande de Nans. Ces dolomies reposent par transgression mécanique directement sur les dépôts lagunaires. Les bords de ce synclinal laissent apparaître, comme nous l'avons dit, le calcaire à hippurites en contact direct avec les dolomies. Cette disposition suffirait à écarter l'hypothèse de l'allure anticlinale du Jurassique de la bande de Nans. Quant aux détails de ce Jurassique, près de Nans et du vieux Nans, ils indiquent simplement des complexités de dislocation de cette partie de la nappe, des ondulations, de petites cassures, de simples froissements locaux. D'ailleurs, l'existence d'un anticlinal sur le bord de ce fragment de nappe ne peut avoir d'autre importance que celle d'un accident très limité, puisque celle de la nappe n'est plus mise en question. Enfin, c'est encore au substratum qu'appartiennent les bandes de Crétacé supérieur marin ou lagunaire qui font suite vers l'Ouest aux précédentes, encadrant pour ainsi dire la bande de Nans. Celle du Nord, d'ailleurs, se rattache au bombement de la Lare.

Massif de la Lare. — C'est un pli anticlinal orienté du N.-N.-E. au S.-S.-O. Ce pli anticlinal, accidenté sur son flanc Nord, et qui présente dans sa partie médiane une masse imposante de dolomies et de calcaires blancs du Jurassique supérieur, se termine au Sud-Ouest par une voûte périclinale comprenant les dolomies, le Valanginien, l'Hauterivien et le Sénonien marin et lagunaire (zone du Plan d'Aups et Fuvélien). La terminaison Nord-Est, un peu plus complexe, comprend au Sud, dans la région de Nans, une zone où les couches passent peu à peu à une allure subhorizontale dans le voisinage de la route de Saint-Zacharie au Logis de Nans. Entre Saint-Zacharie et la source des Incanaux (La Glacière de la carte), la zone bordure très complexe mérite une description détaillée.

Suivons méthodiquement chacune des formations qui prennent part à la structure de cet anticlinal, en commençant par la zone externe.

C'est d'abord le Sénonien, *lagunaire* (route du Plan d'Aups) qui, dans la zone périclinale du Sud-Ouest, apparaît sous les masses chevauchées de Roqueforcade, de Tête-de-Roussargue et de Bassan, au Nord et à l'Est de ces massifs, depuis le Sud de la ferme de Roussargue, en suivant le vallon de Daurenque, jusqu'aux environs immédiats de la ferme de Daurenque. En ce point, il est accompagné par les couches à charbons du Fuvélien, qui ont donné lieu à une tentative d'exploitation, galerie souterraine qui s'enfonce directement à l'Ouest sous les couches jurassiques. Cet étage se développe de plus en plus vers le Nord, dans les environs de Bosqs, de Guigou et de Tapan. L'érosion de la nappe le fait apparaître autour du lambeau du recouvrement des Etienne. Une galerie d'exploitation ouverte presque en face de Tapan, sur la rive gauche du ruisseau de

Vède, a trouvé le charbon sous le promontoire jurassique des Bosqs (La Liquette). Entre la colline des Etienne et les deux lambeaux des Lagets, passe donc une mince bande fuvélienne, parallèle aux affleurements jurassiques, qui traverse le ruisseau de la Gastaude et vient disparaître dans la zone disloquée des environs de Saint-Zacharie, près de la source de Naï, entre le Jurassique et le *Calcaire à hippurites*. En fait, c'est la bande fuvélienne de Vède tout entière qui vient ainsi disparaître au voisinage de la source de Naï. Elle n'est qu'en apparence divisée en deux par le lambeau de recouvrement des Etienne.

Sur le versant occidental de Bassan, depuis les environs des Sicards jusqu'au quartier de Villecrose où se trouve un remarquable rebroussement des couches de la nappe, que nous avons décrit, le Sénonien lagunaire réapparaît sous le Jurassique de Bassan. C'est une bande assez importante, orientée N.E.-S.O., et limitée vers l'Occident par la faille dont nous parlerons ultérieurement, qui le sépare du Trias de la vallée de l'Huveaune. Le Fuvélien y est parfaitement caractérisé et se distingue facilement du Bégudien détritique qui le surmonte et qui est en contact direct avec l'Infralias de Bassan. Une galerie d'exploitation creusée dans le Fuvélien, près de La Parette, a pénétré profondément sous le massif.

L'affleurement du *Calcaire à hippurites* est à peu près continu depuis les environs de la Taulère et de Nans, où il supporte des assises fuvéliennes, surmontées elles-mêmes de poudingues bégudiens jusqu'à Notre-Dame-d'Orgnon, entourant presque complètement le Bois de la Lare et le Défend. Près de Nans, et jusqu'à la Taulère, les bancs se relèvent sur le Jurassique supérieur. Ils s'amincissent et disparaissent au voisinage immédiat du ruisseau, mais réapparaissent presque aussitôt très développés près de la ferme et du vallon de Peruy. Au Nord de l'Adret et vers la Coutronne on trouve, à la base, des grès jaunâtres que l'on peut observer surtout dans le sentier qui descend de la Coutronne au vallon des Incanaux. Ils ne sont pas sans analogie avec les grès turoniens.

A partir de la Coutronne, le Sénonien à hippurites se développe d'une manière remarquable formant une énorme voûte périclinale dont l'allure s'observe admirablement du sommet de la Lare (cote 779). Il est d'ailleurs impossible de trouver un point d'observation mieux choisi pour voir, non seulement la série des voûtes périclinale des dolomies, du Néocomien et du Sénonien, mais encore la superposition évidente des masses jurassiques sur ce Crétacé depuis les environs de la Coutronne en passant par Roqueforcade, Tête-de-Roussargue jusqu'aux environs de l'Oratoire de l'Intendant et même des Bosqs. Partout le calcaire à hippurites repose en concordance sur les formations de la Lare. L'allure ne se modifie qu'a l'Est de Guigou, au Sud des Etienne. En ce point, après une interruption probable de quelques centaines de mètres, l'affleurement réapparaît, formé de couches d'abord verticales, puis peu à peu renversées, vers la traversée du ruisseau de la Gastaude. A partir de là le contact est franchement anormal, le Sénonien est recouvert par les dolomies (1), qui brusquement s'avancent vers le Nord, ce fait a été contesté. Il est cependant incontestable et, en particulier, on peut photographier le contact près de la source d'Encauron où les bancs à hippurites plongent nettement au S.-O. sous les dolomies. La bande des *calcaires à hippurites*, d'abord assez large, s'amincit et s'étire sous la masse dolomitique, devient à peine observable dans la portion E.-O. du ruisseau d'Orgnon au Sud de Saint-Zacharie, puis ressort et se dirige toujours de l'Ouest à l'Est, vers la cote 490 d'où elle s'infléchit vers le Sud et le S.-O. et prend de nouveau un assez grand développement aux environs de Notre-Dame d'Orgnon. Ici les relations du Sénonien avec les dolomies sont de nouveau très nettes. Au Sud du mamelon qui porte la chapelle, le calcaire à hippurites se relève sur le Jurassique supérieur, un lit de bauxite montre bien que c'est là un contact normal. Au Nord, par contre, il s'enfonce profondément sous les dolomies qui forment ainsi autour de la cote 284 un véritable lambeau de chevauchement. J'ai déjà décrit cet accident (2) dans une note précédente.

L'affleurement du Crétacé inférieur, beaucoup plus étendu que ne l'indiquait la carte au 1/80.000° forme une bande périclinale comprise entre les dolomies et l'auréole du *calcaire à hippurites*. Elle ne présente pas d'intérêt particulier. Les bancs calcaires qui forment le sommet 779 et qui ont été autrefois exploités comme pierre de taille ne peuvent qu'avec doute être rattachés à la série jurassique. La limite entre le Jurassique supérieur et le Valanginien est ici très incertaine.

Quant au reste du massif, comprenant des masses épaisses de dolomies, c'est un bombement présentant une certaine dissymétrie. Le flanc Nord, très étendu, montre un pendage moins accusé que le flanc Sud. Dans la haute vallée de l'Huveaune, l'érosion de la rivière et peut-être aussi quelques ridements secondaires ont mis à jour en plusieurs points les calcaires lithographiques inférieurs aux dolomies. Il en est de même dans le ruisseau d'Orgnon.

---

(1) La dénomination de dolomies tout court englobe, cela va sans dire, les bancs de calcaires blancs intercalés et ceux qui terminent la série et qui sont inséparables de la masse.

(2 Je n'ai rien à modifier à ce que j'ai déjà dit. Il ne sera possible de se mettre d'accord sur ces faits que lorsqu'on se réunira sur les lieux et que l'on pourra vérifier en détail ce que j'ai avancé. La présence du calcaire à hippurites sous les dolomies bien loin de la faille parfois d'apparence verticale ne me laisse pas de doute sur le chevauchement.

Nous devons considérer encore comme se rattachant au substratum le jurassique inférieur et moyen des environs de Saint-Zacharie, dont il faut préciser autant que possible la composition et l'allure. Et d'abord voici la superposition que l'on observe en suivant le sentier qui se détache du chemin charretier du Plan d'Aups, à 800 mètres environ au S.-E. de Saint-Zacharie, et qui se dirige vers la cote 490. On trouve au-dessus des carngneules du Keuper une petite bande de dolomies et de calcaires infraliasiques, puis, en concordance manifeste, une bande liasique, une petite bande de calcaires schistoïdes bajociens, une épaisseur assez grande de calcaires marneux incontestablement bathoniens, au-dessus, des calcaires jaunâtres et des calcaires durs sublithographiques qu'il est permis de considérer comme représentant la série Callovien-Séquanien très étirée, et enfin les dolomies jurassiques. Il y a donc là une série jurassique disloquée dont les termes sont en partie étirés, mais en succession normale.

Voyons maintenant en détail, en partant de Saint-Zacharie et nous dirigeant vers le Sud, chacun des affleurements ainsi définis par rapport aux dolomies chevauchées de la Lare et à leur support de Crétacé supérieur. L'affleurement infraliasique, ainsi que tous les autres, est d'abord N.-S. jusqu'au col qui sépare les terrains de culture de Saint-Zacharie de ceux qui occupent la petite dépression accidentée située à l'Ouest de la cote 490. Cette depression où se trouvent quelques maisons indiquées sur la carte semble prolonger à l'Est le couloir où passe le ruisseau d'Orgnon dans la partie de son cours nettement dirigée de l'Est à l'Ouest (voir carte). L'Infralias s'étale ensuite dans cette petite cuvette dont il constitue le fond limité vers l'Est par un petit cirque formé par l'ensemble des autres terrains jurassiques. Il tourne alors brusquement pour se diriger vers l'Ouest dans la petite colline boisée qui sépare le couloir de la rivière des terres cultivées du Trias supérieur.

Cette allure se reproduit dans l'affleurement liasique qui lui, après son changement brusque de direction, disparaît à 2 ou 300 mètres à l'Ouest du chemin charretier du Plan d'Aups sur le versant Sud de la colline boisée. A la traversée de ce chemin la bande liasique est directement en contact par faille avec le *calcaire à hippurites* par suite de l'étirement des autres affleurements, depuis le Bajocien jusqu'aux dolomies. Mais, dans les bois, sur les pentes méridionales de la petite colline boisée, on voit réapparaître successivement les schistes bajociens, les calcaires marneux bathoniens qui traversent la rivière au Nord du coude formé par la branche E.-O. et des calcaires vifs appartenant assurément au groupe Callovo-Séquanien. Ces affleurements sont tranchés nets par la faille qui les met en contact avec le Sénonien dont nous avons déjà parlé et qui est en continuité avec celui d'Orgnon. Dans ces conditions l'expres-

sion que j'avais employée me paraît rendre très exactement compte de
ce que l'on observe.

Cette faille, que l'on suit jusqu'aux abords de Pont-de-l'Etoile, met en
contact, sur la plus grande partie de son parcours, le Crétacé supérieur
du substratum avec le Trias de l'**Huveaune** ou le Jurassique qu'il supporte
et qui doit vraisemblablement être rattaché à la grande nappe. Près de la
Gastaude, le contact a lieu entre le Trias supérieur et le Sénonien lagunaire. Aux Lagets, c'est le Sénonien (Fuvélien) qui touche l'Infralias.

Au Sud du lambeau de recouvrement du Pont de Vède, deux petites
lames de *calcaire à hippurites* s'intercalent entre l'Infralias et le Fuvélien
jalonnant ainsi admirablement le tracé de la fracture. Au delà du ruisseau de Vède le contact s'établit d'une manière très nette entre le Trias
supérieur et le Fuvélien, jusqu'aux environs du Fauge, où les bandes
jurassiques et crétacées de la nappe sont coupées brusquement par cette
grande cassure dont on trouve les traces jusqu'au Nord du Pont de
l'Etoile.

Trias de la vallée de l'Huveaune et de celle du Gapeau. — Faut-
il considérer comme faisant partie d'une nappe spéciale le Trias si développé des environs d'Auriol et de Roquevaire, en contact par faille vers
l'Est avec le substratum crétacé et recouvert à l'Ouest par le Jurassique
et le Crétacé de la grande nappe ? Nous ne le pensons pas. Il faudrait
admettre l'existence d'une nappe antérieure à notre grande nappe, et dont
les traces auraient complètement disparu entre cette grande nappe et le
substratum.

Il faut, en outre, méconnaître l'ordre régulier de la série de Saint-
Zacharie depuis le Trias jusqu'aux dolomies. Enfin, en aucun point, on
ne voit ce Trias superposé à une assise quelconque depuis Pont-de-l'Etoile
jusqu'à Saint-Zacharie.

La structure de cette bande a été l'objet d'une controverse qui,
malheureusement, n'a pas pu se terminer par une discussion sur les lieux
mêmes (1). En attendant qu'il soit possible de réaliser cette mise au point,
nous allons exposer ce que nous avons observé et ce que nous croyons
être la vérité. La meilleure coupe s'observe le long de la route de Vède qui
suit le ruisseau, ainsi que le long de l'ancienne route qui longe le massif

(1) On s'est basé pour démontrer le charriage de la zone sur la continuité de
cette zone avec le massif triasique de Saint-Julien. Mais le Trias de Roquevaire n'est
**pas en continuité avec celui d'Allauch** et par suite avec celui de **Saint-Julien**, et il y a
entre ces deux bandes une différence essentielle : c'est que la première n'est superposée à rien et que l'autre est comprise entre une série normale et une série renversée,
comme le Trias de Riboux, auquel elle est assimilable, ou qu'elle laisse voir, comme
aux Romans, un substratum démontrant incontestablement sa qualité de nappe de
charriage.

des Bosqs. Peu après le point de rencontre de la route de Vède et de celle de Saint-Zacharie on trouve, en suivant la première vers le Sud, une section très nette des assises de la bande que la rivière traverse en une véritable cluse. Ce sont d'abord des cargneules et des marnes irrisées du Keuper reposant sur des bancs puissants très redressés de calcaires noirâtres à faciès analogue au Muschelkalk et sans fossiles, plongeant fortement au Nord. Ces bancs sont eux-mêmes en concordance apparente sur un nouvel affleurement de cargneules au-dessus duquel on trouve, en concordance également, les calcaires, et dolomies infraliasiques en contact par faille, au Sud (grande faille), avec le *calcaire à hippurites*. Les bandes de calcaire triasique (peut-être de Muschelkalk), malgré leur apparence monoclinale, sont plissées et représentent des anticlinaux. Le fait ne paraît pas douteux lorsqu'au lieu de faire cette coupe on étudie la série près de la cote 394. On observe là de véritables voûtes dans les affleurements de calcaires noirâtres accompagnés de dolomies noires qui ne sont que la suite des affleurements de Vède. Plus au S.-O. encore, vers le Fauge, ces bandes se poursuivent et se dédoublent même, soit par multiplication des plis, soit par changement de faciès. On voit, en effet, sur des espaces extrêmement restreints et même dans une seule carrière, les bancs calcaires passer latéralement aux dolomies noirâtres. Lorsque le faciès dolomitique prédomine, l'érosion a été plus facile ; c'est dans ces parties plus tendres que les ruisseaux, perpendiculairement aux affleurements, ont creusé leurs lits, isolant ainsi les lentilles calcaires, mais sans qu'il y ait, pour chaque lentille mise en saillie, nécessité d'invoquer la structure d'un dôme. Il y a bien, en quelques rares points, des apparences de structure périclinale, comme aux environs de Nicole. Elles ne sont fournies que par l'abaissement local de l'axe des anticlinaux. Ces exceptions mises à part, les bandes que nous venons de définir se suivent aussi bien à l'Est qu'à l'Ouest de Vède. A l'Est, la première bande se poursuit parallèlement à la grande route et disparaît sous les éboulis et les alluvions. La seconde, plus méridionale, s'allonge aussi parallèlement à la route et, après une faible interruption, réapparaît au Sud entre Bourrilly et les Lagets. Interrompue par les éboulis qui dominent de part et d'autre le ruisseau de la Gastaude, elle réapparaît peu avant les maisons et s'allonge, en un bourrelet continu et très développé, jusqu'aux abords du chemin de Saint-Zacharie à la Sainte-Baume. Sur ce parcours, plusieurs carrières sont ouvertes dans les calcaires gris foncés à faciès de Muschelkalk. Vers l'Ouest, les deux bandes calcaires se suivent assez régulièrement jusqu'aux environs du Fauge. La première passe vers Auzière et le Nord de la cote 303 et se dévie fort peu de la direction N.E-S.O. L'autre passe aux Sicards, constitue la majeure partie de la butte 303, puis se poursuit et se développe dans la colline 394 où ses bancs ,admirablement mis en saillie par les érosions, forment des alignements remarquables dans la direction précédemment indiquée.

Vers le Fauge, le facies change, des bandes dolomitiques s'intercalent à plusieurs reprises dans la bande méridionale, si bien qu'il devient impossible de les figurer sur la carte. Le tracé adopté ne représente qu'un schéma de ce qui existe en réalité. La limite des deux formations Muschelkalk et Trias supérieur est, à mon avis, très difficile à saisir. C'est aussi l'avis de Marcel Bertrand. Les dolomies noires, très épaisses en certains points, ont été considérées comme associées au gypse et aux argiles rouges, or, elles sont ici intimement liées aux calcaires à aspect de Muschelkalk. La présence de fossiles tels que *Cœnothyris vulgaris* en un point au Nord-Est de Pont de l'Etoile, montre que le Muschelkalk est certainement représenté en ce point, mais peut-on généraliser ? En tous cas, le facies mi-calcaire, mi-dolomitique (dolomies noires) paraît indiquer la partie tout à fait supérieure du Trias moyen, rien d'analogue aux bancs marneux ou aux calcaires pétris de fossiles de la grande masse de Muschelkalk. Le Trias supérieur gypseux existe d'ailleurs aussi bien au S.-E. qu'au N.-O. du grand affleurement, par exemple au Sud de la colline portant la cote 394.

Les terrains jurassiques des environs de Saint-Zacharie, compris entre la grande route et la faille qui suit la partie dirigée E.-O. du ruisseau d'Orgnon, font encore partie du substratum. Le tracé des affleurements sur la carte et la coupe que j'ai donnée de cette région (coupe n° 2, Pl. II), (1) permettent de préciser leur allure et de répondre aux objections exprimées. Il s'agit ici uniquement de l'exactitude des faits. La description que j'ai donnée était, en l'absence de cartes et de coupes, forcément incomplète. Aussi, malgré les parties de ce mémoire déjà consacrées à la description détaillée de chacune des bandes, il me semble nécessaire de revenir sur ce sujet.

A l'Est du chemin de Saint-Zacharie à la Sainte-Baume, j'ai toujours trouvé au-dessus du Trias une lame d'Infralias calcaire ou dolomitique et une assise continue de Lias au-dessus. Ce chemin, un peu au Sud du petit col qui donne accès dans la dépression cultivée où se trouvent de nombreuses petites maisons de campagne marquées sur la carte, se trouve entièrement dans les dolomies infraliasiques. Ces dernières sont même très développées, par suite d'une véritable torsion périclinale qui les rejette, avec le Lias, dans la petite colline au Nord de la portion E.-O. du ruisseau d'Orgnon (ou de Peruy).

En ce point, les bancs liasiques très relevés s'enfoncent sous les calcaires à hippurites du substratum. C'est le fait de la grande faille qui,

_____________

(1) *Loc. cit. ante.*

partant des environs de l'Etoile, passe au Nord du Fauge, aux Lagets, et
vient se perdre au Sud de la colline portant la cote 490. Les divers affleurements plus ou moins étirés de la série jurassique qui se trouvent à l'Est
du chemin de Saint-Zacharie (Bajocien, Bathonien, Callovien, Oxfordo-
Séquanien et dolomies) disparaissent momentanément le long de cette
faille, mais réapparaissent presque aussitôt dans le mamelon, au Nord de
la branche E.-O. du ruisseau d'Orgnon. Si bien que la coupe de ce mamelon est, avec des éléments très réduits, analogue à celle de la colline 490.
On y trouve du Nord au Sud l'Infralias, le Lias, le Bajocien, le Bathonien,
des calcaires vifs Oxfordo-Séquaniens et même des traces de dolomies
dans la partie tout à fait méridionale, dans le lit du ruisseau. La grande
faille suit le ruisseau lui-même et, sur la rive gauche, les *calcaires à hippurites* forment une bande continue aux pieds d'une véritable falaise de
dolomies nettement en recouvrement. La bande sénonienne passe, à peine
interrompue, au Sud de la cote 490, où l'on voit de nouveau réapparaître
au Nord de la faille les assises bathoniennes, puis vient se développer
dans la boucle du ruisseau qui entoure Notre-Dame d'Orgnon. Au Sud
de la butte qui porte la chapelle, les calcaires sénoniens se relèvent sur le
Jurassique, mais au Nord et surtout à l'Ouest de la butte la pénétration
profonde sous les dolomies qui forment le promontoire 284 est absolument certaine. Le Sénonien de Notre-Dame d'Orgnon ne peut donc pas
être un lambeau de recouvrement (Haug, p. 139). (1).

Quant aux calcaires lacustres néocrétacés qui apparaissent un peu au
Sud de Saint-Zacharie d'après Haug, j'avoue ne pas avoir observé autre
chose que des calcaires oligocènes. Les recherches ultérieures éclaireront
ce point tout à fait important. Je n'ai donc vu, pour ma part, aucune masse
de recouvrement dans la colline 490, mais une série, très tourmentée, en
ordre normal, que je n'hésite pas à rattacher à la bande triasique de
l'Huveaune.

LA ZONE LIMITE DU MASSIF. — ENVIRONS D'AURIOL. — RELATIONS AVEC
LE MASSIF D'ALLAUCH. — La structure des collines de Sainte-Croix au Nord
d'Auriol présente une telle analogie avec celle de la partie septentrionale
du chaînon de Bassan, elle est d'autre part si intimement liée à la zone
triasique qu'il est indispensable d'en donner ici la description. D'ailleurs
en l'état actuel des études, il semble bien que l'on touche là à la partie
frontale de la nappe de recouvrement de la Sainte-Baume.

Les collines au Nord et à l'Ouest d'Auriol sont constituées en grande
partie par des assises appartenant au Jurassique supérieur, au Crétacé

(1) *Loc. cit. ante.*

inférieur, et au Crétacé supérieur en contact direct avec le Trias de la vallée de l'Huveaune.

Au Nord d'Auriol, les dolomies jurassiques forment la presque totalité du relief qui s'étend entre la voie ferrée et l'extrémité occidentale de la colline de Sainte-Croix. La partie culminante de cette colline est entièrement formée par les dolomies et les calcaires blancs (1) tandis que les pentes au Nord, au Sud et à l'Est sont constituées par un affleurement continu de Crétacé supérieur (Fuvélien et Bégudien) présentant entre autres des argiles rouges dures luisantes exploitées pour divers usages et en particulier pour la coloration des tomettes de Salernes. Les puits et les galeries d'exploitation ont montré constamment la superposition du Jurassique au Crétacé supérieur et l'on constate partout la superposition de ce Crétacé au Trias (2).

Dans le ravin au Nord de la chapelle une lame de Crétacé inférieur (Valanginien et Hauterivien) en contact normal avec les dolomies situées au Nord-Ouest vient butter directement contre le Crétacé supérieur et, vers le Nord-Est, les dolomies s'intercalent entre le Néocomien et le Crétacé supérieur. Un peu plus loin encore le Crétacé supérieur disparaît et le contact s'établit entre les dolomies et le Trias. Enfin le long de la route des Castellans, ce sont des affleurements bathoniens qui s'entercalent entre les dolomies et le Trias supérieur.

A l'Est de la Bardelin, le long du chemin charretier qui mène aux exploitations d'argile, on observe, au-dessus du Trias, et le séparant des dépôts détritiques du Bégudien, une lentille dolomitique sous laquelle pointent de minuscules affleurements d'Infralias et de Jurassique moyen paraissant représenter un témoin de la série autochtone très bouleversée par les mouvements postérieurs au charriage. Il faut y voir l'équivalent de la série jurassique du Sud de Saint-Zacharie. Sur la route d'Auriol à la Destrousse, on ne trouve plus trace de Crétacé supérieur entre le Trias et les dolomies jurassiques. Il en est de même vers le Sud, sur la rive gauche de l'Huveaune. On observe là, le long de la limite du Trias, des faits analogues à ceux que nous venons de décrire. Les dolomies sont d'abord superposées directement au Trias, puis le contact se fait avec une bande infracrétacée (Valanginien et Hauterivien) superposée aux dolo-

(1) Je n'ai pas constaté la présence d'une bande étroite urgonienne coupant obliquement ce chaînon. Les calcaires blancs que l'on rencontre là, appartiennent au Jurassique supérieur.

(2) Je n'ai retrouvé aucune intercalation de Trias entre les marnes rouges et les poudingues du Crétacé le plus élevé et les calcaires jurassiques en recouvrement de la colline de Sainte-Croix. Sur le flanc Nord comme sur le flanc Sud de cette colline les dolomies sont directement superposées au Crétacé supérieur. Il en est de même entre Tapan et Les Bosqs où je n'ai vu, entre la série jurassique en recouvrement, débutant par l'Infralias, et le Bégudien argileux rouge, aucune trace de Trias.

mies, dont l'allure est remarquablement sinueuse. De ce point en effet elle traverse, en s'épanouissant au Nord, la grande route d'Auriol à la gare, puis vient s'écraser le long de la colline dolomitique jusqu'au Maltrait et de là longe la grande route jusqu'à Roquevaire, poussant une sorte de digitation le long de la butte de Saint-Vincent. A Roquevaire même, cette bande se termine en biseau entre le Trias gypseux et l'Urgonien de la butte de Saint-Roch. Près de Joux la dépression de l'Huveaune est bordée de tufs et d'éboulis quaternaires sous lesquels apparaissent en langues étroites et discontinues des poudingues oligocènes reposant sur l'Urgonien qui lui-même est en repos normal sur l'Hauterivien de la bande précédente. Entre ces points et Saint-Roch, un paquet de dolomies et de calcaires blancs jurassiques s'intercale entre le Trias supérieur et l'Infracrétacé. Entre Auriol et la Destrousse, l'Oligocène repose directement sur les dolomies et présente des phénomènes littoraux incontestables.

LA DÉPRESSION DE CUGES. — Nous avons déjà donné, dans une précédente publication, une description géographique de cette curieuse dépression sans écoulement. Dans une région aussi mouvementée que la Provence, on pouvait se demander si elle n'était pas une fenêtre dans une grande nappe infracrétacée. Elle est bordée en effet presque de tous côtés par des collines hauteriviennes et surtout urgoniennes. Elle a une forme assez irrégulière. Les éboulis et les alluvions, qui en constituent le fond, pénètrent dans les vallées et s'élèvent sur les pentes vers le débouché des thalwegs comme autant de cônes de déjection soudés les uns aux autres. La pénétration est grande surtout le long du vallon que traverse la grande route de Toulon. Vers l'Ouest, la limite de cette plaine est la masse urgonienne du Brigon et l'Hauterivien de la Pugeade qui sont taillés comme à l'emporte-pièce par une faille dirigée à peu près N.-S. qui, vers le bas de la cote 214, est une véritable faille ouverte dans laquelle vient se jeter le ruisseau collecteur de la partie occidentale, c'est un des embus de Cuges. Au Sud, c'est encore l'Urgonien qui fait la limite de la plaine. L'allure rectiligne de cette limite et celle des bancs urgoniens présentant un front remarquablement abrupt ne laissent guère de doute sur la présence en ce point également d'une faille verticale. D'ailleurs plus au Sud, dans les collines, il y a une autre faille, à peu près parallèle à la précédente et qui, elle, est tout à fait évidente. Le long de cette cassure, une petite bande aptienne occupe le pied d'une grande falaise verticale de calcaire urgonien connue dans le pays sous le nom de barre de Patara, à l'Est de Pinval. Cette falaise se voit de loin, en particulier des collines au N.-O. et à l'Ouest de Cuges. A la partie occidentale de la croupe du clos qui forme avec les précédentes un angle dans l'intérieur duquel se trouve également un embu, la limite de l'Urgonien le long de laquelle chemine le ruisseau d'écoulement du vallon de la Serre, présente aussi le tracé rectiligne d'une faille. Vers le Nord et le N.-E., les formations de la plaine pénètrent très loin dans la vallée qui suit le chemin charretier de la villa Sainte-Marie. Elles pénètrent également dans le vallon de Sainte-Madeleine, puis dans ceux qui débouchent aux abords du quartier de la Pugeade. Mais en aucun point de ces limites nous n'avons trouvé de preuves évidentes de faille verticale bien que le tracé rectiligne du bord des croupes et l'allure tourmentée des affleurements indique avec presque certitude un effondrement.

Ainsi la dépression de Cuges nous apparaît comme un effondrement local dans la bande urgonienne. L'Urgonien et l'Hauterivien de la Pugeade se relient souterrainement à ceux du clos et de Fourrelier. L'effondrement paraît avoir été bien plus important au Sud qu'au Nord. Il semble y avoir eu un mouvement de bascule d'une énorme dalle néocomienne.

### 2ᵉ Groupe. — Entre l'Huveaune et l'Arc

LA NERTHE ET L'ÉTOILE. — *Ces deux systèmes de collines sont intimement liés l'un à l'autre.* Ils ont été l'objet de diverses publications. En se plaçant au point de vue tectonique les premières pubications sont celles de Collot, intitulée « *Plis couchés de la feuille d'Aix* » (1), puis celles de Fournier (2), « Etudes stratigraphiques de la chaîne de la Nerthe », 1895 ; note sur la tectonique de la chaîne de l'Etoile et de Notre-Dames-des-Anges, 1896 ; note sur les terrains rencontrés par la galerie de Gardanne à la mer et sur les conclusions que l'on peut en tirer relativement à la tectonique de la Basse Provence qui a paru plus tard en 1906, et enfin notes de M. Bertrand (3).

Je ne puis dans cette description géologique reprendre toutes les discussions qui ont eu lieu entre Fournier et M. Bertrand. Haug en donne une idée dans l'Historique de son Mémoire de 1925. Je me bornerai à donner une interprétation, en grande partie personnelle, de la coupe relevée dans le creusement de la Galerie de la Mer et à résumer l'hypothèse que l'on peut, en l'état actuel de nos recherches, considérer comme la plus vraisemblable. Collot, dont les travaux méritent d'être cités en première ligne tant en ce qui concerne l'Etoile et la Nerthe qu'en ce qui concerne l'Olympe et Ste-Victoire, avait reconnu le relèvement des

(1) *Bull. Soc. Géol. de France*, t. xix, 3ᵉ série, pp. 1134-1154, 1891.

(2) *Feuille des jeunes naturalistes*, 25ᵉ année, numéros 291-294, 1895, et B. S. G. F. (3), t. xxiv, pp. 255-266, 1896 Voir la bibliographie dans le Mémoire de Haug, *loc. cit. ante*).

(3) *Bull. Soc. Géol. Fr.*, 4ᵉ série, t. vi, pp. 101 à 117, et Marcel Bertrand, *Bull. Serv. Carte*, n° 63, t. x, 1898-1899, et *Annales des Mines*, juillet 1898, pp. 10 et 11.

couches, à la traversée du tunnel (1). Comme Matheron, qui le premier avait relevé une coupe le long du tunnel, il considérait la Nerthe et l'Etoile comme formées par un pli anticlinal. Dans une note publiée en 1900 j'ai moi-même donné une coupe que je reproduis ici. Je considérais à cette époque la Nerthe comme un anticlinal et les couches au Nord de la grande Faille F comme représentant le flanc Nord du pli. Les mêmes éléments se retrouvent dans la coupe de la Galerie à la Mer. J'avais reconnu l'importance des chevauchements dans la région Sud et jusqu'à l'extrémité occidentale de la chaîne et je n'ai que peu de choses à modifier en ce qui concerne les observations et mêmes les tracés, mais les études faites depuis cette époque ont montré la réalité et l'importance plus grande encore des chevauchements qui se rattachent presque tous à une grande nappe chevauchée que Marcel Bertrand a appelée la grande nappe de la Basse Provence.

Fig. 22. — Coupe de la Nerthe suivant le tunnel.

Fig. 23. — Coupe des terrains traversés par le souterrain du Rove.

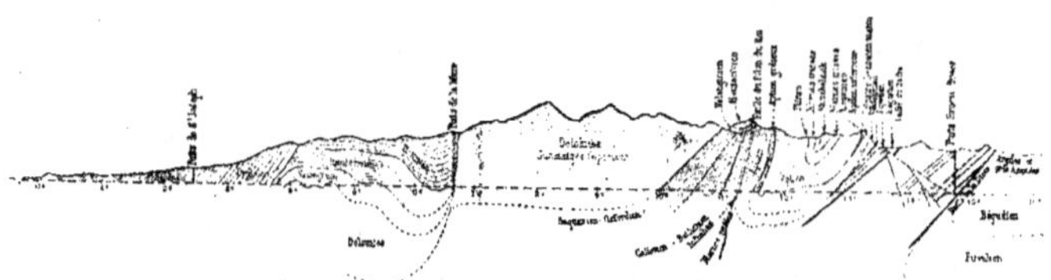

Fig. 24. — Coupe des terrains traversés par la Galerie de la Mer.
Coupe réelle après l'exécution des travaux.

Trois coupes permettent actuellement de se faire une idée précise de la tectonique de cette chaîne Etoile et Nerthe. Nous les mettons en regard afin

(1) Terrain jurassique des montagnes qui séparent la vallée du Lar de celle de l'Huveaune. *Rev. Sc. Nat.*, Montpellier, 1885, coupe IV.

24

que l'on puisse les comparer et les étudier. La partie chevauchée est la série du Sud dans les trois coupes : Celle que l'on observe au Sud de la faille F dans la coupe de la Nerthe, qui butte contre une série jurassique supérieur et Crétacé inférieur très accidentée, mais en couches verticales ou à peine renversées ; celle que l'on trouve dans la coupe du Rove au Sud de la grande faille limitant au Nord la dépression ; et celle qui au Sud de la faille du Safre comprend toute l'Etoile jusqu'à la faille du Pilon du Roi (affleurement triasique de la Galère). Il y a homologie entre elles.

Les parties septentrionales des trois coupes paraissent également homologues, mais, tandis que dans la coupe du Rove et dans celle de la Nerthe ces parties sont constituées par des assises à peu près verticales, dans l'Etoile on trouve ces assises nettement renversées. Mais sur la coupe l'Aptien seul et le Crétacé supérieur représentent cette série renversée qui est beaucoup plus complète un peu à l'Ouest. Le renversement s'observe jusqu'à la faille de la Diote.

(Voir la feuille Aix à 1/80.000° faute de mieux).

Il y a homologie, semble-t-il, également entre la dépression du Rove et celle de St-Germain. Les conditions tectoniques sont tout à fait comparables. Il n'y a eu dans la chaîne de l'Etoile et dans la Nerthe qu'un seul mouvement et on trouve partout une série en ordre normal charriée, une série renversée ou fortement relevée et en deux points, au Rove et à St-Germain, une zone d'effondrement postérieure à la nappe de charriage.

En avant de la nappe s'observe, comme l'a montré M. Bertrand, un lambeau limité au Nord par la faille de la Diote, au Sud par celle du Safre (voir coupe) et que M. Bertrand a appelé le lambeau de Gardanne.

M. Bertrand a fait ressortir l'analogie existant entre le bassin de Fuveau et le bassin houiller du Nord.

L'examen attentif des trois coupes permet de se rendre compte de la réalité de cette conception. Ce n'est pas ici le lieu de faire une étude détaillée de la tectonique de cette chaîne. Ce coup d'œil suffit pour avoir une idée de la nature des mouvements qui ont affecté notre sol. Je me propose de mettre au point cette question dans une autre publication. Pour le détail on peut consulter Collot, M. Bertrand et Fournier.

Collines des environs de Marseille, N.-D. de la Garde, Saint-Julien. — Les collines de N.-D. de la Garde ne présentent pas un intérêt considérable au point de vue tectonique. Ce que nous avons dit sur la constitution de ce petit massif dans la géographie physique et l'examen des cartes géologiques suffit pour avoir une conception suffisante de ce

petit mamelon (1). C'est bien un dôme un peu irrégulier constitué par
le Crétacé inférieur Valanginien, Hauterivien, Urgonien et par le Jurassique
supérieur affleurant dans la partie centrale. Toutefois, l'amincissement
des parties marneuses du Crétacé inférieur, le contact tourmenté entre les
calcaires blancs du Jurassique supérieur et les Marnes valanginiennes
montrent que les assises géologiques ont subi plus qu'on ne pourrait le
croire l'influence des grands plissements provençaux, et la découverte
dans les îles Pomègue et Ratonneau, dont la liaison avec le petit dôme
est évidente, d'une fenêtre d'Aptien supérieur sous l'Urgonien (2) ne
laisse pas que de jeter quelque doute sur l'enracinement du massif. Si
les îles sont constituées par de l'Urgonien charrié, le massif de Notre-Dame
de la Garde ne fait-il pas partie de la même nappe ?

Le petit massif de Saint-Julien a été défini par Bresson ; la large
bande triasique qui pointe au milieu des terrains oligocènes du bassin de
Marseille entre les Acates, les Olives et Martelleine. Bresson (3) a montré
la complexité de ce petit chaînon. Les coupes qu'il donne mettent en
évidence l'existence de plusieurs plis dans le Trias et l'Infralias. Ces plis,
orientés sensiblement E.-O., se relient certainement à ceux du versant
méridional du massif d'Allauch. Mais ce que Bresson a découvert de
plus intéressant, c'est une véritable fenêtre d'Aptien sous les dolomies
infraliasiques renversées au Sud de l'affleurement aptien et buttant par
faille au Nord contre l'Infralias normal. Comme l'a dit M. Bertrand (4).
le massif de Saint-Julien est superposé à des couches plus récentes ; il
fait partie d'une nappe qui n'est autre que la grande nappe de M. Bertrand qui se retrouve dans le massif d'Allauch.

Massif d'Allauch. — Ce massif a été étudié par Gourret et Gabriel,
puis par Depéret et ensuite par Fournier. Il avait été également exploré
par Collot pour son étude du Crétacé de Provence.

Il se compose d'une partie centrale à peu près triangulaire (5), sur-
élevée en un espèce de plateau et formée par les assises du Crétacé inférieur, Valanginien et Hauterivien. Cette partie montre sur ce soubassement en couches presque horizontales un couronnement de couches turo-

(1) *Encyclopédie du département*, t. xii. « Le Sol », p. 132.
(2) *C. R. A. S.*, t. clxiii, pp. 669-671, 27 nov. 1916.
(3) *B. S. G. F.* (3), t. xxvi, p. 340.
(4) *B. S. Carte Géol.*, n° 68, t. x, 1998-1899.
(5) Gourret et Gabriel. Le Crétacé de Garlaban et d'Allauch, *B. Société Belge de
Géologie et Hydrologie*, t. ii, p. 207. — Depéret. *Bull. Soc. Géol.* (2), t. xvi, p. 563,
1888. — M. Bertrand, *C. R. A. S.*, 26 octobre 1988. — M. Bertrand. Le Massif d'Allauch,
*B. S. G. de Fr.*, n° 24, t. iii, 1891. — Fournier. Etudes stratigraphiques sur le massif
d'Allauch, *B. S. G. F.* (3), t. xxiii, p. 523, et t. xxv, p. 36. — M. Bertrand. La grande
nappe de recouvrement de la Basse Provence, *B. S. C. G. Fr.*, n° 68, t. x, 1898-1899. —
Collot. *B. S. G. Fr.* (3), t. xviii, 1889-90.

niennes et même sénoniennes. Sur le pourtour de cette sorte de horst triangulaire on observe des assises très variées présentant de nombreux phénomènes d'amincissement mécanique, de nombreuses failles, la plupart presque horizontales, dont nous ne pouvons ici étudier le détail (1). La coupe de M. Bertrand, ou encore celle de Depéret, un peu plus précise, peuvent donner une idée de l'allure de ces assises. Cette coupe, orientée N.-E. - S.-O., part de la colline d'Allauch, passe par le village et aboutit au vallon de Cago-Ferri au Nord de Petite Tête Rouge (2).

Les couches les plus inférieures affleurent dans la plaine au Sud de la colline d'Allauch. Ce sont les marnes irisées avec lentilles gypseuses exploitées, plongeant au Sud sous le tertiaire. Au-dessous, en ordre inverse, se montre l'Infralias avec Avicula contorta reposant sur le Jurassique supérieur également renversé. Le contact est assurément mécanique, rien ne justifierait l'hypothèse d'une lacune correspondant à l'ensemble du Jurassique dont les termes sont représentés dans les régions voisines. Au-desssous, toujours renversés, apparaissent les calcaires et marnes valanginiens, puis les calcaires et marnes hauteriviens, puis l'Urgonien, l'Aptien, le Cénomanien, le Turonien supportant le Sénonien en couches horizontales. L'ensemble de ces couches dessine un pli synclinal. Le Turonien marin et lagunaire montre au Sud de Tête Rouge une disposition en éventail résultant du plissement. M. Bertrand a étudié en détail la bordure méridionale du massif, puis la bordure orientale. Il a partout constaté l'existence d'une série normale et d'une série renversée, très laminées, morcelées, mais malgré tout en ordre régulier de superposition. Sur la bordure N.-O. le Trias d'Allauch peut se suivre presque sans interruption autour du plateau infracrétacé. Il est souvent très aminci, filonien, pour employer un mot dont on s'est fréquemment servi pour décrire ces affleurements de Trias.

Ce Trias est partout incliné vers l'extérieur, se relevant vers le massif central. Entre ce Trias et ce massif on trouve par endroits des terrains renversés qui sont très différents, soit comme facies, soit comme épaisseur, de ceux du massif, et M. Bertrand a constaté aussi bien, dans ce qu'il a appelé le triangle des Cadets que dans le triangle de Pichauris, que le Trias est superposé au Crétacé et que ses affleurements, associés à ceux de l'infralias, recouvrent la série renversée.

Il résume ces faits qu'il expose en détail de la manière suivante : « Le massif crétacé d'Allauch avec ses annexes affaissés des Cadets et des Mies est entouré d'une ceinture de couches triasiques et infraliasiques,

---

(1) Voir Carte géol. à 1/80.000° ou bien Carte du mémoire cité de M. Bertrand, ou encore la Carte à 1/200.000° jointe à cet ouvrage.

(2) Voir p. 55, fig. 2.

tantôt largement épanouie, tantôt restreinte à quelques mètres. Partout ces couches s'enfoncent sous un nouveau bassin crétacé qui entoure le massif en forme de demi-cercle ; du quatrième côté, elles sont accolées à la retombée du pli de l'Etoile, c'est-à-dire à un système complètement différent. »

L'exposé des faits par M. Bertrand est un travail remarquable que nous ne pouvons reproduire ici. Il nous est de même impossible de relater les discussions entre MM. Bertrand et Fournier au sujet de l'interprétation de ces faits. M. Bertrand, après avoir admis de prime abord dans sa note à l'Institut que « le massif d'Allauch avant les dénudations avait été couvert complètement par le Trias ou par les couches jurassiques, le chapeau de Garlaban étant un témoin de ce recouvrement et le renversement de la série d'Allauch en montrant encore l'amorce », n'admit plus comme unique solution cette conception dans son « Massif d'Allauch » (1891) et demeura indécis entre deux manières d'expliquer les faits :

1° En supposant que le massif correspond à une région plus enfoncée que les parties voisines et par conséquent moins dénudées, alors les accidents seraient dus à un système de plissements secondaires et postérieurs qui aurait produit des plis ou plis-failles très limités en direction et couchés dans des sens opposés : Pli de Peipin, de Pichauris, etc. ;

2° En supposant qu'il correspond au contraire à une partie relativement saillante et par conséquent plus profondément dénudée. Les accidents seraient la conséquence directe du plissement principal et des déplacements inégaux de la charnière synclinale.

Mais postérieurement, à la suite de nouvelles observations il revint à sa première onception en la complétant et en précisant certains détails. Il n'ajouta en 1899, dans son mémorable mémoire sur « La grande nappe de recouvrement de la Basse Provence », que peu de choses au point de vue des faits. Mais au point de vue de l'interprétation, la liaison entrevue par Fournier et lui, de l'Aptien de Pichauris avec celui de l'Etoile, ainsi que la coupe très importante de La Treille (Martelleine) décident finalement M. Bertrand en faveur de son hypothèse de 1888, qui est la deuxième hypothèse de sa note sur le massif d'Allauch de 1891, qui peut se formuler ainsi : Le massif d'Allauch est une saillie de substratum perçant au milieu d'une nappe de recouvrement.

Le Regagnas. — Ce massif, qui, topographiquement, se relie à la chaîne de l'Olympe, est peu important au point de vue tectonique. On n'y trouve ni série renversée, ni affleurements triasiques ou infraliasiques. C'est une sorte de dôme assez régulier, surtout dans dans sa partie occidentale ou, si l'on veut, comme je l'ai dit dans la Géographie des Bouches-du-Rhône, une protubérance grossièrement elliptique dont le grand axe est orienté E.-O. Le centre de la protubérance est occupé par des dolomies et calcaires blancs du Jurassique supérieur entouré par un affleurement continu de calcaires à hippurites. Cette protubérance est accidentée sur le versant Sud par une faille qui met en contact les dolomies avec le calcaire à hippurites ou même avec les couches valdoniennes et fuveliennes. Au Nord le calcaire à hippurites est recouvert en concordance par les assises fluviolacustres et tandis que les couches chevauchées de l'Etoile n'ont aucune influence sur celles du bassin crétacé, les courbes de niveau, les mouillères et autres accidents de ce bassin s'ordonnent autour du Regagnas.

L'OLYMPE. — Cette montagne, en y comprenant l'Aurélien, a été considérée par Collot comme un pli couché. Collot en a donné la coupe ci-jointe passant par Pourcieux, la Carrière de marbre et Les Pons (1), montrant la superposition d'une série jurassique à peu près complète sur les couches crétacées supérieures du bassin d'Aix, redressées et dépassant même la verticale.

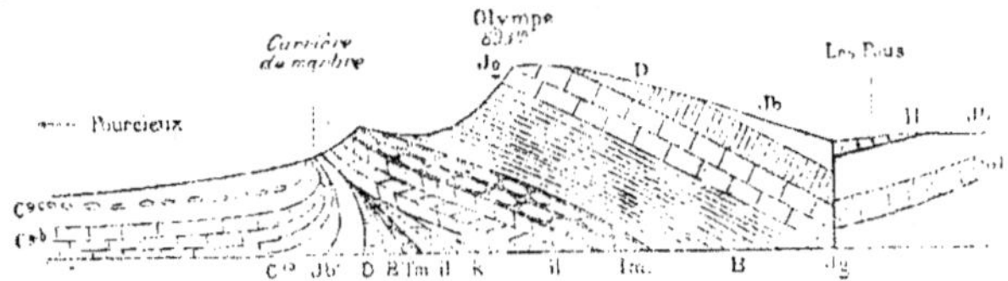


Fig. 25. — Coupe de l'Olympe par Pourcieux.

Légende de la coupe : B. Calcaire à hippurites. — D, Jb. Dolomies et calcaires blancs du Jurassique supérieur. Jg. Calcaires gris oxfordiens. — B. Schistes gris bathoniens. — il', Im., Infralias, Lias moyen. — I'm, il, k. Lias moyen, infralias, keuper figurés hypothétiquement de même que B' et D'. — B' Schistes bathoniens. — D.. Dolomies et calcaires gris du jur. sup. — Ib' Calc. blanc du Jurassique supérieur (?). C9b. Calcaire à corbicules. — C9c. Argile rouge sableuse, grès grossier niveau des couches à physes de La Bégude.

Collot signale à l'Est du sommet du Regagnas et un peu avant l'Oratoire Saint-Jean de Trets une série assez régulière, renversée vers le Nord, comprenant l'Infralias, le Lias moyen, les schistes bathoniens et les calcaires du Jurassique supérieur. Toutes ces couches renversées plongent au Sud. Collot, ayant admis un pli couché, admet aussi qu'à l'Est de l'Oratoire Saint-Jean la branche renversée de ce pli anticlinal a disparu

(1) *B. S. G. F.*, 3e série, t. XIX, p. 31.

Dépression des Brunets
Série normale chevauché de l'Olympe
625
IL
550
525
500
475
400
575
IL
Bancs de pisolithes du Bégudien
Banc de pisolithes du Bégudien
Bégudien
Fuvélien
Valdonnien
Calc. à hippurites ?
Grande mine

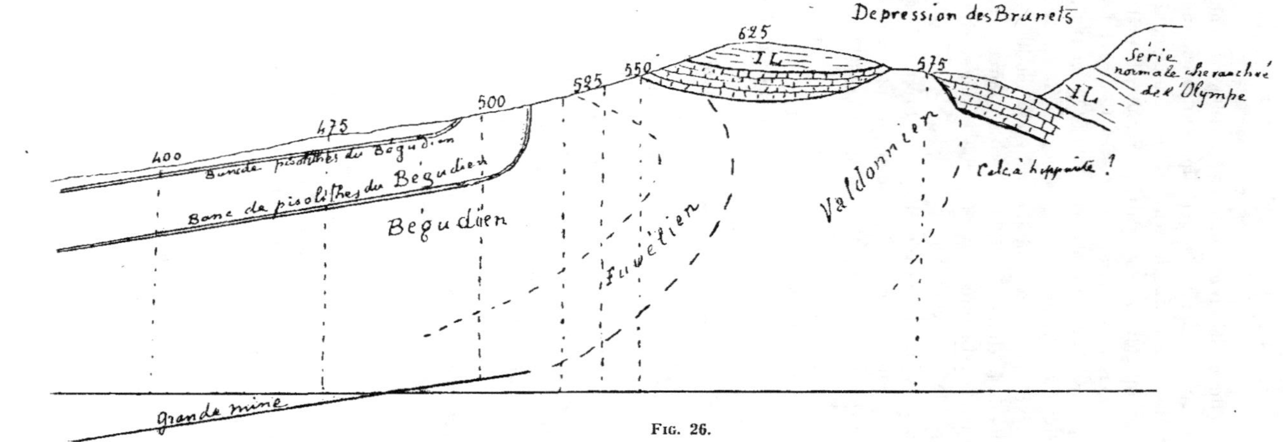

Fig. 26.

en totalité. Toutefois il paraît finalement attribuer le calcaire blanc à veines rouges multiples au Jurassique supérieur et par suite il le considère comme le reste de la branche renversée de l'anticlinal. La coupe, jusqu'au delà du point culminant, ne varie guère. Mais le Crétacé supérieur, l'Infralias et le Lias viennent se coincer au S.-E. de Saint-Maximin. J'ai eu l'occasion, au cours des années 1922, 1923, 1924 et 1925, en étudiant, pour la Société de La Grand'Combe, la géologie de la concession de Trets, de faire des levés très précis dans la partie Est du Regagnas et dans toute la partie de la chaîne de l'Olympe et de l'Aurélien comprise dans cette concession, c'est-à-dire dans la partie comprise entre le sommet du Regagnas et le point culminant de l'Olympe. Cette étude, jointe aux renseignements les plus précis fournis par la direction locale des mines de Trets, m'a permis de préciser de nombreux points et la coupe qui suit peut être considérée comme rigoureusement exacte.

Elle passe par la dépression des Brunets et par la fenêtre ouverte dans les calcaires du Jurassique supérieur. Elle donne une idée exacte de la pénétration du Crétacé supérieur sous le Jurassique chevauché. Elle montre que la lame de calcaire marbre, signalée déjà par Collot entre le Crétacé supérieur et le Jurassique en série normale, ne se présente pas comme une portion de flanc inverse d'un pli, mais comme une portion de nappe de charriage. La série jurassique qu'elle supporte en concordance apparente est incontestablement aussi une nappe, comme le pensait M. Bertrand. Comment se raccorde-t-elle avec celle de la Sainte-Baume, c'est une question à élucider. On dirait, d'après la carte, que ce massif se soude avec les terrains bien en place du bombement de La Lare, mais en réalité il s'agit, selon toute probabilité, de deux unités indépendantes.

Les courbes décrites par le Bégudien, puis par le Fuvélien et par le Valdonnien sont exactement figurées ainsi que le pendage des bancs bégudiens et de la grande mine.

Ce que je viens d'exposer diffère sensiblement de ce que j'avais admis dans la Géographie physique en 1914 et dans ma monographie géologique du massif de la Sainte-Baume en 1922 (1) avant d'avoir entrepris l'étude de la concession de Trets. J'aurai l'occasion de revenir sur ces questions et de faire le raccord de la nappe de l'Olympe et de celle de la Sainte-Baume.

(1) *Annales de la Faculté des Sciences de Marseille*, t. xxv.

### 3ᵉ Groupe. — Entre l'Arc et la Durance

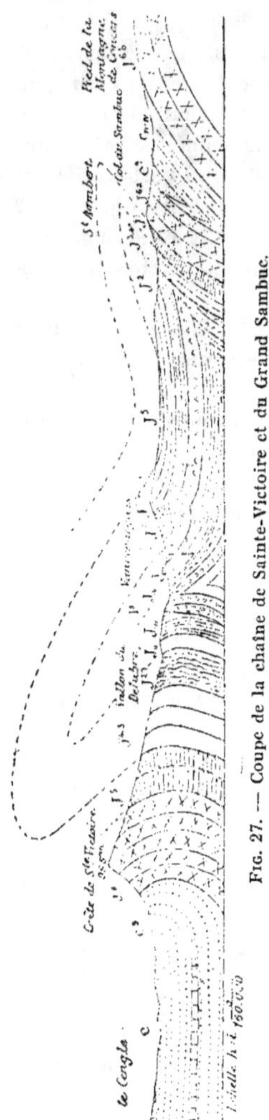



Fig. 27. — Coupe de la chaîne de Sainte-Victoire et du Grand Sambuc.

Chaine de La Fare. — Ce chaînon qui, en apparence, se relie à Sainte-Victoire par la Trevaresse, dont j'ai donné une description et une coupe dans la Géographie physique, ne présente pas grand intérêt au point de vue tectonique. C'est un pli anticlinal, orienté E.-O., à très grand rayon de courbure ou plutôt un immense plateau de Crétacé inférieur dont les assises sont légèrement ondulées et qui s'étend des bords de la dépression quaternaire de l'Arc jusqu'à Pélissanne et Labarben et même au delà. Au Sud un bourrelet saillant est constitué par les calcaires urgoniens en concordance sur les marnes et calcaires hauteriviens et plongeant assez brusquement vers la plaine de l'Arc. Au bas du bourrelet des terrains plus récents, dont le calcaire à hippurites, paraissent avoir été comprimés contre ce bourrelet rigide et se montrent très amincies par places et supportent les parties les plus inférieures de la série fluviolacustre.

Chaine de Sainte-Victoire, Concors et le Grand Sambuc. — Collot a décrit la constitution géologique de Sainte-Victoire en 1880 (1) et il en a donné des coupes très précises. Je reproduis ici la plus typique. C'est pour lui un pli anticlinal couché vers le Sud et Collot fait remarquer que la Vallée « du Lar » (?) est dominée et circonscrite au Nord comme au Sud par des rides montagneuses qui se déjettent vers elle. La crête est formée par des dolomies et calcaires blancs du Jurassique supérieur plongeant faiblement au Sud dans les environs de Pourrières, se redressent et passant même

---

(1) Description géol. des environs d'Aix-en-Provence, pl. IV, fig. 4, p. 225. Thèse de doctorat.

à la verticale vers Saint-Ser, puis se renversant en plongeant fortement au Nord. Vers l'Ouest la crête descend de 1.000 à 400 les bancs du Jurassique supérieur sont toujours renversés, mais bientôt ce Jurassique s'amincit, puis disparaît entre le Lias et l'Eocène le long d'une faille. Le versant Nord de la montagne moins abrupte que le flanc Sud, montre jusqu'au ravin de Vauvenargues des couches de plus en plus anciennes, calcaires lusitaniens à Per. polyplocus, marnes oxfordiennes, Bathonien, Lias moyen. Le flanc Nord de l'anticlinal ne se voit que de l'autre côté de la vallée qui semble ouverte dans la partie axiale de l'anticlinal. Mais un peu à l'Ouest les dolomies descendent jusqu'au fond de la vallée, buttant par faille contre le Lias. Cette faille a déterminé là le passage du thalweg. Elle est oblique à la direction de la crête et des couches de Sainte-Victoire qui est E.-O.

A cet anticlinal succède vers le Nord non un syclinal bien net, mais un plateau où les couches sont à peine déprimées vers le milieu. A ce plateau succède un pli très accusé bien visible entre le Grand Sambuc et Rians où il se termine. A l'Ouest il se poursuit jusque vers France, où il s'ouvre et se perd dans le flanc Nord du pli de Vauvenargues. Le Crétacé fluvio lacustre de Rians, qui entoure vers l'Est le bombement jurassique et crétacé inférieur de Concors, se trouve pincé entre les dolomies du pli du Grand Sambuc et celles de Concors, il forme un petit synclinal couché qui s'enfonce avec le Crétacé inférieur de Concors sous le Jurassique du Grand Sambuc. Voir carte géol. Feuille d'Aix à 1/80.000°.

Collot décrit dans le même mémoire les collines des environs de Rians, Lingouste, Esparron, etc. Bien que déjà ancien, ce travail est intéressant. Mais ces régions n'appartiennent pas aux Bouches-du-Rhône. Je me borne donc à en conseiller la lecture à ceux qui s'intéressent à la tectonique. Nous avons accepté ici la manière de voir de Collot faute de travaux plus récents. Nul doute qu'il y ait ici aussi de nombreuses modifications à introduire pour mettre les théories d'accord avec les observations, ce sera l'œuvre de l'avenir.

CHAINE DES ALPINES. — Cette petite chaîne, si nettement limitée, est bornée au Nord par les plaines de la Durance et du Rhône, au Sud par la Crau. Elle s'étend de l'Est à l'Ouest et prolonge au moins topographiquement la chaîne des Costes. Vers l'Ouest c'est la plaine du Rhône et vers l'Est celle de la Durance et la Crau, qui l'isolent pour ainsi dire au milieu de formations récentes. J'ai donné dans la Géographie physique et précédemment dans la partie stratigraphique une description suffisante de la constitution géologique qui a fait l'objet de nombreux travaux (1).

<hr>

(1) Caziot. *Bull. Soc. Géol. de France* (3), t. XVIII. — Collot. *B. S. G. F.* (3), t. XIX, p. 90 — Roule *Ann. Sc. géol.*, t. XVIII. — P. de Brun. *Bull. Serv. Cart.*, n° 146, t. XVI, 1921-22. — Pellat. Excursion à Saint-Remy et aux Baux les 4 et 5 octobre. — Pellat et Allard, *B. S. G. F.* (3), t. XIX.

M. Collot a donné, en 1891, une coupe de la partie basse comprise entre Orgon et Eygalières dont l'intérêt très grand est surtout d'ordre stratigraphique. Mais, au point de vue tectonique, il n'existe guère que le tracé de la carte à 1/80.000ᵉ feuille d'Avignon et la note de MM. Roman et de Brun sur la structure de la chaîne des Alpines (1). D'après ces géologues la chaîne est formée de deux anticlinaux parallèles E.-O. Le pli septentrional (voir la coupe ci-contre) se suit de Saint-Pierre-de-Vence à Saint-Etienne-du-Grès. Il comprend tous les terrains énumérés dans la légende de la coupe qui plongent vers le Nord. Très faiblement inclinées dans la partie orientale, les assises barrémiennes sont redressées jusqu'à la verticale vers le milieu de la chaîne.

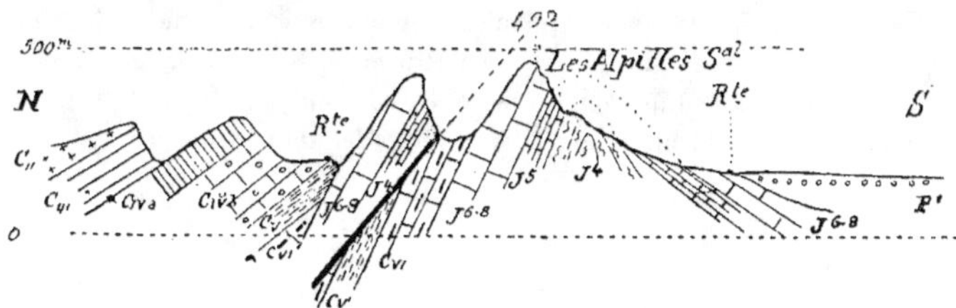


Fig. 28. — Coupe transversale des Alpines passant par le signal (Poste vigie) des Alpilles. Echelle approximative 1/75.000ᵉ.

Légende de la coupe : J4. Calcaires dolomitique. — J5. Calcaires en bancs minces. Lusitanien (2). — J6-8. Calcaires compacts ruiniformes, Kimeridgien et Tithonique. — Cvi. Calcaires à faune de Berrias. — Cv. Valanginien inférieur marnes jaunes à fossiles pyriteux ; Val. supérieur, calcaires en petits bancs. — Civb. Hauterivien inférieur. Marno-calcaires jaunâtres ; Hauterivien supérieur, Calcaires blanchâtres en gros bancs, bancs marneux au sommet. — C. Barrémien inférieur. Calcaires compacts en gros bancs à silex sans fossiles. — C. Barrémien supérieur, Calcaire crayeux récifal niveau classique d'Orgon.

Comme le montre la coupe, cette série accidentée par une faille s'appuie en contact anormal sur le flanc nord de l'anticlinal méridional, le seul bien caractérisé que les auteurs appellent le pli méridional et qui forme le chaînon culminant des Houpies. Cette ligne de contact anormal passe sur le flanc sud du petit chaînon jurassique de la Patouillarde. Elle met en contact les calcaires en plaquettes du Jurassique avec le Berriasien, puis les calcaires ruiniformes avec le Valanginien inférieur et plus loin vers l'Ouest ces mêmes calcaires avec l'Hauterivien inférieur qui plonge là sous le Jurassique.

Plus à l'Ouest le Tithonique réapparaît, jalonnant ce même accident et se trouve en contact direct avec l'Hauterivien. On le retrouve un peu à l'Ouest dans un vallon parallèle à celui du château de Pierredon. Au

(1) *C. R. A. S.* t. 172, p. 1.367.

delà la ligne de contact anormal limite au Nord l'Hauterivien de la chaîne de la dépression crétacée supérieure des Baux. L'axe de l'anticlinal méridional passe légèrement au Sud de la crête formée par les calcaires jurassiques en bancs minces dressés presque verticalement. Un peu plus bas au Sud apparaissent les calcaires dolomitiques. On reconnaît la suite de ce pli dans la mollasse du Défend, près de Lamanon, et vers l'Ouest dans la bande hauterivienne de Maussanne bordant au Sud la dépression des Baux.

MM. Roman et de Brun font remarquer que les efforts tangentiels qui ont produit la chaîne « sont venus du Nord, et ont tendu à rompre l'anticlinal principal en le déversant vers le Sud et en faisant disparaître en profondeur tout le flanc Sud qui n'est indiqué que par une surface de glissement ». Ce fait est assez rare en Provence. Nous avons déjà cité Sainte-Victoire et le Lubéron présente vers le Sud une ligne de contact anormal, indice d'un affaissement vers la vallée de la Durance.

# OBSERVATIONS GENERALES

Depuis longtemps j'attendais la publication annoncée de Haug sur la tectonique des chaînes de la Sainte-Baume, de la Nerthe, de l'Etoile, etc., afin de préciser les points où, après les nombreuses discussions dont le souvenir a fini par s'estomper, il serait possible de se mettre d'accord. J'ai toujours regretté que notre éminent collègue n'ait pas cru devoir accepter une discussion sur les lieux. Cette publication n'a pas eu lieu, mais dans son mémoire cité plus haut et concernant la région toulonnaise, Haug a repris brièvement quelques-unes des questions en litige, et il convient de mettre les choses au point avant la publication des feuilles Aix, Marseille, Draguignan. Je me propose donc de reprendre l'exposé, assez bref toutefois, des plus importantes observations discutées.

Les autres ont été l'objet de précisions dans les pages précédentes concernant la tectonique de la Sainte-Baume. Je dois rappeler toutefois que la comparaison de l'esquisse géologique de la terminaison occidentale de la Sainte-Baume, vallons du Fauge et de Saint-Pons (1), avec celle que j'ai donnée plus haut page 207, fig. 18, montre les profondes divergences qui existent dans le tracé des contours. Je répète ici, une fois de plus, que, à la suite de nouvelles vérifications, je n'ai rien à modifier dans le tracé de ces contours. Je néglige de reprendre tout ce qui peut avoir la moindre apparence de polémique et de relever les reproches, parfois très vifs et injustes, qui se trouvent dans ce mémoire, pour me borner à l'exposé pur et simple de ce que je crois être la vérité.

Dans l'Historique de son Mémoire sur les nappes de charriage de la Basse Provence, Haug résume les résultats principaux qu'il a obtenus. Nous discuterons ici chacun de ces résultats.

« 1° Dans la zone triasique de l'Huveaune, le Trias moyen apparaît sous la forme de petits dômes elliptiques ». L'étude minutieuse de cette zone m'a montré, comme je l'avais dit, que l'apparence de petits dômes est fournie par l'action de l'érosion des vallées sur des bandes de calcaire triasique. Kilian avait visité cette petite région avec Haug, je lui

---

(1) Haug. La Tectonique du massif de la Sainte-Baume. *B. S. G. F.* (4), t. xv. p.,143.

demandai son avis, il me répondit que son ami Haug et moi nous avions beaucoup d'expérience !

« 2° La zone des collines jurassiques de Roqueforcade et de Nans présente, sur son bord méridional, un anticlinal déversé vers le Sud-Est ». Je n'ai constaté, ni en ce point ni ailleurs, aucune trace de pli déversé vers le Sud-Est.

3° Je n'ai pas observé de fenêtres creusées dans le flanc normal.

4° J'ai dit, dans mes notes précédentes, ce que je pensais de la terminaison périclinale de la série renversée de la crête de la Sainte-Baume.

En ce qui concerne les trois unités tectoniques qui existeraient au-dessus de la série renversée, la nappe de Riboux, ou nappe triasique, n'est autre chose que la nappe de la Sainte-Baume ; la nappe jurassique me paraît aussi plutôt un accident dans la grande nappe qu'une nappe spéciale, et enfin la nappe de Gémenos ne peut pas être appelée urgonienne, car le décollement ne s'est pas effectué à la base de l'Urgonien, mais à la base des dolomies jurassiques, comme je l'ai figuré dans ma carte de la Sainte-Baume.

6° Ce n'est pas seulement la nappe inférieure triasique qui s'étire au contact du Crétacé inférieur de Saint-Pons, mais toute la partie inférieure de la grande nappe, comme je l'ai dit précédemment.

7° Et quant aux fenêtres, j'ai figuré avec détail celle que j'ai découverte et que j'ai décrite précédemment, page 208, fig. 19. Elle avait échappé à la sagacité de Haug et de ses élèves, et la description qu'en donna notre éminent confrère, après avoir vérifié son existence, est encore très incomplète.

Je suis heureux, en terminant ce petit résumé, de rendre hommage à la mémoire de Marcel Bertrand. Toutes les observations, dont beaucoup sont inédites, que nous avons faites, celles que nous ont fait connaître les travaux parus depuis la mort de Haug, n'ont fait que confirmer les idées principales de ce remarquable maître. La grande nappe de la Basse Provence n'est pas une vue de l'esprit, et ceux qui nient encore l'existence des grands charriages et cherchent dans des phénomènes d'étendue restreinte l'explication des particularités tectoniques de la Provence et dans des injections diapyres celle de l'allure d'apparence filonienne du Trias, ne tarderont pas, il faut l'espérer, à se rendre à ce que j'hésite à peine à appeler actuellement l'évidence. Sans préciser encore l'étendue de cette grande nappe dont M. Bertrand n'a jamais donné de limites précises, je puis dire que je considère comme faisant partie de cette grande nappe les massifs de la Nerthe, de l'Etoile, d'Allauch et de la Sainte-Baume. Comme je l'ai dit précédemment, la

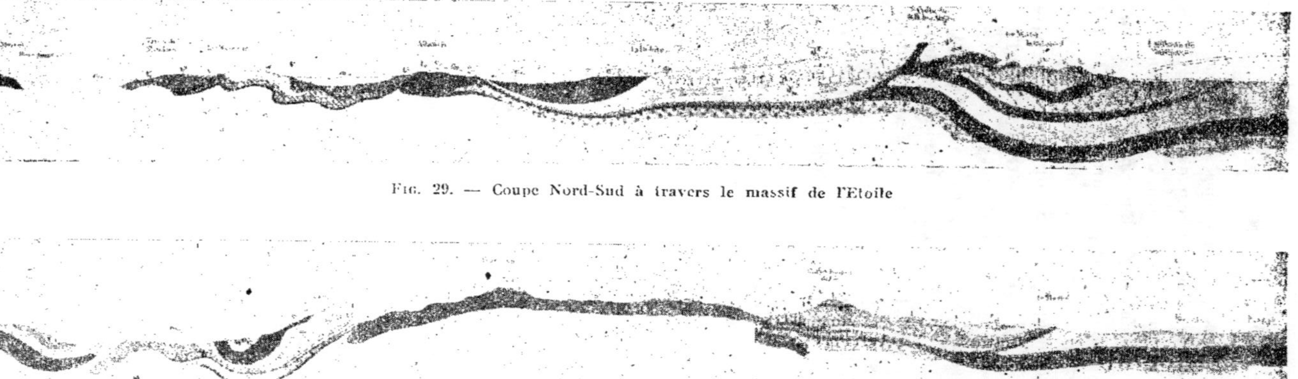

Fig. 29. — Coupe Nord-Sud à travers le massif de l'Etoile

Fig. 30. — Coupe Nord-Sud à travers le massif d'Allauch

Fig. 31. — Coupe Nord-Ouest Sud-Est à travers le massif de l'Etoile et le massif d'Allauch

Nerthe et l'Etoile sont intimement liées, et les coupes que j'ai données ne laissent pas de doute sur le fait qu'elles résultent d'un même phénomène tectonique. La liaison avec le massif d'Allauch a été, à mon avis, suffisamment démontrée par les travaux de M. Bertrand. Quant à celle du massif d'Allauch et de la Sainte-Baume, je puis dire qu'elle n'est pas douteuse. Sans en donner ici des preuves surabondantes et détaillées, je renvoie le lecteur à ma Carte géologique de la Sainte-Baume ; il verra que, au Nord d'Auriol, les assises appartenant au Jurassique supérieur et au Crétacé inférieur en superposition normale s'étendent en nappe sur du Crétacé supérieur fluviolacustre et que, d'une part, ces assises sont en continuité manifeste avec les mêmes terrains au Nord-Ouest de Roquevaire, c'est-à-dire avec la nappe d'Allauch, et, d'autre part, avec ceux des environs de Peypin, eux-mêmes reliés indubitablement avec ceux de l'Etoile. Vers l'Est et le Nord-Est, la nappe ne s'étend avec certitude que jusqu'à l'extrémité du massif de la Loube. Mais au Sud elle présente, à mon avis, l'extension que lui a donnée M. Bertrand. Les nappes de Salerne (nappe des Bessillons de L. Bertrand et Haug) me paraissent tout à fait indépendantes de la grande nappe et se rattachent, à mon sens, à un système tectonique différent.

Les coupes générales données par M. Bertrand dans son mémoire sur la grande nappe de recouvrement de la Basse Provence donnent une idée assez exacte de l'allure de la grande nappe. Certaines parties (la Galère et Jean le Maître) n'étaient pas encore achevées quand parut ce mémoire. Il y aurait donc quelques corrections à faire à cet égard. Mais l'ensemble est très satisfaisant encore.

La mise au point sera l'œuvre de l'avenir. Je m'efforcerai d'y apporter ma modeste contribution.

# TABLE DES MATIÈRES

Pages




## FIGURES




## PLANCHES DE FOSSILES

## PLANCHES DE COUPES



Société Anonyme du Sémaphore de Marseille, 17-19, Rue Venture

N° 1. Coupe en bas du Ravin de St Pons (source)

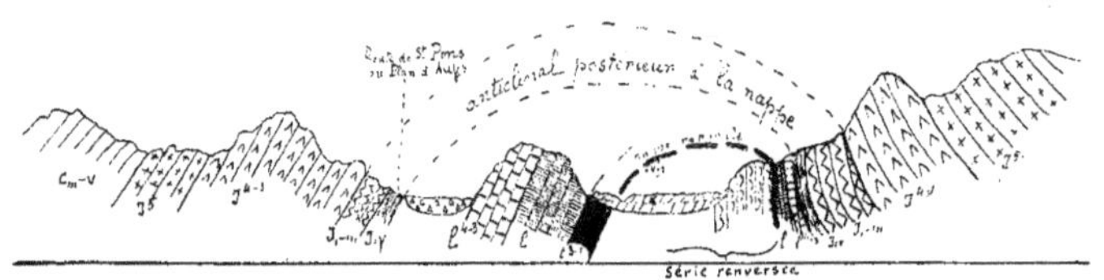

N° 2. Coupe au niveau de la plâtrière

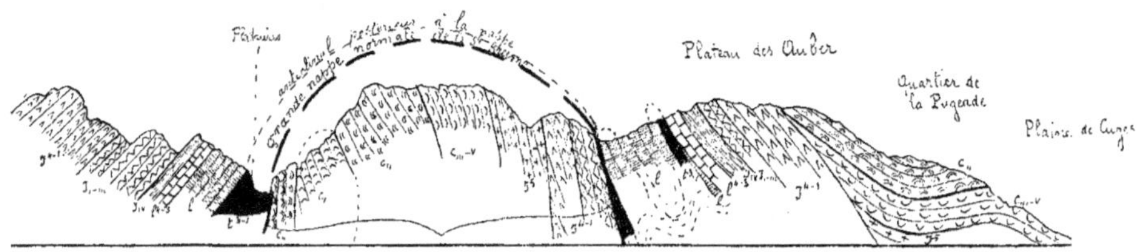

N° 3. Coupe en tête du raven de St Pons. Les accidents secondaires indiqués dans cette coupe sont postérieurs à la grande nappe.

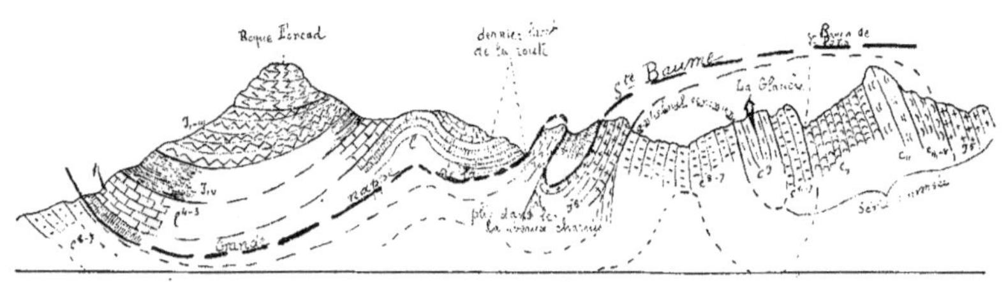

N° 4. Coupe prise au col de Bertagne.

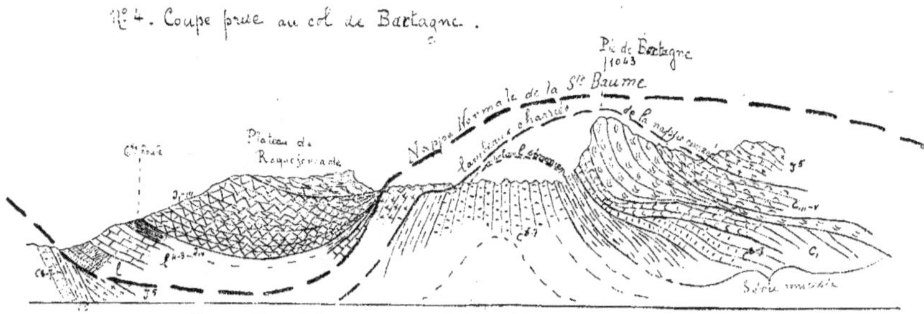

Nota. — Les notations sont celles de la Carte géologique à 1/80.000°

/80.000°

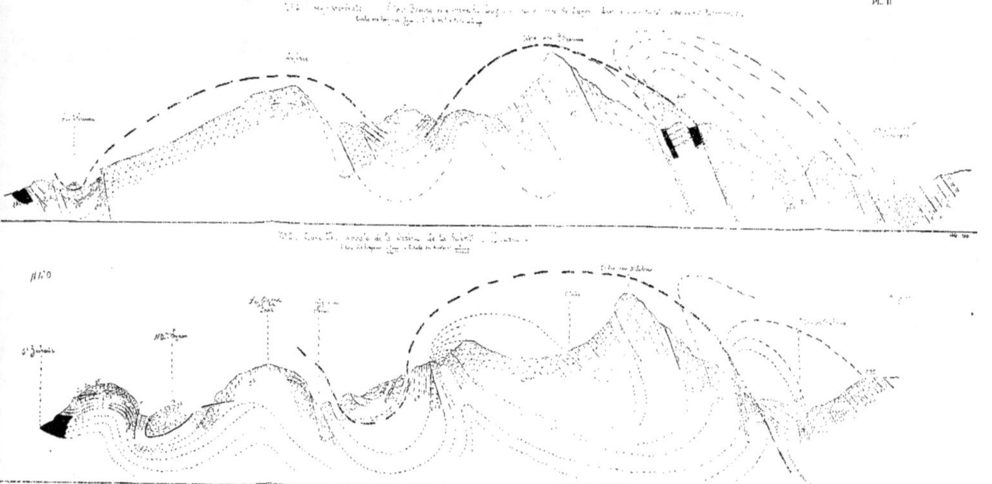

ce est de 40 mètres. Intercalaires de 20 mètres

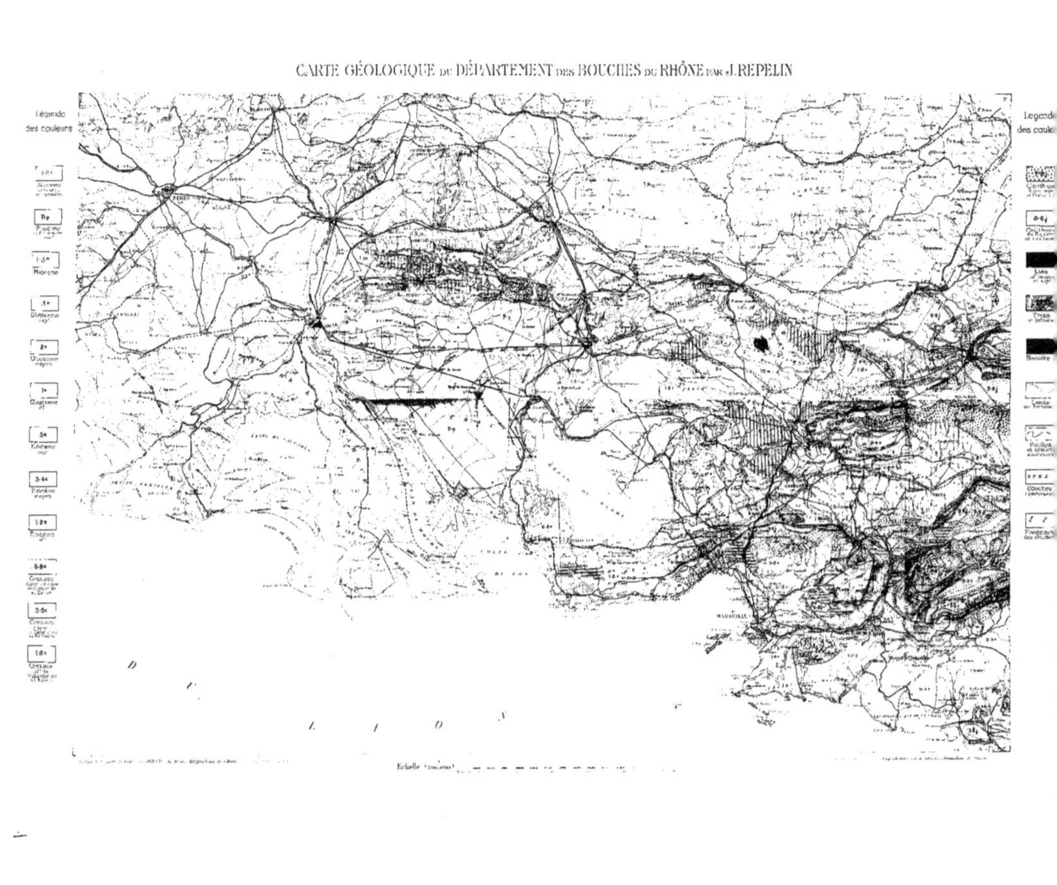


CARTE GÉOLOGIQUE DU DÉPARTEMENT DES BOUCHES DU RHÔNE PAR J. REPELIN